甲烷氧化菌——生物学基础与应用

辛嘉英　夏春谷 等　编著

科 学 出 版 社

北 京

内 容 简 介

甲烷氧化菌是在自然环境中广泛分布的能以甲烷为唯一碳源和能源生长的细菌，在全球大气甲烷平衡、环境污染物降解、大宗化学品生物合成等方面具有巨大的应用潜力，并已用于单细胞蛋白、聚β-羟基丁酸等高附加值产品的生产。甲烷氧化菌中特有的甲烷单加氧酶在外部驱动力输入情况下可以持续催化甲烷氧化合成甲醇和丙烯环氧化合成环氧丙烷，被称为“神奇的生物分子机器”；甲烷氧化菌产生的甲烷氧化菌素是目前发现的为数不多的能够结合金属离子并对其进行还原的小肽，它们在科学研究上都具有极重要的价值。本书以作者的科研成果和一些国内外最新进展为素材，从甲烷氧化菌的生物学基础和应用两个角度对甲烷氧化菌及其特有的甲烷单加氧酶和甲烷氧化菌素进行了系统的介绍。

本书可供生物化工、食品、医药等领域的科研和生产技术人员以及高等院校本科生、研究生、教师阅读，也可作为生物工程与技术领域研究生教材。

图书在版编目（CIP）数据

甲烷氧化菌：生物学基础与应用 / 辛嘉英等编著. —北京：科学出版社，2019.6

ISBN 978-7-03-061448-3

Ⅰ. ①甲…　Ⅱ. ①辛…　Ⅲ. ①甲烷细菌–研究　Ⅳ. ①Q939.1

中国版本图书馆CIP数据核字（2019）第108811号

责任编辑：张　析　侯亚薇 / 责任校对：杜子昂
责任印制：吴兆东 / 封面设计：东方人华

科 学 出 版 社 出版
北京东黄城根北街 16 号
邮政编码：100717
http://www.sciencep.com

北京凌奇印刷有限责任公司 印刷
科学出版社发行　各地新华书店经销
*
2019 年 6 月第　一　版　开本：720 × 1000　1/16
2019 年 6 月第一次印刷　印张：14　1/2
字数：292 000

POD定价：　98.00元
（如有印装质量问题，我社负责调换）

前　　言

作者开展有关甲烷氧化菌催化反应化学的研究始于20世纪90年代末，随着研究工作的不断推进，对甲烷氧化菌催化反应化学的认识逐渐深入。近20年来，甲烷氧化菌及其特有的甲烷单加氧酶和甲烷氧化菌素，在基础理论和实际应用方面都显示出越来越广阔的前景。从1998年到2018年的20年间，ScienceDirect数据库显示几乎每天都有一篇有关甲烷氧化菌或甲烷单加氧酶的文章问世。国内从事甲烷氧化菌相关研究的单位也逐渐增加。检索发现，到目前为止，国内还没有一部专门关于甲烷氧化菌的著作，因此有必要尽快出版本书，为从事生物化工、食品、医药等领域的科研和生产技术人员介绍甲烷氧化菌及其特有的甲烷单加氧酶和甲烷氧化菌素的发展以及相关产品的开发。

本书主要从基础和应用角度出发，通过对作者的科研成果进行整理归纳，同时结合一些国内外进展，对甲烷氧化菌、甲烷单加氧酶和甲烷氧化菌素的研究进行系统的介绍。本书由来自哈尔滨商业大学和中国科学院兰州化学物理研究所长期从事甲烷氧化菌相关研究工作的九位作者共同完成，具体分工如下：第1章由辛嘉英和孙立瑞编写；第2章由徐宁和辛嘉英编写；第3章和第4章由辛嘉英编写；第5章由辛嘉英和张帅编写；第6章由夏春谷和王艳编写；第7章由陈林林和夏春谷编写；第8章由王艳和辛嘉英编写；第9章由张颖鑫和夏春谷编写；第10章由董静和辛嘉英编写；第11章由辛嘉英和陈林林编写；第12章由辛嘉英和张帅编写。在编写过程中作者进行了互审，最后由辛嘉英和夏春谷负责必要的补充修改和全书统稿。本书得到了科学出版社编辑的热情支持和帮助，在此表示感谢！

感谢我的导师李树本研究员最初将我引入甲烷氧化菌研究领域，并在研究工作中给予指引、支持和帮助；感谢在该领域长期与我合作的同事和研究生。

由于这个领域的研究发展迅速，本书虽然尽可能收入近20年来的相关成果与报道，但挂一漏万，难以收集完全。作者虽然多年从事此项研究工作，但由于水平和时间所限，难免存在不足之处，请各界同仁指正。

辛嘉英

2018年12月于哈尔滨

目　　录

第 1 章　甲烷氧化菌

甲烷氧化菌(methanotrophs 或 methane-oxidizing bacteria)是一类以甲烷为唯一碳源和能源进行生长的革兰氏阴性菌。几乎所有的甲烷氧化菌都依靠甲烷生长，也有个别甲烷氧化菌可以利用甲醇、甲胺、卤代甲烷、含硫的甲基化合物和一些裂解的有机化合物中的甲基基团作为碳源。在自然界中，甲烷氧化菌主要分布于湿地、稻田、泥炭沼泽、污水污泥、土壤、淡水和海洋沉积物、湖泊和湖泊地下水等等，也有一些与海洋动物脏器共生的甲烷氧化菌。甲烷氧化菌的显著特征是含有甲烷单加氧酶(methane monooxygenase，MMO)，可以在温和条件下催化甲烷变成甲醇，并且通过甲烷—甲醇—甲醛—甲酸—二氧化碳的形式，参与到大气的碳循环中，因此甲烷氧化菌不仅在全球范围内的甲烷消耗中发挥关键性作用，同时也在生态环境中的碳、氮、氧循环方面发挥重要作用。甲烷氧化菌在生物催化、构建新功能催化剂及生产单细胞蛋白方面表现出极大的应用潜力，在卤代烃的分解和饮用水中三氯乙烯及多氯联苯的降解方面也具有较好的应用前景。

1.1　甲烷氧化菌的分类

甲烷氧化菌首次进入人们的视线是在 1906 年，Söhngen[1]在研究中发现，在厌氧条件下生成的大量甲烷释放到大气中浓度大大降低，并且认为这种现象的发生是由于一些微生物或其他因素可以使甲烷分解，继而他分离出了世界上第一株甲烷氧化菌甲烷芽孢杆菌(*Bacillus methancius*)。自此不断有新的菌株被分离出来，目前为止已发现百余株甲烷氧化菌。1970 年，Whittenbury 等[2]使用荧光原位杂交法分离和鉴定了 100 多种能利用甲烷的细菌，奠定了现代甲烷氧化菌的分类基础。

从现代分类学角度来看，甲烷氧化菌大体上分为两类，甲烷同化细菌(methane assimilating bacteria，MAB)和甲烷共氧化细菌(autotrophic ammonia oxidizing bacteria，AAOB)[3]。MAB 能够利用甲烷作为唯一碳源和能源进行自氧化生长，其特点是存在完整的甲烷氧化途径并将其同化为甲醛，此时甲烷的表观米氏常数(K_m)在微摩尔范围。而 AAOB 使用氨氧化作为自养生长的能源，它们的碳同化途径是通过 Calvin-Benson 循环将氨氧化成亚硝酸盐，甲烷的表观米氏常数在毫摩尔范围内。有些甲烷氧化菌也能利用氮气作为氮源，因此又被认为是固氮微生物。系统发生学分类主要根据细胞形态、胞质内膜结构、休眠阶段类型和一些生理生化特征的不同，将甲烷氧化菌大体上分为五类，分别是甲基单胞菌属

(*Methylomonas*)、甲基杆菌属(*Methylobacter*)、甲基球菌属(*Methylococcus*)、甲基孢囊菌属(*Methylocytis*)和甲基弯菌属(*Methylosinus*)；后来又依照碳同化途径、DNA碱基组成等将甲烷氧化菌重新分为三类：类型Ⅰ、类型Ⅱ和类型Ⅹ。Ⅰ型菌分属于变形杆菌纲(Proteobacteria)的γ亚纲，甲基球菌科(Methylococcaceae)，包括甲基单胞菌属、甲基杆菌属、甲基球菌属、甲基微菌属(*Methylomicrobium*)、甲基暖菌属(*Methylocaldum*)、甲基球形菌属(*Methylosphaera*)、甲基热菌属(*Methylothermus*)、甲基盐菌属(*Methylohalobius*)、甲基八叠球菌属(*Methylosarcina*)、*Methylosoma*、单性发菌属(*Clonthrix*)和泉发菌属(*Crenothrix*)12 属，单性发菌属和泉发菌属是与常规甲烷氧化菌不同的丝状甲烷氧化菌，同属甲基球菌科，但还没有实现分离培养。Ⅰ型菌利用5-磷酸核酮糖途径(ribulose monophosphate pathway，RuMP pathway)同化甲醛，圆盘状堆积的胞内膜呈束状分布在细胞内[图1-1(a)]，膜内含有十六碳脂肪酸。Ⅱ型菌分属于变形杆菌纲的α亚纲，甲基孢囊菌科(Methylocystaceae)，包括甲基弯菌和甲基孢囊菌(*Methylocystis*)两种，另外还有一类分属于拜叶林克氏菌科(Beijerinckiaceae)，包括甲基细胞菌属(*Methylocella*)和甲基帽菌属(*Methylocapsa*)，这两种菌具有独特的细胞质内膜排列或者没有细胞质内膜，而且具有较强的嗜酸性，在pH 4.2的条件下依然可以生长。Ⅱ型菌同化甲醛的途径是丝氨酸途径(serine pathway)，胞内膜分布于细胞壁的周围呈环状[图1-1(b)]，膜中优势脂肪酸为十八碳脂肪酸[2, 4, 5]。耐高温品种的甲基球菌属和甲基暖菌属常称为Ⅹ型菌，有时也被划分为Ⅰ型菌。与Ⅰ型菌一样，Ⅹ型菌利用5-磷酸核酮糖途径同化甲醛，不同之处在于Ⅹ型菌可以表达一种用于丝氨酸途径的酶——核酮糖二磷酸羧化酶，它们的生长温度比Ⅰ型菌和Ⅱ型菌高，其DNA的GC值比大多数的Ⅰ型菌高。另外Ⅱ型菌和Ⅹ型菌能固氮而大多数Ⅰ型菌不能。后来由于碳同化途径相同，Ⅹ型菌被划分到Ⅰ型菌中。

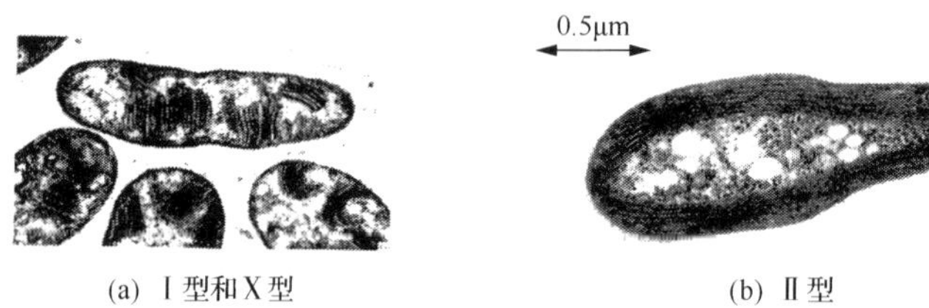

(a) Ⅰ型和Ⅹ型　　(b) Ⅱ型

图1-1　Ⅰ型、Ⅹ型和Ⅱ型甲烷氧化菌的透射电子显微照片[6]

除此之外，还有一些极端环境菌得到众多学者的关注。最近发现的一种新的嗜热嗜酸性好氧甲烷氧化菌，属于疣微菌门(Verrucomicrobia)，它先将甲烷转化成二氧化碳，然后利用卡尔文循环(Calvin cycle)吸收CO_2水平的碳。甲烷氧化菌的一个共同点是只能利用甲烷和甲醇作为碳源和能源，但是发现的两种兼性物种——甲基细胞菌和甲基孢囊菌，能够利用甲烷和甲醇以及乙酸盐和乙醇作为碳源和能源。还有一类厌氧的甲烷氧化菌，氧化过程主要有三种，包括硫酸盐型厌氧甲烷氧化、硝酸盐型或亚硝酸盐型厌氧甲烷氧化及铁、锰依赖性厌氧甲烷氧化。但厌氧甲烷氧化菌生长缓慢、细胞倍增时间长，导致相关研究进展缓慢。

1.2 甲烷氧化菌的特征酶

甲烷氧化菌表现出的生物多样性源于其代谢多样性。一般认为甲烷氧化菌须经四个步骤将甲烷代谢成水和二氧化碳(图1-2)。代谢过程的第一步是整个过程的限速步骤，是通过甲烷单加氧酶将甲烷氧化为甲醇；甲醇被甲醇脱氢酶(methanol dehydrogenase，MDH)氧化为甲醛；一部分甲醛通过5-磷酸核酮糖途径或丝氨酸循环固定到细胞中，另一部分甲醛通过膜结合醌链甲醛脱氢酶(formaldehyde dehydrogenase, FalDH)或细胞质中以NAD^+为辅酶的甲醛脱氢酶(FaDH)氧化成甲酸盐；最后甲酸盐被以$NAD(P)^+$为辅酶的甲酸脱氢酶(formate dehydrogenase, FDH)氧化成二氧化碳。

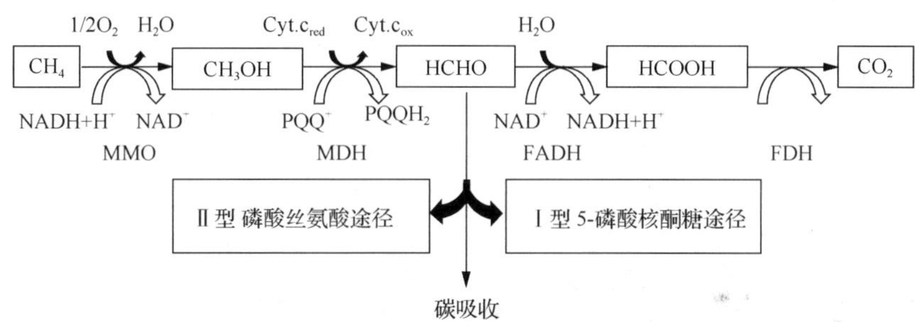

图1-2 甲烷氧化菌氧化甲烷流程图

1.2.1 甲烷单加氧酶

甲烷氧化菌催化甲烷氧化的过程是一系列电子传递的过程，依次将甲烷氧化成甲醇、甲醛、甲酸，进而变成二氧化碳和水。甲烷单加氧酶作为甲烷代谢过程中的第一种酶，深入了解其结构及催化机理等具有十分重要的意义。甲烷单加氧酶催化的第一步反应如式(1-1)所示。

$$CH_4+O_2+NADH+H^+ \longrightarrow CH_3OH+H_2O+NAD^+ \quad (1-1)$$

甲烷单加氧酶具有两种不同形式(图1-3)，一种是位于细胞周质空间、活性中心为双核铁的可溶性甲烷单加氧酶(soluble methane monooxygenase，sMMO)，另一种是位于细胞内膜上、活性中心含有铜的颗粒性甲烷单加氧酶(particulate methane monooxygenase，pMMO)。虽然这两种酶都可以氧化甲烷，但是两种酶的结构、活性位点、辅助因子及催化机制都不同。几乎所有的甲烷氧化菌能表达

pMMO(喜酸性甲烷氧化菌株 K 除外)，只有几类甲烷氧化菌能表达 sMMO，如甲基弯菌，以及甲基孢囊菌属和甲基球菌属中的一些菌株等。研究发现，甲烷单加氧酶的表达受到铜离子浓度的影响，当铜离子浓度低于 1μmol/g(细胞干重)时，菌体表达 sMMO，同时表达少量的 pMMO；当铜离子浓度大于 1μmol/g(细胞干重)时，菌体只表达 pMMO。铜离子的浓度对 pMMO/sMMO 的平衡调节具有重要意义，不仅限于基因的表达，还包括胞内膜的合成、与 pMMO 相关的膜蛋白的产生及对细胞生长量的影响等。甲烷单加氧酶是一种非特异性酶，其中 sMMO 的底物特异性范围更广，包括一些烷、烯、芳香族及脂环族底物，而 pMMO 的底物范围小一些，仅限于碳链长度为五个碳以内的烷烃和烯烃。同时 sMMO 降解化合物的能力更强，其降解三氯乙烯的能力是 pMMO 的 250 倍，这一特性使其在生物修复、有机污染物降解方面具有更大的应用潜力。除此之外，sMMO 似乎并没有其他的进化优势，因此有学者认为 sMMO 的存在只是细胞为适应无铜环境而产生的一种生存机制，因为表达 pMMO 的菌株比表达 sMMO 的菌株显示出了更高的生长速度及更优良的甲烷亲和力，同时 pMMO 可利用更高电位的电子受体，而 sMMO 只在甲烷作为底物的条件下产生，在其他甲基基团为底物的条件下并没有检测到 sMMO 的存在。

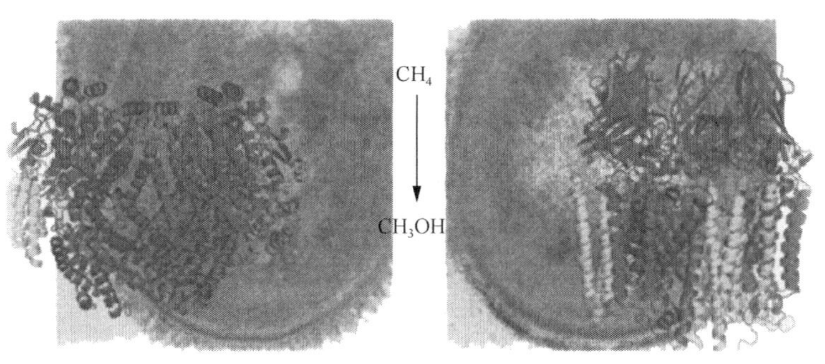

(a) 可溶性甲烷单加氧酶　(b) 颗粒性甲烷单加氧酶

图 1-3　两种类型的甲烷单加氧酶[7]

甲烷单加氧酶催化的反应得到了众多学者的关注，其原因有以下几点。第一，甲烷中的碳氢键是非常稳定的，需要 104kcal/mol(1cal=4.184J)的能量来打破第一个碳氢键，因此一般情况下甲烷氧化需要在高温高压的条件下进行，而甲烷单加氧酶在温和条件下即可进行催化反应。第二，它是一种使用分子氧作为氧化剂的直接氧化反应。第三，在反应过程中可积累副产物甲醇，甲醇是一种十分有价值的化学原料，也是一种易于运输的能源，可用来代替汽油驱动内燃机。而甲醇合成的化学方法需要分三个步骤进行(图 1-4)，首先利用反应(1)中的蒸气生产合成气，然后一氧化碳和氢气反应生成甲醇[反应(3)]，反应(2)的存在是为了转变一氧化碳和氢气的比例，使其达到反应(3)的要求。从图 1-5 可以看出，甲醇的化学法合成是需能的过程，而生物法合成甲醇是放能的过程，更容易发生。因此深入了解甲烷单加氧酶的作用机制，可以为设计高效的甲烷氧化化学催化剂提供有价值的线索，并可以降低甲烷在大气中的含量，从而缓解全球变暖。

$$(1)\quad CH_4+H_2O \xrightarrow[700\sim900℃，1\sim25bar]{\text{含15\%}\sim\text{20\% Ni催化剂的}Al_2O_3\text{或}SiO_2，} CO+3H_2$$

$$(2)\quad CO_2+H_2 \xrightarrow{\text{Ni催化剂}} CO+H_2O$$

$$(3)\quad CO+2H_2 \xrightarrow[250℃，70\sim110bar]{\text{Cu或Zn催化剂}} CH_3OH$$

图 1-4　甲烷通过化学方法合成甲醇的三个步骤

1bar=10^5Pa

间接途径：(1) $CH_4(g)+H_2O(g) \longrightarrow CO(g)+3H_2(g)$　　$\Delta H^{\ominus}$=+49.3kcal/mol

(2) $CO(g)+2H_2(g) \longrightarrow CH_3OH(g)$　　$\Delta H^{\ominus}$=−21.7kcal/mol

总计　$\Delta H^{\ominus}$=+27.6kcal/mol

直接途径：(3) $CH_4(g)+1/2O_2(g) \longrightarrow CH_3OH$　　$\Delta H^{\ominus}$=−30.7kcal/mol

图 1-5　甲烷合成甲醇过程中能量的变化

1. 可溶性甲烷单加氧酶

sMMO 属于较大细菌的多组分单加氧酶(BMM)家族，包括三个蛋白组分：羟化酶(MMOH)、还原酶(MMOR)、调节蛋白(MMOB)。羟化酶是氧化甲烷中发挥主要作用的部分，分子质量约为 251kDa，由 α、β、γ 三个亚基构成 $\alpha_2\beta_2\gamma_2$ 的二聚体结构，三个亚基分别由 *mmoX*、*mmoY*、*mmoZ* 基因进行编码。羟化酶大体上呈现 α 螺旋结构，双核铁中心位于袋状的疏水性 α 亚基内，分子氧的激活位点是 α 亚基上的 μ-氧桥双核铁结构[8-10]，由四个谷氨酸和两个组氨酸侧链组成。还原酶分子质量约为 39kDa，可以接受来自 NADH 的电子，并将其传递到羟化酶的双核铁活性位点，蛋白结构中含有传递电子所需的必需基团，如 NADH、NADPH、FAD 和 Fe_2S_2 等。调节蛋白由分子质量为 16kDa 的单一多肽组成，不含任何修复基团或金属，通过 α 亚基与羟化酶相连，这种结合可以引起羟化酶活性位点构象的改变，将 sMMO 从氧化酶转变为加氧酶，改变双核铁的氧化还原电位，促进底物(氧、甲烷和质子)进入催化阶段及产物(甲醇)释放[10-12]。

sMMO 操纵子作为一个单拷贝存在于甲烷氧化菌的基因组中(图 1-6)。*mmoX* 编码羟化酶的 α 亚基，*mmoY* 编码 β 亚基，*mmoZ* 编码 γ 亚基。*mmoB* 对调节蛋白进行编码，而 *mmoC* 对还原酶进行编码。开放阅读框 *orfY* 为蛋白 mmoD 编码，其功能是通过 mmoD 与 MMOH 结合，对 MMO 活性进行调节，但不参与 sMMO 酶复合物的催化反应。*Methylococcus capsulatus* Bath 基因组在 *mmoY* 上游具有的 σ^{70} 和 σ^{N} 依赖性结构域是转录起始位点，而 *Methylosinus trichosporium* OB3b 基因组中 *mmoX* 上游的 σ^{54} 依赖性结构域是转录起始位点。除了这一点，两个基因组的共同特征是都存在 *mmoR* 和 *mmoG* 基因。*mmoR* 显示出 σ^{N} 依赖性的转录激活因子的同一性，而 *mmoG* 显示与 GROEL 伴侣家族的同一性。两种基因的标记交换诱变都会破坏 sMMO 的转录。这两种基因在两种甲烷氧化菌中的位置不同，在 *Methylococcus capsulatus* Bath 中，*mmoR* 和 *mmoG* 位于 *mmoXYBZDC* 的最后一个基因的下游(3′)，和另外两个基因 *mmoQ* 和 *mmoS* 相连。而在 *Methylosinus trichosporium* OB3b 中，*mmoQ* 和 *mmoS* 显示出与双组分传感调节器的同一性，并且位于基因簇 *mmoX* 的上游 5′处。

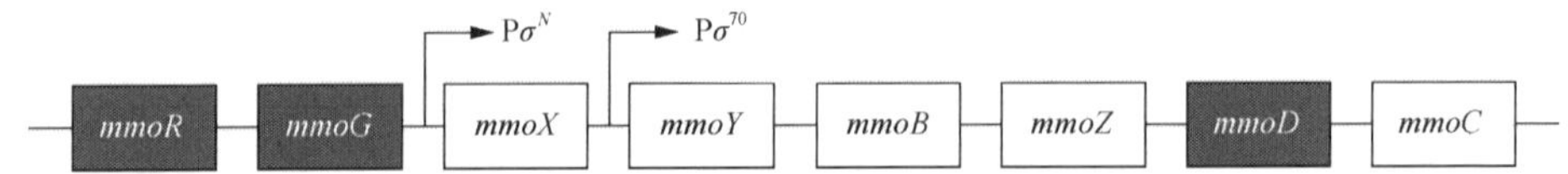

图 1-6　*Methylosinus trichosporium* OB3b 中可溶性甲烷单加氧酶的操纵子结构图

深灰色代表 sMMO 的调节基因，白色代表 sMMO 的结构基因

2. 颗粒性甲烷单加氧酶

由于 pMMO 在胞外异常不稳定，并且对氧气十分敏感，因此研究较为缓慢。唯一已知的蛋白质组分是羟化酶。pMMO 是由三个亚基构成的膜蛋白酶，由 pmoA(24kDa)、pmoC(22kDa)、pmoB(42kDa)三亚基构成三聚体结构($\alpha_3\beta_3\gamma_3$)，由周质亚基通过两个跨膜螺旋连接的两个铜还原蛋白构成 β 桶状结构。

目前的研究普遍认为，pMMO 具有多种金属活性位点，首次被证明的 pMMO 结构是来自 *Methylococcus capsulatus* Bath 的 pMMO，认为 pMMO 中存在三个金属结合位点：单核铜离子位点、锌离子位点和双核铜离子位点。而从 *Methylosinus trichosporium* OB3b 中分离到的 pMMO 的晶体结构与从 *Methylococcus capsulatus* Bath 中分离的 pMMO 的结构略有不同，在该 pMMO 的结构中没有发现单核铜离子位点，同时锌离子位点也被铜离子取代(图 1-7)。

与 sMMO 的遗传学研究一样，pMMO 的遗传学研究主要集中在 *Methylococcus capsulatus* Bath 和 *Methylosinus trichosporium* OB3b 上。基于这些研究，编码三种多肽的三种基因被确定为：*pmoA*、*pmoB*、*pmoC*(图 1-8)。这些基因在 *Methylococcus capsulatus* Bath 染色体中以 *pmoCAB* 的顺序聚集。*pmoCAB* 由位于 *pmoC* 上游 300bp 的单个转录起始位点 σ^{70} 启动子开始转录，大多数甲烷氧化菌似乎具有两个相同的 pMMO 基因拷贝，某些菌具有第三拷贝 *pmoC*。

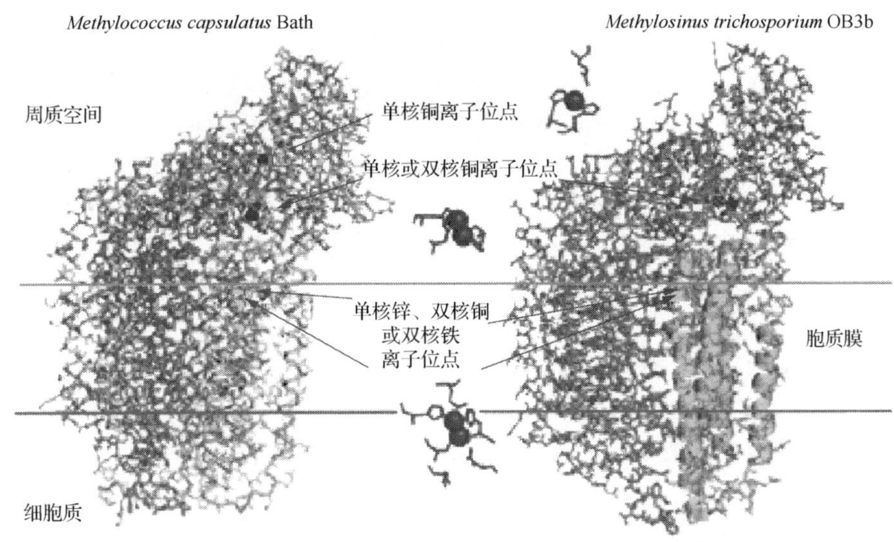

图 1-7　来自 *Methylococcus capsulatus* Bath 和 *Methylosinus trichosporium* OB3b 的 pMMO αβγ 单体的晶体结构及活性中心位点

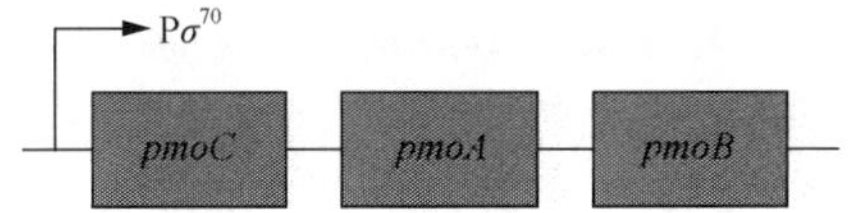

图 1-8　*Methylosinus trichosporium* OB3b 中颗粒性甲烷单加氧酶的操纵子结构图

3. 甲烷单加氧酶基因表达的调控机制

两种甲烷单加氧酶的表达调控与环境中铜离子含量有关，众多学者将其称为“铜开关”。辅助“铜开关”进行调控的蛋白质有三种，分别是铜结合调节剂(CBR)、活化剂(A)和抑制剂(R)。当环境中铜含量较高时，调节剂会与铜发生结合，促使其结构发生变化，发生变化后能够继续结合活化剂和抑制剂。由于调节剂与抑制剂发生了结合，因此不能抑制 pMMO 转录物的表达，而活化剂也不能激活 sMMO 的表达，此时细胞表达 pMMO 的活性。而当环境中铜含量低时，铜离子与调节剂不发生结合，同时调节剂与抑制剂和活化剂也不发生结合，此时抑制剂发挥抑制作用，抑制 pMMO 的转录，活化剂激活 sMMO 的转录，因而细胞表达 sMMO 的活性。

除了两种甲烷单加氧酶之外，还有一种菌体细胞分泌的铜结合肽，称为甲烷氧化菌素(methanobactin，Mb)，其生物合成操纵子也受铜调节。甲烷氧化菌素结构基因(*mbnA*)和其操纵子基因受到铜的反向调节，随着铜浓度的降低，两种基因的表达量增加，即甲烷氧化菌素是铜结合的调节因子，参与两种甲烷单加氧酶的表达。研究表明，参与“铜开关”的基因可能是 *MmoD* 基因，在低铜条件下，来自 sMMO 操纵子的 MmoD 增强了甲烷氧化菌素的表达，进一步增强了 sMMO 操纵子的转录，同时抑制 pMMO 的表达。在高铜条件下，MmoD 与铜结合，结合铜的 MmoD 不能增强甲烷氧化菌素的表达，sMMO 操纵子的表达降低，同时甲烷氧化菌素的分泌减少，结合铜的 MmoD 不能抑制 pMMO 的表达，导致 pMMO 操纵子表达上升。但这一理论忽略了调节蛋白如 mmoG、mmoR 和假设的调节蛋白 mbnI 和 mbnR 的作用。"铜开关"的表达是一种复杂的调控机制，调节蛋白在其中发挥了怎样的作用还未知，还需要更多的研究来证实。

1.2.2　甲醇脱氢酶

在革兰氏阴性的甲烷氧化菌中，将甲醇氧化为甲醛的酶是细胞周质中的 MDH。MDH 是一种利用吡咯并喹啉醌(pyrrolo quinoline quinone，PQQ)作为辅酶的醌蛋白，其分子质量约为 140kDa，以 $\alpha_2\beta_2$ 的四聚体形式存在。α 亚基的分子质量约为 67kDa，包含一个非共价结合的 PQQ 分子和一个钙离子，它们都是酶活性所必需的。MDH 的分子结构呈螺旋状，由八个放射状排列的 β 片段组成一个巨大的桶状结构(图 1-9)。PQQ 位于一个共平面色氨酸残基的吲哚环和由邻近的半胱氨酸残基构成的八元二硫化物环状结构之间，并且与不规则的非平面肽键相连。二硫化物的还原十分迅速，并且会导致酶的失活，但空气中的二次氧化或游离硫醇的羧甲基化会使酶恢复原来的活性，在这个过程中十分重要的步骤是羧甲基化衍生物的活性会阻止二硫化物还原为游离硫醇。钙离子可以起到稳定亚基结构的作用。β 亚基的分子质量为 8.5kDa，围绕着 α 亚基折叠，通常含有丰富的赖氨酸

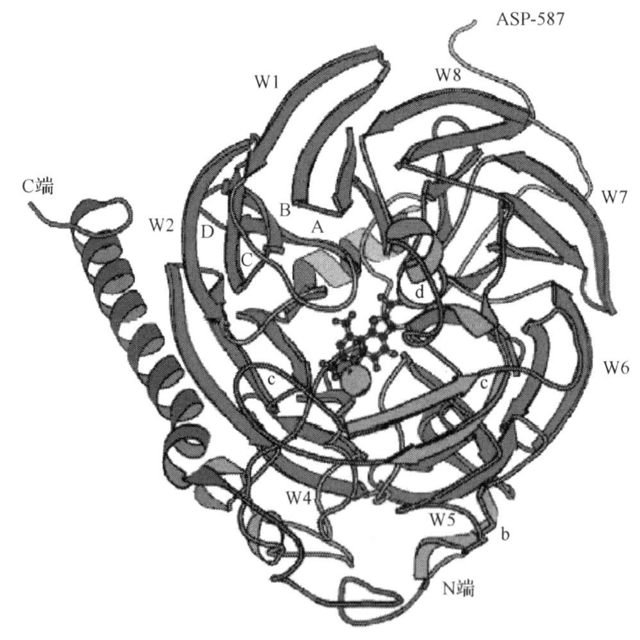

图 1-9　甲醇脱氢酶的 α、β 单元结构[13]

残基，不能发生可逆性裂解，在其他类型的醌蛋白中不常见。MDH 的生理电子受体是酸性细胞色素 c_L，然后与细胞色素 aa_3、周质膜的复合物相互作用。虽然 MDH 通常位于细胞周质空间中，但是类型Ⅰ、类型Ⅱ的甲烷氧化菌的 sMMO 和 pMMO 都含有 MDH 的活性，因此也有学者认为 MDH 有小部分会与膜结合，并与电子传递链上的组分发生相互作用。MDH 可以将伯醇、短链醛氧化成丙醛而不是仲醇，并且其氧化速率与甲醇氧化成甲醛的速率相同。

MDH 的催化过程符合乒乓机制，甲醇将 PQQ 还原释放甲醛，在这个过程中两个单电子传递给细胞色素 c_L，$PQQH_2$ 以自由基半醌的方式氧化为醌。限速步骤是甲基 C—H 键的断裂，导致氘同位素效应，这一步是由氨的不明原因活化所影响的。该过程的第一步是天冬氨酸从醇中提取一个质子，钙离子稳定了 PQQ 上亲电子的五碳羰基氧，并且通过增加 PQQ 上五碳羰基氧的亲核性保护精氨酸(Arg331)。

1.2.3　甲醛脱氢酶

在甲烷氧化菌中，甲醇氧化后形成的甲醛通过丝氨酸途径或 5-磷酸核酮糖途径被同化为细胞碳，或者被甲醛脱氢酶氧化成甲酸。甲醛脱氢酶是分子质量为 63.6kDa 的同源四聚体。根据电子供体的不同主要将其分为两类，一类利用 NAD^+作为电子供体，另一类利用细胞色素等染料作为电子供体。其中 NAD^+依赖性的甲醛脱氢酶还可根据次级辅酶因子的类型进行进一步划分，如硫醇化合物、四氢叶酸(tetrahydrofolate，H_4F)、亚甲基四氢甲烷蝶呤或修饰蛋白等。1978 年，Stirling 和 Dalton 在 *Methylococcus capsulatus* Bath 中发现 NAD^+依赖性的甲醛脱氢酶并对其进行研究，最初认为甲醛脱氢酶是同源二聚体结构，后来修正为同源四聚体结构[14]。该酶的底物特异性及催化动力学过程受一种小分子的热稳定蛋白(8.6kDa)的调控、修饰，当该修饰蛋白存在时仅发生甲醛的氧化，即对于甲醛有特异性，而当不存在该修饰蛋白时，甲醛脱氢酶还能氧化其他几种醛和醇[14]。

甲醛氧化为二氧化碳的过程发生在细胞质中，其氧化途径有以下几种：

(1) 5-磷酸核酮糖的环形氧化途径。

(2) 通过染料修饰的甲醛脱氢酶(the dye-linked formaldehyde dehydrogenases，DL-FalDH)进行甲醛的氧化途径。

(3) 四氢叶酸依赖性甲醛氧化途径。

(4) 四氢甲烷蝶呤(tetrahydromethanopterin，H_4MPT)依赖性甲醛氧化途径。

除 5-磷酸核酮糖途径外，其他几种途径的共同点是其氧化过程都需要通过甲酸为中间代谢物，进而氧化为二氧化碳。通过 5-磷酸核酮糖途径进行的甲醛氧化过程本质上是以 6-磷酸葡萄糖脱氢酶参与的同化作用，不是甲醛氧化的主要途径。对于 DL-FalDH 的关注相对较少。目前已从多种甲烷氧化菌中发现了这种酶的活性，并且从 *Methylosinus trichosporium* OB3b 中将其分离出来[15]。*Methylosinus trichosporium* OB3b 中的这种酶是一种具有较宽底物适应性（C_1～C_{10}）的醛脱氢酶，分子质量约为 22kDa。一般来说，甲烷氧化菌表现出来的活性与非特性醛脱氢酶有关，但是大部分的非特异性醛脱氢酶在一碳化合物（甲烷、甲醇等甲基化合物）代谢过程中不表达或小部分表达，因此认为 DL-FalDH 在甲醛代谢中不具有生理意义。*Pseudomonas* sp. RJ1 和 *Hyphomicrobium zavarzinii* ZV 580 是例外的，这两种菌在含有一碳化合物的培养过程中表达 DL-FalDH，并在甲醛存在条件下显示最佳活性[16, 17]。已经有报道从 *Hyphomicrobium zavarzinii* ZV 580 中分离出 DL-FalDH，其结构为同源四聚体，分子质量约为 54kDa，其辅酶基团是具有氧化还原活性的醌辅酶因子。

从一碳化合物到 H_4F 的转化对生物体的生命代谢过程是至关重要的，这些一碳组分进入代谢途径后被用于合成多种重要的中间化合物，如用于嘌呤和胸苷酸的合成，在甲基到甲酰基的转化过程中横向转化为 N^5-甲基-H_4F、N^5, N^{10}-亚甲基-H_4F、N^{10}-甲酰基-H_4F 等。一般情况下，H_4F 依赖性酶在菌体中表达较少，只有利用丝氨酸途径代谢的甲烷氧化菌（如 *Methylobacterium* 和 *Hyphomicrobium*）在含有甲醇和甲胺培养的条件下才表达较高的 H_4F 依赖性酶[18]。H_4F 依赖性酶在菌体代谢中的主要作用是为丝氨酸循环的顺利进行发挥中间调节作用，当细胞内环境发生变化时，这种酶也会向着氧化或还原的方向发生变化，因此 NAD 依赖性亚甲基-H_4F 脱氢酶（NAD-dependent methenyl-H_4F dehydrogenase）、亚甲基-H_4F 环化水解酶（methenyl-H_4F cyclohydrolase，Fch）和 N^{10}-H_4F 合成酶（formyl-H_4F synthetase，Fhs）参与的反应都是完全可逆的（图 1-10）[19]。

同甲醇利用菌 *Methylobacterium extorquens* AM1 一样，很多甲烷利用菌也显示出了 H_4MPT 依赖性的甲醛氧化途径[20, 21]，而且亚甲基-H_4MPT 环化脱水酶、亚甲基-H_4MPT 和 $NADP^+$依赖性的亚甲基-H_4MPT 都得到了分离及鉴定（*Methylococcus capsulatus* Bath 中）[22]。与 H_4F 依赖性甲醛氧化途径相似，H_4MPT 依赖性甲醛氧化首先由甲醛和蝶呤辅酶因子缩合成 N^5, N^{10}-亚甲基衍生物开始，甲醛激活酶（formaldehyde activating enzyme，Fae）可以加速这一过程。Fae 在细胞提取物中的含量相对较高，是一种由 18kDa 亚基组成且缺少发色修复基团的同源三聚体。其次 N^5, N^{10}-亚甲基-H_4MPT 氧化成 N^5, N^{10}-次甲基-H_4MPT，在该过程中发挥主要作用的酶是吡啶核苷酸依赖性的亚甲基-H_4MPT 脱氢酶。该酶有两种形式，一种是既可以催化亚甲基-H_4MPT 氧化也可以催化亚甲基-H_4F 可逆性脱氢的 NADP 特异性亚甲基-H_4MPT 脱氢酶（NADP-specific methylene-H_4MPT dehydrogenase，MtdA），另一种是只能催化亚甲基-H_4MPT 氧化的 NADP 依赖性亚甲基-H_4MPT 脱氢酶[NAD(P)-dependent methylene H_4MPT dehydrogenase，MtdB]。该氧化过程是放能过程(–13kJ/mol)，因此反应不可逆，可以有效、快速氧化甲醛。随后次甲基-H_4MPT 通过次甲基-H_4MPT 环化水解酶(methenyl-H_4MPT cyclohydrolase，Mch)水解为 N^5-甲酰基-H_4MPT。最后通过甲酰基转移酶(formyltransferase，Ftr)将其催化为甲酸。H_4MPT 依赖性甲醛氧化途径是甲醛氧化的主要途径，由于 Fae 及 Mtd 具有独特性质，大部分甲醛通过该途径进行分解氧化。H_4F 依赖性和 H_4MPT 依赖性甲醛氧化途径的总结见图 1-10。

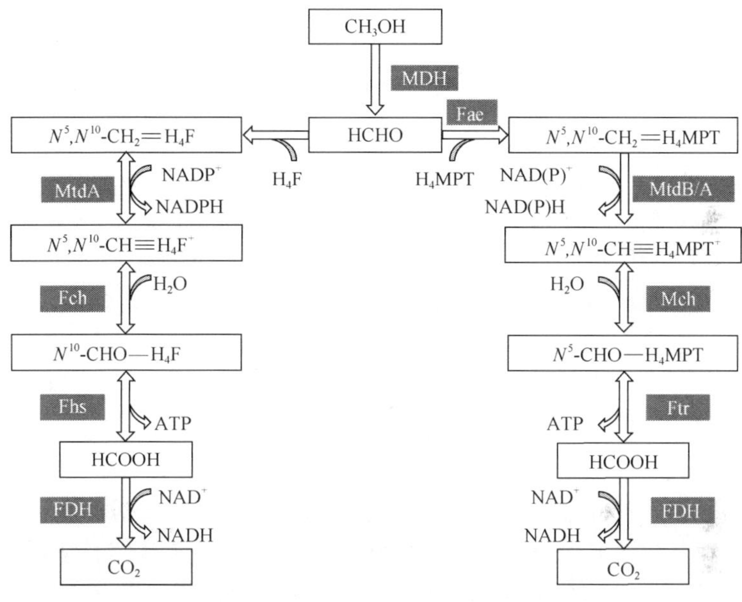

图 1-10　甲醛氧化的 H_4F/H_4MPT 途径

1.2.4　甲酸脱氢酶

FDH 可以催化氧化来自各种代谢途径的甲酸盐。关于从 *Methylosinus trichosporium* OB3b 中分离的甲烷氧化型 FDH 有两个相互矛盾的报道，Yoch 等在厌氧条件下纯化 FDH，发现存在两种不同形式的 FDH，分子质量分别为 315kDa 和 155kDa，两种 FDH 由相同的 α 亚基(～54kDa)和 β 亚基(～102kDa)组成[23]。较低分子质量的 FDH 以 αβ 异二聚体的形式存在，而较高分子质量的 FDH 以 $\alpha_2\beta_2$ 四聚体形式存在，并且发现该酶需要黄素单核苷酸(FMN)来维持活性及稳定结构。这些发现与 Jollie 和 Lipscomb 纯化的 FDH 不同，Jollie 和 Lipscomb 认为 FDH 以 αβγδ 异四聚体(α～98kDa，β～56kDa，γ～20kDa，δ～12kDa)的形式存在，并且包含铁、无机硫化物、钼和黄素辅助因子[24]。

1.3 甲烷氧化菌的生态分布

1778 年，当 Alessandro Volta 从意大利马焦雷湖的搅动沉积物中收集气体时，第一次发现了甲烷气体的自然产生。当收集到的气体被点燃时，他听到一声巨响。几年后，约翰·道尔顿在曼彻斯特进行了一项类似的试验，并发现该气体很容易被点燃。他在提出气体原子理论时，将收集到的气体称为“含碳氢”，并提出该气体的一部分碳与两个氢结合。

而现在我们知道上述研究者观测到的气体是甲烷，是大气中含量特别丰富的一类有机气体。它有很强的红外吸收能力，发射的辐射会破坏臭氧层，导致全球变暖。大气中甲烷造成的温室效应是二氧化碳的 26 倍[6]。一些自然因素和人为因素都会造成甲烷的产生，包括自然湿地、稻田、反刍动物、湖泊和海洋、土壤、垃圾填埋场、石油和天然气回收作业。在近 300 年间，大气中甲烷的浓度从 0.75ppm 上升到 1.75ppm（1ppm 为 10^{-6}），并且其增长速度还在加快。因此，合理、有效地利用甲烷，对全球能源利用、环境保护和循环经济有重要影响。多年来，学者们致力于寻找一种对环境友好同时低成本的生物催化剂来解决这一问题，直到甲烷氧化菌的出现。

1906 年，荷兰微生物学家 Söhngen 在代尔夫特的 Beijerinck 实验室首次报道了一种能在甲烷中生长的细菌。Söhngen 发现，甲烷在地球上大量生成，但大气中只有微量甲烷。他认为环境中含有一种特殊的物质，能够去除一部分甲烷。经过一系列的研究，Söhngen 从水生植物和池塘水中分离出 *Bacillus methanicus*，后来学者们陆续从自然界中分离出这种利用甲烷的微生物[25]，并对该微生物的生长条件等方面进行研究。1970 年，Whittenbury 等使用荧光原位杂交法分离和鉴定了 100 多种能利用甲烷的细菌[2]，随后 Bowman 和他的同事从不同的栖息地分离出了类似数量的菌株，更加证明了这种细菌在自然界中是无处不在的[5, 26, 27]。

甲烷氧化菌在不同的环境中普遍存在，如湿地、稻田、沼泽、泥塘、污水、淡水、土壤、地下水等。一般使用选择培养基进行富集分离培养，从各种环境中分离出各类菌株，由于环境的选择和适者生存的特性，一般该菌种会带有环境特点，将这种特性表现极为明显的是极端环境菌，可以在高温、高酸碱、高盐等条件下生存，而且不同极端条件下的菌种自身具有不同的防御机制，可为参与大气中甲烷循环过程的其他微生物提供一碳中间物和各种代谢底物。大部分甲烷氧化菌都是好氧型的，也发现有一些在缺氧海水、湖泊及淡水沉积物中能够利用硫酸盐或硝酸盐作为电子供体的厌氧甲烷氧化菌。这种微生物介导的厌氧甲烷氧化循环是海洋沉积物中甲烷的主要生物循环方式，据估计每年消耗 2×10^{9}kg 甲烷。

通常情况下甲烷的微生物氧化发生在次表层土壤中，该层土壤中甲烷氧化菌的数量最多，活性最强。但不同的土壤类型及耕作方式都会影响该活性区域，主要影响因素在于甲烷及氧气的扩散。土壤透气性好的地方，甲烷的扩散通量就会更高。而土壤的透气性又受到多方面因素的影响，因此土壤中甲烷的氧化过程也会受到土壤质地、温度、含水量、有机质含量、铵盐含量及土壤中甲烷含量等因素的影响。在水分含量较高的土壤中，如稻田、湿地、沼泽，甲烷氧化菌一般产生在植物的根系部分，因为根系附近植物的传氧作用更旺盛；若水分含量降低，如在干旱的土壤中，甲烷氧化菌一般分布在浅表层土壤中，这部分土壤易于得到氧气，同时能保持一定量的水分。而在煤矿开采区，由于甲烷的存在形式是飘散在空气中，因此甲烷氧化菌会在环境中大量生长。在相同的地域条件下，Ⅰ型和Ⅱ型菌的分布也不尽相同，其中Ⅰ型菌对环境的要求更高，而Ⅱ型菌在营养不充分的条件下也能很好存活，因此Ⅱ型菌具有更广泛的分布(表 1-1)。

表 1-1　环境因素对甲烷氧化Ⅰ型、Ⅱ型菌竞争的影响

环境因素	Ⅰ型、Ⅱ型菌的生长情况
Cu^{2+}	铜离子浓度高时，有利于Ⅰ型菌生长；铜离子浓度低时，有利于Ⅱ型菌生长
CH_4	高浓度 CH_4 有利于Ⅱ型菌生长
NO_3^-/NH_4^+	环境中有充足的溶解性无机氮源时，更有利于Ⅰ型菌生长
固氮/N_2	在固氮条件下，更有利于Ⅱ型菌生长
盐分	低盐度条件下有利于Ⅱ型菌生长
pH	低 pH 条件下有利于Ⅱ型菌生长
CO_2	高浓度 CO_2 有利于Ⅱ型菌生长
O_2	低浓度 O_2 有利于Ⅱ型菌生长
甲醇	加入甲醇为共底物时，更有利于Ⅰ型菌生长
环境的变化	Ⅱ型菌对环境的变化具有更好的承受能力

1.4　甲烷氧化菌的研究方法

关于甲烷氧化菌的研究可以从两个角度考虑，一是使用传统的微生物培养技术，利用选择培养基将甲烷氧化菌分离出来，然后通过纯培养后的性状及表现型来分析菌种的生长特点及性状。但是这种方法的实施有一定的困难，使用传统的微生物培养法，菌种生长缓慢，培养周期长，多种混合菌对目标菌株的分离有影响，因此很难将甲烷氧化菌从平板上分离出来。二是利用分子生物学及基因工程的手段，依靠聚合酶链反应(polymerase chain reaction，PCR)扩增技术或基因探针等方式直接从样品中对其进行检测和分析，包括荧光原位杂交(fluorescence in situ hybridazation，FISH)技术、PCR-变性梯度凝胶电泳技术、实时荧光定量 PCR 技术、磷脂脂肪酸组合分析技术、稳定同位素探针(stable isotope probe，SIP)技术等。这些方法方便、快捷、精确，不需要进行目标微生物的纯培养就可获得相关信息，被广泛应用于微生物生态学研究中。

1.4.1 甲烷氧化菌的培养方法

甲烷氧化菌是一类严格好氧的微生物，但是已经能够从厌氧的环境中分离出厌氧的甲烷氧化菌了，可见甲烷氧化菌的生态分布不局限于氧气的有无，而取决于甲烷的丰富程度。而甲烷在水中的溶解度受到限制，导致甲烷氧化菌的气液传质效率差、细胞生长速率慢、生物量积累少，使得其在单细胞蛋白等方面的应用受限。寻找一种可代替甲烷的碳源是比较可行的方法，可选择使用甲醇溶液，根据相似相溶原理，甲醇可完全溶解于水中，但甲醇含量的控制成为关键因素，过高的甲醇浓度会对菌体细胞产生毒害作用，而甲醇浓度低又起不到营养物质的作用。也可对甲烷氧化菌进行平板驯化使其提高对甲醇的适应力。还有一种方法是向培养基中添加一种易溶于甲烷并且和甲烷氧化菌具有亲和性的非极性有机试剂，使该有机溶剂作为一种甲烷传递体，实现较高浓度的甲烷氧化菌的培养。在关于某些Ⅱ型甲烷氧化菌的研究中发现，添加和三羧酸循环相关的化合物，如顺丁烯二酸、柠檬酸、苹果酸、琥珀酸等，对甲烷氧化菌的生长有促进作用，细胞浓度可增加 3～4 倍，甲醇浓度可达到 12mmol/L。

一些Ⅰ型甲烷氧化菌，尤其是某些甲基杆菌在使用固体培养基培养时，可能会以固型性囊肿的形式进入静止期，这样的休息阶段可以为甲烷氧化菌的生成提供一些优势，在干旱或者营养缺乏的条件下也可以生长得很好。这虽然并不是Ⅰ型菌所具有的统一特征(可能是实验室长期培养，而导致某些菌株形成休眠阶段)，但在一些使用固体培养基培养的甲烷氧化菌中是常见的。Ⅱ型的甲烷氧化菌，如甲基弯菌和甲基孢囊菌，能以形成外生孢子或脂质囊肿的形式进入静止期。这种在静止期从营养细胞中萌发的外生孢子耐热性强，在 85℃的条件下可存活 10min，并能在干燥的条件下存活 18 个月。

1.4.2 荧光原位杂交技术

荧光原位杂交技术是细胞原位杂交技术和荧光技术相结合的产物，基本原理是使用具有荧光标记的外源寡核苷酸探针与互补的甲烷氧化菌序列进行专一性结合，通过结合位点的荧光标记来显示甲烷氧化菌的存在，是一种鉴定和监测甲烷氧化菌非常有效的方法，可以同时提供菌株的形态学、空间分布状态、数量与细胞环境的信息，可对环境中的甲烷氧化菌进行动态观察和鉴定。荧光原位杂交技术可在不分离纯化的条件下实现不同环境中各种菌株进化关系的确定，或对混合菌群中甲烷氧化菌进行定量分析，或用于确定改变条件下甲烷氧化菌的生长状态，进而来优化培养条件等。该方法安全性高、分辨率好，并且不需要额外的检测步骤，可以直接计数。缺点在于，有荧光标记的外源寡核苷酸探针与目标菌株中 rRNA 的拷贝数相关，所以与细胞生长速率相关，即环境中细胞生长速率低，则目标菌株的检出率也低，并且若环境中的其他菌株具有较高的荧光特性，也会对目标菌株的检测有干扰作用。

1.4.3　PCR-变性梯度凝胶电泳技术

变性梯度凝胶电泳（denaturing gradient gel electrophore，DGGE）以样本微生物的基因组 DNA 为研究对象，通过对比不同微生物的 16S rRNA 基因序列信息来了解微生物的群落组成及亲缘关系，广泛应用于各种生态系统微生物的微生态研究。主要原理是在含有浓度线性递增的变性剂（尿素和甲酰胺的混合物）的聚丙烯酰胺凝胶电泳中对 PCR 的产物进行分离，由于序列不同的 DNA 分子解链行为不同，解链后的 DNA 分子的电泳迁移率不同，从而使长度相同而序列不同的 DNA 片段分离开。根据变性梯度方向和电泳方向将 DGGE 分为两种形式：垂直 DGGE 和平行 DGGE，分别用于优化分离条件及同时分析多个样本。目前国内使用该方法进行甲烷氧化菌的研究较少，多采用纯培养的方法，但是这种方法可以对不同环境下的菌群进行聚类分析、主成分分析，优化培养条件，推测菌群活性功能指标，可同时分析大量样品，可判断菌群相似性。但缺点在于对于一些亲缘关系较近的相近微生物类群 DNA 和 PCR 产物的分离不彻底，低估实际微生物的数量，针对甲烷氧化菌缺少 *pmoA* 专一性的 PCR 引物，并且仪器价格昂贵。

1.4.4　实时荧光定量 PCR 技术

实时荧光定量 PCR 技术是一种核苷酸定量检测技术，是指在 PCR 进行的同时，向反应体系中添加荧光基团，利用荧光积累实时监测整个 PCR 过程，最后通过标准曲线对未知模板进行定量分析的方法，使核酸扩增、杂交、光谱分析、实时监测完美融合到一起，实现目标菌株的实时定量扩增。有研究表明，基于 *sMMO* 基因建立的 PCR 技术在对铜离子缺乏环境中的甲烷氧化菌的研究中很有用，已设计出针对 *pmo* 基因的 PCR 引物，可以实现从多种复杂的环境样品中分离出的甲烷氧化菌的 DNA 扩增。其优点在于灵敏度高、精确度高、安全快速，并且可以实时监测。但是由于氨氧化细菌的存在，可能产生扩增反应特异性高但定量不准确的结果。

1.4.5　磷脂脂肪酸组合分析技术

磷脂脂肪酸法（phospholipid fatty acid，PLFA）也是一种常用于评价微生物菌落结构的方法。根据不同种类微生物细胞内的磷脂脂肪酸结构及含量的差异，可以判断不同环境中甲烷氧化菌的存在及丰度。该方法在甲烷氧化菌的研究中比较常用，对微生物菌群的结构确定及分类十分有效，如甲烷氧化菌中的 I 型菌含有十六碳脂肪酸，而Ⅱ型菌中十八碳脂肪酸含量较多。该方法可以和液相色谱/质谱及放射性标记结合起来，提高检测的精确度，但是局限性在于区分关系较远的甲烷氧化菌效果不明显，其磷脂脂肪酸图谱可能发生重叠，因此应建立并完善更加全面的磷脂脂肪酸特征的数据库，并且研究在不同环境中磷脂脂肪酸特征的变化。

1.4.6 稳定同位素探针技术

稳定同位素探针技术通过使用同位素（^{12}C 或 ^{2}H）标记底物甲烷或甲基营养物，当被甲烷氧化菌吸收利用后，标记的底物成为磷脂脂肪酸或核酸分子的一部分，通过检测该同位素的存在及含量，确定甲烷氧化菌的生物量及功能，确定其在分类进化树中的位置及种属关系，揭示基因功能。Radajewski 等第一次将这种方法应用到甲烷氧化菌的研究中，使用 ^{13}C 标记底物，然后对标记上的重核酸进行分离及基因指纹分析，确定甲烷氧化菌种群的系统分类地位[28]。

1.5 甲烷氧化菌的应用

甲烷氧化菌以甲烷作为唯一的碳源和能源进行生长，将甲烷制备成液体燃料和化学产品而受到学者们的广泛关注。2012 年美国的甲烷产量接近 $3\times10^{13}ft^3$，比 2002 年增长近 30%。到 2035 年，美国天然气产量预计将保持增长，占全球天然气产量的 25%。由于页岩气生产的发展，天然气的消耗量[80%～95%（体积分数）甲烷与其他较重的烷烃混合]已显著下降。尽管如此，每年约有 5%的天然气产量在全球范围内燃烧或排放，造成了温室气体的排放。因此使用甲烷来生产有增值价值的副产品得到了众多学者的关注。目前将天然气转化为液体产品的技术（如费-托反应）通常是能源密集型的，并且具有较低的碳转换效率（25%～50%）。由于甲烷氧化菌的独特生理生化特性，甲烷的生物转化能力也得到了广泛的关注。甲烷氧化菌的应用概括为以下几个方面，将分别进行论述。

1.5.1 减少甲烷的排放

这方面的工作大部分集中于开发生物降解系统，在垃圾填埋场覆盖土壤或其他土壤中通过各种手段，如生物覆盖和生物过滤器等，提高甲烷氧化菌的活性，来提高甲烷的降解率。这种系统使用具有足够孔隙度和高吸湿能力的支持材料来增加气体转移，为甲烷氧化菌的生长提供条件。研究表明，当甲烷浓度在 700～1500ppmv 时，甲烷氧化菌生物滤池能够有效清除甲烷[29, 30]。在甲烷转化过程中应用甲烷氧化菌具有以下优点：①甲烷氧化菌能够在温和的条件下实现甲烷的转化；②甲烷的生物转化不需要管道设施，并且可以在较为分散的偏远地区实现甲烷的利用；③以甲烷为原料进行化学生产，可以降低对其他底物(如糖)的高成本依赖；④与许多其他传统的化学过程相比，通过甲烷氧化菌生物转化甲烷的成本低，效率高。

1.5.2　生产生物燃料

生物柴油可用作运输燃料或能源燃料，与乙醇相比，它的优点在于不需要对发动机进行修改。一般情况下，生物柴油是由猪油、牛油等动物油脂及玉米、大豆等植物油脂通过酯交换法制成的，但是原料耗费量大，很难通过大量的粮食作物生产生物柴油。我国生产生物柴油的主要原料是餐饮废油，但其来源复杂，杂质含量高，生产出的生物柴油品质不佳，并且生产过程中产生的副产物造成严重的环境污染，因此拓宽原料的选择范围是十分重要的。使用微生物如藻类及甲烷氧化菌产的脂类比动物、植物来源的脂类有更多的优点，因为它们的生命周期更短，不需要过多劳动力的参与，受地点、环境、季节的影响小，在某种程度上更易于扩大培养。但仍存在一些困难，化能自养型的微藻富集、培养、光渗透困难，在此密度下的微生物难以获得高密度的脂质，并且脂质的提取与转化过程也十分困难。因此使用甲烷培养甲烷氧化菌生产生物燃料的研究得到了诸多关注。在颗粒性甲烷单加氧酶表达条件下，以干细胞质量为基础的甲烷氧化菌中，生物量的脂质分数可超过 20%[31, 32]。虽然与生产其他生物燃料的葡萄糖利用效率相比，这种产量还没有竞争力，但是它们仍具有代谢潜力。在甲烷氧化菌中两类主要的磷酯类是磷脂酰甘油(PG)和磷脂酰乙醇胺(PE)，它的两种衍生物是磷脂酰-*N*-甲基乙醇胺(PME)和磷脂酰-*N*,*N*-二甲基乙醇胺(PDME)。其成分不同于富含甘油三酯的典型生物柴油，可通过加氢处理生产可再生的生物柴油。这种以甲烷为原料，通过生物炼制液体燃料的方法，一方面可以达到甲烷减排的目的，延缓温室效应，另一方面可以源源不断地生产液体燃料，缓解能源需求紧张的问题。目前关于甲烷氧化菌在该领域的研究还处于起步阶段，未来的发展可聚焦于分子生物学技术，通过基因工程、代谢工程构建出生长迅速、膜脂质含量丰富的菌株，或针对生化反应器的改进等方面，优化培养条件，开发多功能复合催化剂，促进生物柴油的研究及应用。

1.5.3　生物修复

1. 有机污染物的降解

甲烷氧化菌产生的甲烷单加氧酶可以结合和氧化一系列碳氢化合物及一些卤代衍生物，这一特性在卤代化合物[33, 34]、芳烃[35]和多氯联苯[36]的降解及生物修复方面具有非常重要的应用价值，并且具有产生有毒中间体少、甲烷易利用等优点。例如，去除垃圾填埋气中的非甲烷有机气体，垃圾填埋气中除甲烷和二氧化碳外，还有约占1%的非甲烷有机气体，如氯乙烯、四氯乙烯、苯、甲苯等，这些气体对人类及生态环境的危害非常大。

但是，表达可溶性甲烷单加氧酶的细胞和表达颗粒性甲烷单加氧酶的细胞在生物修复方面是否具有相同的功效呢？一般来说，可溶性甲烷单加氧酶具有更广泛的底物范围，能够氧化 C_8 以内的烷烃，以及醚类、环烷烃和芳香烃。而颗粒性甲烷单加氧酶的底物范围较窄，可以氧化 C_5 以内的烷烃，但不能氧化芳香化合物。从这方面考虑，表达可溶性甲烷单加氧酶的细胞似乎更有优势。但是有研究表明，颗粒性甲烷单加氧酶对甲烷有较高的亲和力，使菌体转化为生物量的效率更高，此外，有毒降解产物的积累也较慢。因此，与表达可溶性甲烷单加氧酶的细胞相比，表达颗粒性甲烷单加氧酶的甲烷氧化菌在生物降解领域更有竞争优势。

2. 重金属的检测与清除

甲烷氧化菌还可以用于重金属的检测与清除。甲烷氧化菌素是一种甲烷氧化菌产生的具有极高铜亲和力的活性蛋白肽，在环境含铜的情况下分泌到细胞外进行铜的捕获和富集，对于金、汞、铬等重金属同样具有捕获作用，利用这种特性可将其用于环境中重金属的去除。Hasin 等在 2010 年利用甲烷氧化菌 *Methyolococcus capsulatus* Bath 将可溶性和毒性较强的Cr(Ⅵ)还原为毒性较弱的Cr(Ⅲ)，这种菌株还可以通过甲烷的异化反应得到的还原等价物来降低汞的含量[37]。

3. 生物驱铜剂

甲烷氧化菌素可以通过阻止机体对外源性铜的吸收，与进入肠黏膜的内源铜结合，然后随肠黏膜脱落将铜排出体外，使粪铜排出量增加，从而达到排铜的作用。这种机制可迅速有效地消耗肝脏线粒体、细胞、组织中积累的铜，有效治疗肝铜积累急性期线粒体的损伤和肝损伤。针对急性肝炎和突发性肝功能衰竭的威尔逊氏症患者，甲烷氧化菌素能较高程度地消耗线粒体、细胞和整个组织水平积累的铜，且不会产生细胞毒性和线粒体功能障碍，同时使神经系统体征得到一定程度的改善，表明甲烷氧化菌素具有治疗急性威尔逊氏症的潜力[38]。

1.5.4 工业化学品

1. 生产大分子生物聚合物

甲烷氧化菌能利用甲烷进行生长，并在细胞内合成大分子聚合物聚羟基脂肪酸(PHA)，这些生物聚合物在细胞内合成并沉积成颗粒，可作为碳源、能源或还原能力的来源。PHA 具有生物可降解性、生物相容性、无刺激性和热塑性等特殊性能，在医药、工业、包装、农业等领域有着广阔的应用前景。生物聚合物如聚 β-羟基丁酸(PHB)是生物可降解和生物可兼容的热塑性高分子聚合物，是生产塑料的重要材料。甲烷氧化菌在一定的营养限制条件下，将活性培养物暴露于过量的碳中，可以诱导积累 PHB。许多研究已经探索了利用甲烷氧化菌生产 PHB 的潜力，其中大部分试图通过控制甲烷氧化菌的生长条件，如碳氮比、碳源种类、钾元素的含量及离子浓度等，来增加 PHB 的产量和控制 PHB 的相对分子质量。有研究发现表达颗粒性甲烷单加氧酶的细胞中生物量积累较快，PHB 产量较高[39]。通过培养 *Methylocystis parvus* OB3b，获得 PHB 的最高含量约为 70%(质量分数)。但是与传统的石化塑料相比，微生物 PHB 的生产成本相对较高，尽管如此，利用有机材料厌氧消化产生的沼气生产 PHB 的方法已经商业化。

2. 生产单细胞蛋白

自 20 世纪 70 年代初以来，人们就对微生物作为动物食用的替代蛋白质来源很有兴趣[6, 40]。使用廉价的非农业产品为原料，如甲烷，利用甲烷培养甲烷氧化菌生产单细胞蛋白已商业化。虽然细菌通常具有较高的蛋白质含量(50%～60%)，但它们也具有较高的核酸含量(8%～12%)，可引起显著的免疫反应。而以甲烷氧化菌为菌种、天然气为碳源生产的单细胞蛋白具有诸多优点，被广泛应用于不同的动物饲料中。首先，经干燥浓缩后单细胞蛋白含量为 40%～85%，单细胞蛋白中含有的蛋白质及必需氨基酸的组成和含量比小麦等植物产品高，与大豆粉相当。其次，其生产过程是微生物自然发酵的结果，微生物繁殖速度快，生产效率高，操作简单，不受气候的影响。最后，甲烷氧化菌生产的单细胞蛋白不含有其他致病菌，也没有致敏性，安全无毒副作用，并且含有多种营养物质，如维生素、脂类、碳水化合物及各种生物活性物质(酶类、辅酶 A、辅酶 Q、谷胱甘肽等)，营养价值优于大豆粉和鱼粉，同时具有较长的储藏时间。目前，UniBio 生产的单细胞蛋白已用于鲑鱼、小牛、猪和鸡的饲料中。

3. 生产胞外多糖

胞外多糖(EPS)已经作为一种食品添加剂进入工业化生产阶段，通常从藻类和植物中提取，但不利于资源的有效及循环利用，因此寻找一种可使用、可再生原料进行胞外多糖的生产是十分必要的。许多甲烷氧化菌和甲基细菌都可以利用甲烷和甲醇通过碳代谢的核酮糖单磷酸途径和核酮糖二磷酸途径合成 EPS，同时可以通过改变培养基的组成和培养条件来调节 EPS 的产量。目前已开发出微生物合成 EPS 的实验室方法，有助于在石油开采、纸板生产等分支产业中的应用。

4. 代谢中间体

与酵母菌、牛肉或马铃薯葡萄糖提取物类似，甲烷氧化菌的可溶性中间代谢产物可被大量提取出来，并作为生产介质来提供营养物质。例如，利用甲烷氧化菌生产的L-丝氨酸、L-谷氨酸、L-赖氨酸已经广泛用于食品及饲料添加剂、药品、化妆品等领域，分泌的粉红色类胡萝卜素可作为着色剂用于食品工业中。

1.5.5 展望

甲烷氧化菌可利用甲烷生产多种代谢产物及化工原料，包括无细胞催化、初级和次级代谢产物的生产、甲烷检测的生物传感器等。然而，在试点或商业规模中实现这些应用仍然存在障碍，如不完全理解代谢变化与基因调控之间的关系；缺乏高效的工具和方法从基因角度操控菌的生长及代谢；无法获得在体外具有高活性的酶或活性肽；甲烷氧化菌由于气液传质限制而生长缓慢等，还有待于进一步的研究。

参考文献

[1] Söhngen N L. Uber bakterien, welche methan ab kohlenstoffnahrung und energiequelle gerbrauchen[J]. Parasitenkd Infectionskr Abt, 1906, 2(15): 513-517.

[2] Whittenbury R, Phillips K C, Wilkinson J F. Enrichment, isolation and some properties of methane-utilizing bacteria[J]. Journal of General Microbiology, 1970, 61(2): 205-218.

[3] Holmes A J, Roslev P, Mcdonald I R, et al. Characterization of methanotrophic bacterial populations in soils showing atmospheric methane uptake[J]. Applied and Environmental Microbiology, 1999, 65(8): 3312-3318.

[4] Bodrossy L, Holmes E, Holmes A, et al. Analysis of 16S rRNA and methane monooxygenase gene sequences reveals a novel group of thermotolerant and thermophilic methanotrophs, *Methylocaldum* gen. nov. [J]. Archives of Microbiology, 1997, 168(6): 493-503.

[5] Bowman J P, Mccammon S A, Skerratt J H. *Methylosphaera* hansonii gen. nov., sp. nov., a psychrophilic, group Ⅰ methanotroph from Antarctic marine-salinity, meromictic lakes[J]. Microbiology, 1997, 143(4): 1451-1459.

[6] Dalton H. The Leeuwenhoek Lecture 2000 the natural and unnatural history of methane-oxidizing bacteria[J]. Philosophical Transactions of the Royal Society of London B: Biological Sciences, 2005, 360(1458): 1207-1222.

[7] Sirajuddin S, Rosenzweig A C. Enzymatic oxidation of methane[J]. Biochemistry, 2015, 54(14): 2283-2294.

[8] Ericson A, Hedman B, Hodgson K O, et al. Structural characterization by EXAFS spectroscopy of the binuclear iron center in protein A of methane monooxygenase from *Methylococcus capsulatus* (Bath)[J]. Journal of the American Chemical Society, 1988, 110(7): 2330-2332.

[9] Dewitt J G, Bentsen J G, Rosenzweig A C, et al. X-ray absorption, Moessbauer, and EPR studies of the dinuclear iron center in the hydroxylase component of methane monooxygenase[J]. Journal of the American Chemical Society, 1991, 113(24): 9219-9235.

[10] Woodland M P, Dalton H. Purification and characterization of component A of the methane monooxygenase from *Methylococcus capsulatus* (Bath)[J]. Journal of Biological Chemistry, 1984, 259(1): 53-59.

[11] Colby J, Dalton H. Characterization of the second prosthetic group of the flavoenzyme NADH-acceptor reductase (component C) of the methane mono-oxygenase from *Methylococcus capsulatus* (Bath) [J]. Biochemical Journal, 1979, 177 (3): 903-908.

[12] Green J, Dalton H. Protein B of soluble methane monooxygenase from *Methylococcus capsulatus* (Bath). A novel regulatory protein of enzyme activity[J]. Journal of Biological Chemistry, 1985, 260 (29): 15795-15801.

[13] Anthony C, Williams P. The structure and mechanism of methanol dehydrogenase[J]. Biochimica Biophysica Acta, 2003, 1647 (1): 18-23.

[14] Stirling D I, Dalton H. Purification and properties of an NAD(P)$^+$-linked formaldehyde dehydrogenase from *Methylococcus capsulatus* (Bath) [J]. Microbiology, 1978, 107 (1): 19-29.

[15] Patel R N, Hou C T, Derelanko P, et al. Purification and properties of a heme-containing aldehyde dehydrogenase from *Methylosinus trichosporium*[J]. Archives of Biochemistry and Biophysics, 1980, 203 (2): 654-662.

[16] Mehta R. A novel inducible formaldehyde dehydrogenase of *Pseudomonas* sp. (RJ1) [J]. Antonie van Leeuwenhoek, 1975, 41 (1): 89-95.

[17] Klein C, Kesseler F, Perrei C, et al. A novel dye-linked formaldehyde dehydrogenase with some properties indicating the presence of a protein-bound redox-active quinone cofactor[J]. Biochemical Journal, 1994, 301 (1): 289-295.

[18] Marison I W, Attwood M M. A possible alternative mechanism for the oxidation of formaldehyde to formate[J]. Microbiology, 1982, 128 (7): 1441-1446.

[19] Vorholt J A. Cofactor-dependent pathways of formaldehyde oxidation in methylotrophic bacteria[J]. Archives of Microbiology, 2002, 178 (4): 239-249.

[20] Chistoserdova L, Vorholt J A, Thauer R K, et al. C1 transfer enzymes and coenzymes linking methylotrophic bacteria and methanogenic Archaea[J]. Science, 1998, 281 (5373): 99-102.

[21] Pomper B K, Vorholt J A, Chistoserdova L, et al. A methenyl tetrahydromethanopterin cyclohydrolase and a methenyl tetrahydrofolate cyclohydrolase in *Methylobacterium extorquens* AM1[J]. European Journal of Biochemistry, 1999, 261 (2): 475-480.

[22] Vorholt J A, Chistoserdova L, Stolyar S M, et al. Distribution of tetrahydromethanopterin-dependent enzymes in methylotrophic bacteria and phylogeny of methenyl tetrahydromethanopterin cyclohydrolases[J]. Journal of Bacteriology, 1999, 181 (18): 5750-5757.

[23] Yoch D, Chen Y P, Hardin M. Formate dehydrogenase from the methane oxidizer *Methylosinus trichosporium* OB3b[J]. Journal of Bacteriology, 1990, 172 (8): 4456-4463.

[24] Jollie D R, Lipscomb J D. Formate dehydrogenase from *Methylosinus trichosporium* OB3b. Purification and spectroscopic characterization of the cofactors[J]. Journal of Biological Chemistry, 1991, 266 (32): 21853-21863.

[25] Davies S L, Whittenbury R. Fine structure of methane and other hydrocarbon-utilizing bacteria[J]. Journal of General Microbiology, 1970, 61 (2): 227-232.

[26] Bowman J P. Revised taxonomy of the methanotrophs: description of *Methylobacter* gen. nov., emendation of *Methylococcus*, validation of *Methylosinus* and *Methylocystis* species, and a proposal that the family Methylococcaceae includes only the group Ⅰ methanotrophs[J]. Intjsystbacteriol, 1993, 43 (4): 735-753.

[27] Bowman J P, Sly L I, Stackebrandt E. The phylogenetic position of the family Methylococcaceae[J]. International Journal of Systematic Bacteriology, 1995, 45 (1): 182-185.

[28] Radajewski S, Ineson P, Parekh N R, et al. Stable-isotope probing as a tool in microbial ecology[J]. Nature, 2000, 403 (6770): 646-649.

[29] Barlaz M A, Green R B, Chanton J P, et al. Evaluation of a biologically active cover for mitigation of landfill gas emissions[J]. Environmental Science & Technology, 2004, 38(18): 4891-4899.

[30] Melse R W, Van der werf A W. Biofiltration for mitigation of methane emission from animal husbandry[J]. Environmental Science & Technology, 2005, 39(14): 5460-5468.

[31] Kaluzhnaya M, Khmelenina V, Eshinimaev B, et al. Taxonomic characterization of new alkaliphilic and alkalitolerant methanotrophs from soda lakes of the Southeastern Transbaikal region and description of *Methylomicrobium buryatense* sp. nov. [J]. Systematic and Applied Microbiology, 2001, 24(2): 166-176.

[32] Collins M L P, Buchholz L A, Remsen C C. Effect of copper on *Methylomonas albus* BG8[J]. Applied and Environmental Microbiology, 1991, 57(4): 1261-1264.

[33] Wilson J T, Wilson B H. Biotransformation of trichloroethylene in soil[J]. Applied and Environmental Microbiology, 1985, 49(1): 242-243.

[34] Westrick J J, Mello J W, Thomas R F. The groundwater supply survey[J]. Journal-American Water Works Association, 1984, 76(5): 52-59.

[35] Rockne K J, Strand S E. Biodegradation of bicyclic and polycyclic aromatic hydrocarbons in anaerobic enrichments[J]. Environmental Science & Technology, 1998, 32(24): 3962-3967.

[36] Lindner A S, Adriaens P, Semrau J D. Transformation of ortho-substituted biphenyls by *Methylosinus trichosporium* OB3b: substituent effects on oxidation kinetics and product formation[J]. Archives of Microbiology, 2000, 174(1-2): 35-41.

[37] Boden R, Murrell J C. Response to mercury（Ⅱ）ions in *Methylococcus capsulatus* (Bath)[J]. Fems Microbiology Letters, 2011, 324(2): 106-110.

[38] Lichtmannegger J, Leitzinger C, Wimmer R, et al. Methanobactin reverses acute liver failure in a rat model of Wilson disease[J]. Journal of Clinical Investigation, 2016, 126(7): 2721-2735.

[39] Karthikeyan O P, Chidambarampadmavathy K, Cirés S, et al. Review of sustainable methane mitigation and biopolymer production[J]. Critical Reviews in Environmental Science and Technology, 2015, 45(15): 1579-1610.

[40] Kuhad R C, Singh A, Tripathi K K, et al. Microorganism as alternative source protein[J]. Nutrition Reviews, 1997, 55(3): 65-75.

第 2 章　甲烷单加氧酶的分子特征及性质

加氧酶是一类能高效而专一地催化分子氧掺入各种有机化合物的酶，根据加氧方式的不同，可分为单加氧酶和双加氧酶[1]。甲烷单加氧酶(EC 1.14.13.25, MMO)是单加氧酶中的一种，它将 O_2 分子中的一个 O 原子插入非常稳固的 CH_4 分子的 C—H 键中，另一个 O 原子则还原成 H_2O。甲烷氧化菌是一类以甲烷为唯一的碳源进行生长的细菌，对于这类细菌而言，MMO 催化 CH_4 在 O_2 分子的作用下氧化成 CH_3OH，因此，MMO 是甲烷氧化菌代谢过程中非常重要的酶系。

利用甲烷氧化菌上述生物特性的应用有很多：通过转化温室气体 CH_4 达到缓解温室效应的作用；在 MMO 氧化 CH_4 的过程中产生的有机物可以作为污水处理过程中脱氮步骤的电子供体，从而解决污水处理问题；MMO 催化烯烃氧化反应的产物之一环氧化合物可用作制药工业中化学合成的重要中间体；MMO 对卤代烃类、芳香烃类的催化反应，对于控制环境污染有潜在的应用，例如，MMO 催化三氯乙烯的氧化，其产物三氯乙醛被进一步氧化成酸性产物，从而实现对三氯乙烯的降解。作者在 2013 年曾经对 MMO 的性质、结构、催化机理等进行研究，特别是对颗粒性甲烷单加氧酶的相关性质进行了详细的阐述。在此基础上，本章从 MMO 的分类、结构性质、催化机理、基因工程研究等四个方面进行论述。

2.1　甲烷单加氧酶的分类

MMO 是一种非血红素蛋白酶，其具有活性的无细胞制剂可以从具有氧化甲烷能力的细菌中提取得到，细菌主要有六种类型，分别是甲基弯菌(*Methylosinus trichosporium*)、甲基球菌(*Methylococcus capsulatus*)、*Methylosinus sporium*、甲基孢囊菌属 MM1(*Methylocystis* sp. MM1)、甲烷甲基单胞菌 68-1(*Methylomonas methanica* 68-1)、甲基杆菌属 CRL-26(*Methylobacterium* sp. CRL-26)[2]。MMO 的两种存在类型为：可溶性甲烷单加氧酶(sMMO)，分泌在细胞的周质空间中，大多数甲烷氧化菌中都存在 sMMO；颗粒性甲烷单加氧酶(pMMO)，结合在细胞膜上，除了细菌 *Methylocella* 以外，在已经发现的甲烷氧化菌中都有 pMMO[3]。sMMO 和 pMMO 参与甲烷氧化菌催化 CH_4 的代谢途径如图 2-1 所示。

在图 2-1 的分解代谢途径中，CH_4 先被 pMMO 或 sMMO 羟基化生成 CH_3OH，再被细胞质中的甲醇脱氢酶(MDH)氧化成 HCHO，HCHO 在甲醛脱氢酶(FalDH)的作用下被氧化成 HCOOH，HCOOH 被甲酸脱氢酶(FDH)氧化成 CO_2，伴随该反

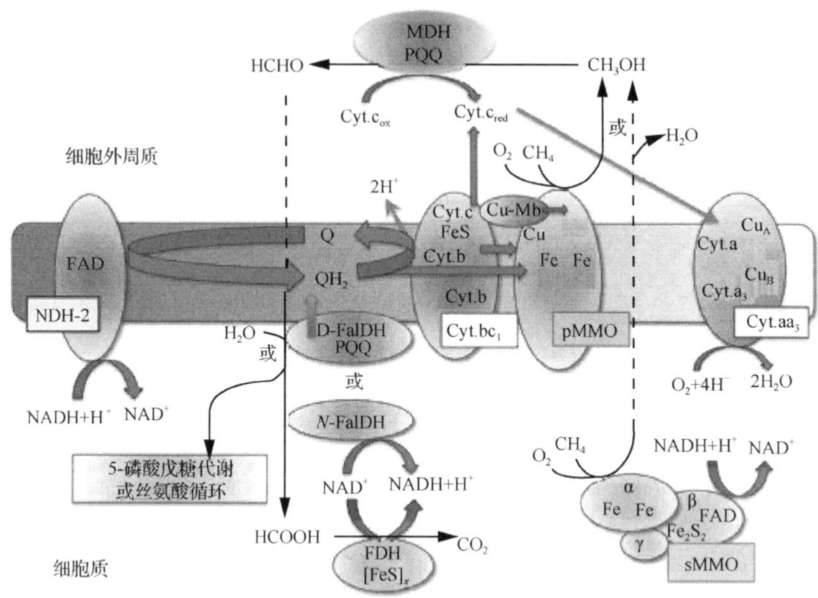

图 2-1　甲烷氧化菌催化 CH_4 的代谢途径[3]

应的进行，同时产生了还原当量 PQQ 或者 NADH。在图 2-1 的合成代谢途径中，HCHO 通过 5-磷酸核酮糖代谢途径或丝氨酸循环进入细胞，合成其他的化合物。

pMMO 和 sMMO 的酶结构复杂，两者均含有多个亚基、辅助因子，在底物特异性方面，sMMO 催化底物的范围宽，包括 C_5～C_9 的烷烃、烯烃、芳香化合物和卤代烃等底物，pMMO 催化底物的范围相对较窄，包括 C_1～C_4 的烷烃和烯烃。

2.2　甲烷单加氧酶的结构和性质

2.2.1　可溶性甲烷单加氧酶的结构和性质

目前，对 sMMO 的研究较为集中，特别是对 *Methylococcus capsulatus* Bath、*Methylosinus trichosporium* OB3b 中的 sMMO。sMMO 由羟化酶(MMOH)、蛋白调节酶(MMOB)和还原酶(MMOR)组成。

第一个组分 MMOH，分子质量为 250kDa 左右，是一个由 3 个亚基构成的二聚体蛋白 $\alpha_2\beta_2\gamma_2$，这 3 个亚基的分子质量分别为 20kDa、45kDa、60kD。以 *Methylococcus capsulatus* Bath 为例，MMOH 的 X 射线晶体结构如图 2-2 所示。

α 亚基为蓝色部分，是与底物发生反应的酶活性中心，每个 α 亚基都含有双核铁中心，这个双核铁中心是由 1 个非血红素和 1 个羟基氧桥连接的，CH_4 在这个中心被氧化生成 CH_3OH。β 亚基为绿色部分，γ 亚基为紫色部分。α 亚基和 β 亚基中间有一个通道，这个通道的下方约 12Å 的区域是双核铁中心。

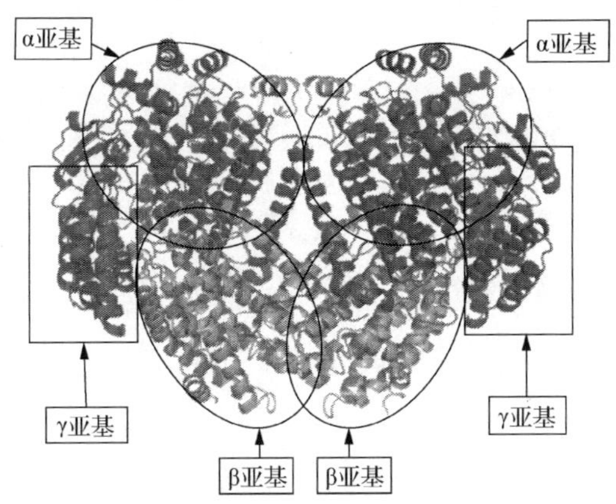

图 2-2　MMOH 的 X 射线晶体结构[4]

彩图请扫本书封底二维码

双核铁中心一般有三种存在形式，氧化态：Fe(Ⅲ)Fe(Ⅲ)；混合态：Fe(Ⅲ)Fe(Ⅱ)；还原态：Fe(Ⅱ)Fe(Ⅱ)。自然条件下，MMOH 的双核铁中心以氧化态形式存在，Fe(Ⅲ)Fe(Ⅲ)通过羟基、Glu 和 H_2O 分子的外源桥组成的三重桥相互连接，MMOH 的这种氧化态形式没有催化活性。催化循环开始，双核铁中心从氧化态形式 Fe(Ⅲ)Fe(Ⅲ)先被还原为混合态形式 Fe(Ⅲ)Fe(Ⅱ)，此时，MMO 表现出催化活性；催化持续进行，MMOH 继续被还原，双核铁中心混合态形式 Fe(Ⅲ)Fe(Ⅱ)被还原为还原态形式 Fe(Ⅱ)Fe(Ⅱ)，还原态形式的 Fe(Ⅱ)Fe(Ⅱ)是以 *m-O* 连接的，催化活性有显著的提高。在此过程中，电子通过 MMOR 从 NADH 上传递到 MMOH。每个 Fe 原子具备 6 个配位子，其中，1 个配位 His 上的 N 原子，5 个分别配位 Glu 残基、羧基、羟基、H_2O 分子的 O 原子(解释：氧化态形式时，其中 1 个 Fe 原子的 5 个配位子分别配位 Glu 残基、羧基、2 个羟基、H_2O 分子的 O 原子；还原态形式时，Fe 原子的 5 个配位子分别配位 Glu 残基、羧基、羟基、2 个 H_2O 分子的 O 原子)，Thr213 与双核铁中心通过氢键连接，陷入 MMO 的活性腔内。双核铁中心的氧化态形式可以改变其外源性配位子的形状与连接，此特性对 sMMO 参与催化反应循环特别重要。在催化反应循环过程中，羧化物发生了转化，氢氧化物离子平移的同时打开了配位点，与 O_2 发生反应，产生了双铁过氧化物的中间物。

已被证实[4]的 MMOH 的氧化态形式($MMOH_{ox}$)和还原态形式($MMOH_{red}$)的结构模型如图 2-3 所示。

第二个组分 MMOB，分子质量为 16kDa 左右，一种小分子蛋白，由 α 螺旋和 β 折叠交替形成了独特的折叠结构，如图 2-4 所示。

残基 35～131 形成了 MMOB 的核心，其中包括两个 β 折叠区域，一个 β 折叠区域包括 β4、β6、β7，另一个 β 折叠区域包括 β1、β2、β3、β5，这两个 β 折叠区域由 3 个 α 螺旋区域(α1、α2、α3)连接在一起。正是因为上述 α 螺旋区域和 β 折叠区域之间的疏水相互作用，才使得 MMOB 核心结构具有良好的稳定性。N 端

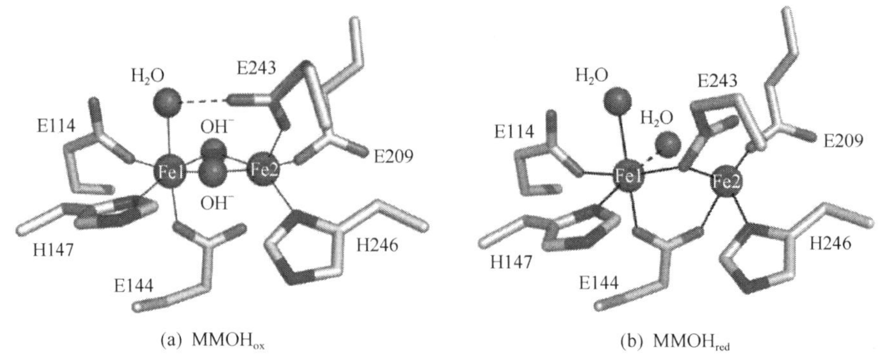

(a) $MMOH_{ox}$　　(b) $MMOH_{red}$

图 2-3　MMOH 氧化态形式和还原态形式的结构模型[4]

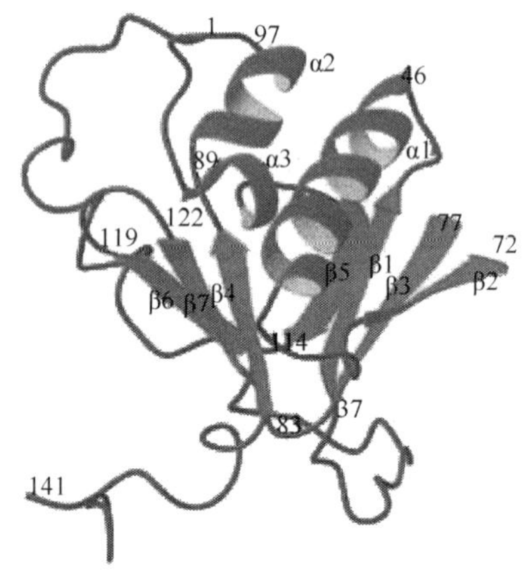

图 2-4　MMOB 的结构图[5]

和 C 端都不存在特殊的二级结构。MMOB 组分和 MMOH 组分之间区域的表面被认为是疏水的，因此，推测两者的连接位点是在 MMOH 结构中 α 亚基和 β 亚基中间的空白区域[5]。MMOB 上氨基端的水解可以调节催化活性，它的作用是调节 MMOR 和 MMOH 的电子传递过程，对催化反应的循环反应速率、MMOH 的结构、产物的分布也具有一定的调节作用。

第三个组分 MMOR，分子质量为 39kDa 左右，是一种 Fe-硫黄素蛋白，由[2Fe-2S]辅因子和 FAD 辅因子构成。[2Fe-2S]辅因子由 3 个短的 α 螺旋和 6 个 β 折叠构成，如图 2-5(a)所示。从图 2-5(a)中可以看出，组成[2Fe-2S]辅因子的 4 个 Cys 残基中的 3 个位于 α1 和 β3 中间的环上，第 4 个 Cys 残基位于 β5 和 β6 中间的环上。两个二级结构氢键使得其三级结构是稳定的，这两个氢键一个在 Gln34 和 Glu20 之间，另一个在 Ser65 和 Gly45 之间。MMOR 中 FAD 辅因子的结构图如图 2-5(b)所示。从图 2-5(b)中可以看出，6 个反平行的 β 折叠和 1 个 α 螺旋构成了一个 β 桶形结构，其中的 α 螺旋位于 β 桶形结构的一侧。FAD 辅因子被认为以一种特殊的延伸构象与蛋白质相连，这样，AMP 和异丙嗪之间的相互作用可以被中和，被 FAD 连接的部分之间的相互作用也可以通过电荷中和、氢键和疏水堆叠被最大化[6]。NADH 结合区域由 4 个 α 螺旋和 5 个 β 折叠构成，这 5 个 β 折叠交替形成了一个 5 股平行的 β 折叠区域。

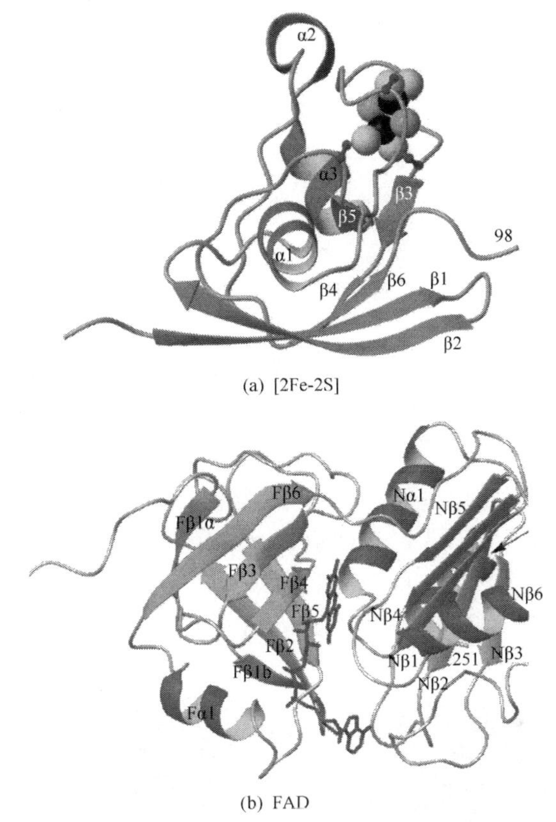

(a) [2Fe-2S]

(b) FAD

图 2-5　MMOR 的[2Fe-2S]辅因子和 FAD 辅因子结构[6]

MMOR 的主要功能为传递电子，来自 $NADH_2$ 的电子传递到 MMOR 上，然后借助[2Fe-2S]辅因子、FAD 辅因子，再通过 MMOB 传递到 MMOH 的双核铁中心上。以 *Methylococcus capsulatus* Bath 为例，电子的传递示意如图 2-6 所示。

MMOR 向 MMOH 传递电子的过程中，[2Fe-2S]辅因子以及 FAD 辅因子是两个重要的参与因素。FAD 辅因子与 NADH 发生作用的同时，接受了来自 NADH 的电子，生成了第一个电荷转移中间体——CT1，CT1 位于 FAD 上的异咯嗪环和 NADH 上的烟酰胺分子之间。H^+从 NADH 传递到 FAD 上时，生成了第二个电荷转移中间体——CT2。第二个电荷转移中间体比第一个电荷转移中间体活泼。电子从 NADH 传递到了$[2Fe\text{-}2S]_{ox}$，同时生成了 NAD^+，FAD 辅因子还原了[2Fe-2S]中心[7]。在上述单电子的转移步骤中，产生了黄素半醌以及$[2Fe\text{-}2S]_{red}$，最后电子由还原态的[2Fe-2S]转移到 MMOH 的双核铁中心上。综上所述，电子传递的顺序为：NADH→FAD→[2Fe-2S] →MMOH。

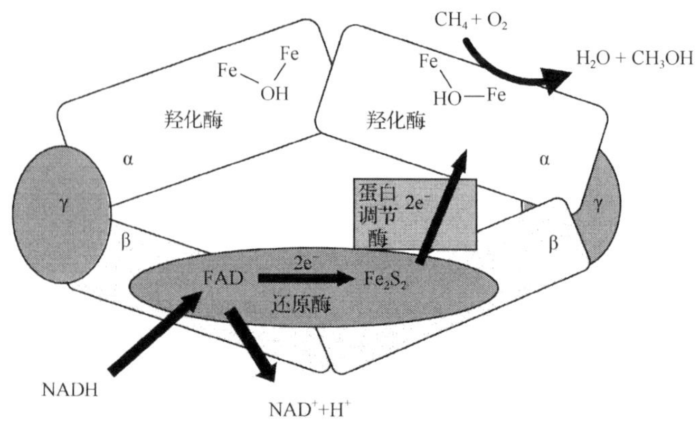

图 2-6　MMOR 向 MMOH 的电子流动途径示意图[7]

2.2.2　颗粒性甲烷单加氧酶的结构和性质

pMMO 是一种与细胞膜结合的蛋白质，pMMO 结构相关的研究比较少。目前有代表性的研究是 2005 年以 *Methylococcus capsulatus* Bath 为研究对象，对该甲烷氧化菌的pMMO进行X射线衍射试验，其结构有了标志性的研究结果[8]。pMMO具有三聚体结构，由 3 个亚基构成，长度大约为 105Å，直径大约为 90Å，其平视图和俯视图如图 2-7 所示。

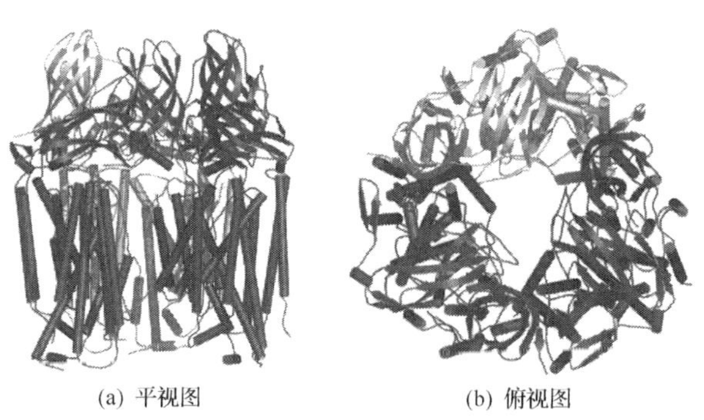

(a) 平视图　　(b) 俯视图

图 2-7　pMMO 三聚体的结构[8]

pMMO 的 3 个亚基分别为 pmoA、pmoB 和 pmoC，它们暴露于反式膜区域上部，分子质量分别约为 24kDa、42kDa 和 22kDa，每个 pMMO 颗粒最多含有 6 个蛋白质，构成了六边形结构，如图 2-8(a)所示。

pmoB 亚基由残基 33～414 组成，前 32 个残基被认为是前导序列。可溶性区域主要来自于 pmoB 亚基，包括 2 个反平行的 β 桶形结构，一个在 N 端，另一个在 C 端[8]。N 端的 β 桶形结构和 C 端的 β 桶形结构分别由 7 股 β 折叠和 8 股 β 折

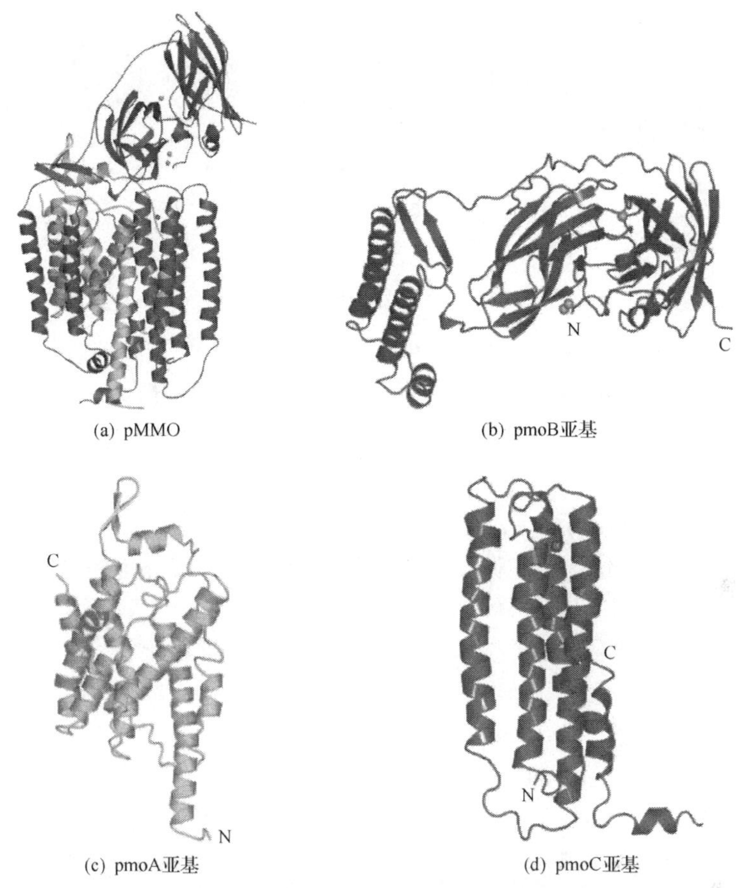

(a) pMMO (b) pmoB亚基 (c) pmoA亚基 (d) pmoC亚基

图 2-8 pMMO 的 X 射线晶体结构[8]

叠构成，两者大约呈 90°，这 2 个 β 桶形结构被 β 发夹分开，β 发夹后紧连着 2 个 TM 螺旋，1 个 22 个残基构成的环将 TM 螺旋与 C 端 β 桶形结构相连。该环上的残基参与三聚体表面和相邻 β 桶形结构之间的相互作用，而 β 发夹参与内部结构的稳定。pmoB 亚基具有双核铜中心，在 N 端 β 桶形结构中，如图 2-8(b)所示。pmoA 和 pmoC 大部分由与膜结合的 α 螺旋构成，pmoA 有 7 个相互倾斜交叉的跨膜螺旋，1 个短螺旋和 β 发夹从膜中伸出，与相邻的 pmoB 亚基 β 桶形结构上的 C 端相互作用，如图 2-8(c)所示。而 pmoC 上的跨膜螺旋彼此间大致平行，并正常位于膜表面，如图 2-8(d)所示。

pMMO 是一种金属酶，但是其金属中心的性质存在争论，以 *Methylococcus capsulatus* Bath 的 pMMO 为例，被认可的一种说法是它的晶体结构中存在三个金属位点，如图 2-9 所示[8]。

单核铜离子是一个金属位点，位于 pmoB 的亲水区，在细胞膜上方 25.5Å 处。单核铜离子通过 δ 位氮的协同作用，配位 His48 和 His72。其中，His48 的残基对

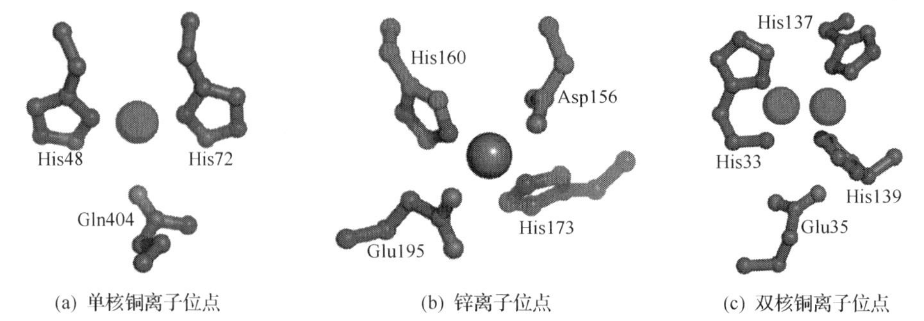

(a) 单核铜离子位点　　(b) 锌离子位点　　(c) 双核铜离子位点

图 2-9　pMMO 晶体结构中的金属位点[9]

应的位置多为天冬酰胺残基，谷氨酰胺可以替代上述组氨酸；许多 pmoB 中都存在 His72，与其对应的位置是精氨酸，与不保守 His48 残基相同，His72 残基也不是完全保守的[9]。当在 2.8Å 分辨率下进行检测时，单核铜离子的中心上没有发现外源性配体，却发现了至少两个以上配位数的 O/N 配体。

锌离子金属位点位于反式膜区域。虽然在 pMMO 的结晶结构中有锌离子，但是在纯化的 pMMO 中却不含有锌离子，由此推测，锌离子金属位点可能是偶发的，在结晶介质中才需要这种金属。锌离子位点与 4 个残基形成配位，这 4 个坚固的残基分别为：来自 pmoC 的 Asp156、His160 和 His173 残基，来自 pmoA 的 Glu195 残基，可以看出锌离子位点的功能非常重要[9]。虽然锌离子位点非常重要，但是与它相邻的是一个疏水腔，进而推测双核铜离子簇位点有可能是相对重要的位点。

双核铜离子簇金属位点位于 pmoB 亚基膜表面上 10Å 的螺旋 β 桶形结构的 N 端，铜离子之间的距离为 2.6Å。双核铜离子簇中的一个铜离子分别与 His137、His139 连接，另一个铜离子通过 δ 位置的 N 与 pmoB 亚基中 N 端的残基 His33 形成配体[9]。通过与铜离子连接，His33、His137 和 His139 牢固地存在于 pmoB 亚基的结构中，这种牢固的结构在酶的催化功能上具有重要的作用。

2008 年的研究以 *Methylosinus trichosporium* OB3b 为对象，其 pMMO 的晶体结构中不具有单核铜离子位点，锌离子位点也被取代，双核铜离子簇通过与其他残基的结合而牢固存在。金属离子位点中除了铜离子和锌离子，以 *Methylococcus capsulatus* Bath 为研究对象，利用电子顺磁共振(EPR)对纯化后的 pMMO 结构进行分析，还发现了铁离子位点，有研究者提出了一种由铁磁性连接的三核 Cu(Ⅱ)簇金属位点，其中的 2 个 Cu(Ⅱ)是反铁磁性耦合的[10]。

2.3　甲烷单加氧酶的催化机理

MMO 来源的不同及其他因素的影响可能导致催化机理类型不同，目前没有统一的机理解释其反应过程，各种光谱学对 MMO 的中间化合物的研究推动了其催化机理的发展。

2.3.1　可溶性甲烷单加氧酶的催化机理

甲烷氧化菌中的 sMMO 催化 NADH 和 O_2 配对将 CH_4 转化为 CH_3OH，反应见式(2-1)。

$$NAD(P)H+H^{+}+CH_4+O_2 \longrightarrow NAD(P)^{+}+CH_3OH+H_2O \quad (2\text{-}1)$$

sMMO 的催化活性中心是 MMOH，MMOH 中的双核铁中心是其催化活性单元。甲烷氧化菌催化 CH_4 转化为 CH_3OH 的氧化反应中，双核铁中心的氧化态形式 Fe(Ⅲ)Fe(Ⅲ)(用 H^{ox} 表示)接受了 2 个来自于 NADH 的电子，转化为还原态形式 Fe(Ⅱ)Fe(Ⅱ)(用 H^{red} 表示)，H^{red} 与 O_2 分子发生反应，经过中间体化合物 O、化合物 P，形成中间体化合物 Q，中间体化合物 Q 再与底物分子 RH 结合，先后形成中间体化合物 R 和化合物 T，最终释放出产物 ROH，双核铁中心重新恢复为氧化形式 H^{ox}。化合物 O、化合物 P、化合物 Q、化合物 R、化合物 T 属于上述催化循环过程中不连续的中间体化合物，这些中间体化合物在催化循环中发挥重要的作用。

MMO 催化 CH_4 氧化反应循环及其中间化合物的生成如图 2-10 所示。

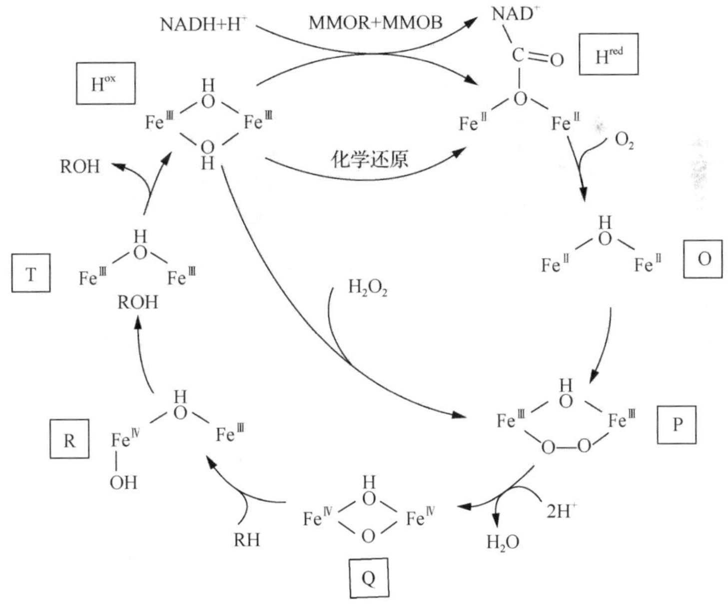

图 2-10　MMO 催化 CH_4 氧化反应循环[11]

(1)化合物 O：MMOB 存在的条件下，MMOH 的氧化态形式(H^{ox})接受了来自 NADH 的电子。MMOH 的还原态形式(H^{red})与 O_2 分子发生反应。但是通过电子顺磁共振检测，并没有发现二价铁的典型特征，主要原因可能是这步反应是活化 O_2 分子的步骤，不受底物是否存在以及 O_2 分子浓度的影响，进而推测该反应可能是二价铁与 O_2 分子结合之前，O_2 分子连接在活性位点上时的状态，反应的速度非常快，因此很难检测到。

(2) 化合物 P：化合物 O 继续转化为化合物 P(也称为化合物 L 或过氧化物复合物[11])。拉曼光谱和穆斯堡尔谱的检测结果都表明，2 个氧原子对称地连接到三价铁原子上，连接的方式极有可能是 L-G^2、G^2(在平面上或在平面外)或 L-1,2。也有研究认为，化合物 O 和化合物 P 之间还存在一个中间化合物 P^*，由于化合物 P^* 是化合物 O 在 4℃时以 22～26s^{-1} 的速率转化而来，在光谱上无法看到它。

(3) 化合物 Q：化合物 P 继续转化生成化合物 Q。穆斯堡尔谱检测的结果表明，化合物 Q 中的 2 个铁原子是四价铁原子，具有抗磁性，高自旋的特点；原子荧光光谱和穆斯堡尔谱检测的结果表明，化合物 Q 的 $Fe_2^{IV}O_2$ 具有一种类似钻石核的结构，这种钻石核结构不仅使四价铁原子与 O 原子的结合键具有高度的稳定性，还使得化合物 Q 成为上述循环反应中唯一的具有强生色团的化合物，凭借此特点，化合物 Q 可以被观察和表征。

(4) 化合物 R：催化 CH_4 氧化反应循环中最关键的一步是化合物 Q 转化成化合物 R 的反应，但是化合物 Q 转化成化合物 R 的转化速度非常快，光谱法无法检测到。所以，作此假设，化合物 Q 与底物 RH 反应，从 RH 中得到一个 H 原子，生成一个自由中间体，该自由中间体即为化合物 R。

(5) 化合物 T：底物硝基苯存在的条件下，化合物 Q 消失，通过一个中间体生成了有色的硝基苯酚，这个中间体为化合物 T，它在 325nm 和 395nm 下有吸收峰。化学猝灭的试验结果表明，上述硝基苯转化为硝基苯酚的过程中，硝基苯酚的生成速率、化合物 Q 的消失速率、化合物 T 的生成速率是相同的，其中产物硝基苯酚的释放是整个反应的控速步骤。化合物 T 消失后，MMOH 恢复到氧化形式 H^{ox}，完成反应循环。

MMO 催化反应的机理主要体现为：分子氧的活化机理和烷烃的活化机理。

1. 分子氧的活化机理

图 2-10 显示的催化反应循环过程中，O_2 分子的活化即化合物 P 向化合物 Q 的转化，O—O 键的断裂方式是均裂还是异裂一直是研究的重点，断裂方式如图 2-11 所示。

Lee 等[12]对 *Methylosinus trichosporium* OB3b 的 sMMO 动力学研究结果支持 O—O 键的断裂方式为异裂。在底物不存在的条件下，与 O_2 的反应需要 2 个质子，一个用于中间体化合物 P 的形成过程，另一个用于化合物 P 到化合物 Q 的转化过程。在化合物 P 的 O—O 键异裂形成化合物 Q 的同时，1 个 H_2O 分子解离下来。

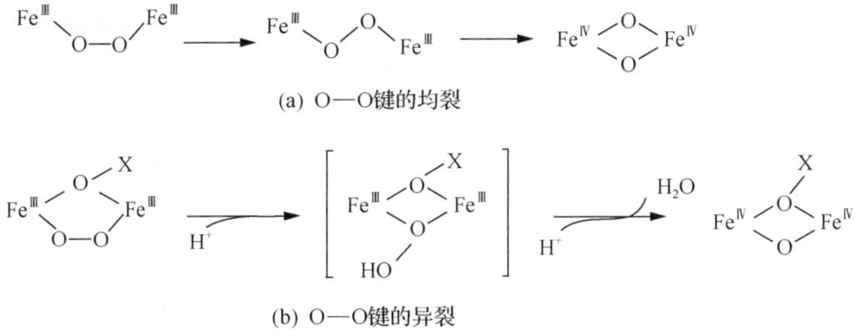

图 2-11　分子氧活化过程中 O—O 键的均裂和异裂[12,13]

对化合物 P 到化合物 Q 转化过程进行理论模拟，理论模拟的研究结果都表明 O—O 键的断裂方式为均裂。利用不同的计算方法，化合物 P 有不同的结构，如 L-G^2：G^2-过氧结构、末端 *cis*-L-1,2-过氧结构或侧链 L-G^2：G^2-过氧结构、扭曲的 *cis*-L-1,2-过氧结构，但是无论哪种理论模拟，化合物 Q 的[Fe^{IV}-Fe^{IV}]钻石核结构都得到了确定，该结果与原子荧光光谱和穆斯堡尔谱的研究结果相符。

2. 烷烃的活化机理

烷烃的活化机理主要指 CH_4 中 C—H 键的活化机理。目前，研究较多的是自由基回弹机理和协调的氧插入机理，如图 2-12 所示。

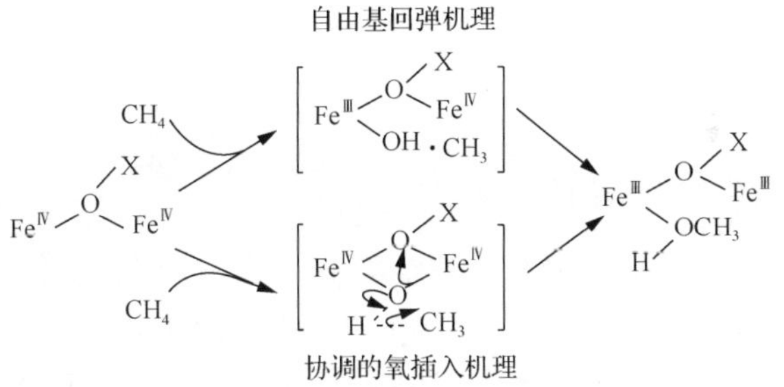

图 2-12　甲烷活化的自由基回弹机理和协调的氧插入机理[14]

sMMO 催化不同底物的研究都证明了甲烷活化的自由基回弹机理。以 1,1-二甲基环丙烷为催化底物，*Methylosinus trichosporium* OB3b 的 sMMO 催化反应结果表明，未重排产物 1-甲基-环丙基-甲醇占 81%，重排开环产物 3-甲基-3-丁烯基-1-醇占 6%，扩环产物 1-甲基环丁醇占 13%。与底物自由基中间体一次氧化形成的开环产物不同，扩环产物被认为是自由基二次氧化得到的产物。乙烷最接近甲烷，以手性乙烷为底物，分别研究 *Methylosinus trichosporium* OB3b 和 *Methylosinus capsulatus* Bath 的 sMMO 催化反应，分别有 35%和 28%的产物发生了构型转变，构型转变才能在 O 原子插入反应完成之前，在 MMO 的活性位点上旋转，这一现象说明了自由基的形成。以甲基立方烷烃作为反应底物，*Methylosinus trichosporium* OB3b 的 sMMO 催化反应产物为重排产物，说明 MMO 的催化机理中存在自由基夺取 H 的过程。

通过模型预测和理论计算同样可以推断出自由基回弹机理。化合物 Q 活化后形成了不对称的[$Fe^{Ⅲ}$-$Fe^{Ⅳ}$]-氧自由基，该自由基从 CH_4 夺取 H 原子形成了[$Fe^{Ⅲ}$-$Fe^{Ⅳ}$]-羟基，甲基自由基与 $Fe^{Ⅳ}$中心迅速重组，形成了弱的 Fe—C 键，该键的形成是一个放热过程，这个放热过程没有势能阻碍。利用不同的计算方法可以得出，化合物 Q 从 CH_4 夺取了 H 原子是发生在高价双氧代桥 O 原子的边缘，不是末端的氧自由基，因此，[$Fe^{Ⅲ}$-$Fe^{Ⅳ}$]中的羟基桥与甲基自由基只能发生弱的相互作用，Fe—C 键未形成的情况下，甲基自由基与羟基中间体发生重组。

同样，很多研究都证明了协调的氧插入机理。以甲基立方烷烃为底物，*Methylosinus capsulatus* Bath 的 sMMO 催化反应结果表明，只有甲基的位置发生了羟基化，未产生重排产物，这表明催化的过程中并不存在夺取 H 原子生成的底物自由基中间化合物。以超速自由基反式-2-甲基-2-苯基环丙烷为底物，*Methylosinus capsulatus* Bath 的 sMMO 催化反应仍然未产生重排产物。对比自由基回弹机理的研究，以手性乙烷为底物的反应中存在重排产物，假设存在自由基中间化合物，可以计算出，该自由基中间化合物的存在时间约为 150fs。因此，在以甲基立方烷烃和超速自由基反式-2-甲基-2-苯基环丙烷为底物的研究中，150fs 的时间内不可能形成分离的自由基，在催化过程中，C—H 键的断裂和 C—O 键的形成是协调的，因此，证明了协调的氧插入机理。

2.3.2 颗粒性甲烷单加氧酶的催化机理

pMMO 的催化底物多为短链烷烃化合物，pMMO 的底物专一性比 sMMO 的底物专一性窄。铜离子浓度增加，pMMO 的催化活性随之增大；pMMO 位于细胞内质膜上，其可以利用的维持反应持续进行的还原动力，除了 sMMO 利用的辅酶 NADH 外，还有 PQQ。因而，以短链烃类为底物时，pMMO 表现出比 sMMO 更快的催化速率。

pMMO 是一种金属酶，对于 pMMO 的催化活性位点尚无定论，推测它具有三个金属位点：单核铜离子位点、双核铜离子位点和锌离子位点。活性位点可能位于 pmoA 亚基中，可能也涉及 pmoB。根据 pMMO 的晶体结构，pmoA 参与金属位点最少，对锌离子位点有贡献的仅是 Glu195。如果锌离子位点就是活性位点，那么对其他三个配体有贡献的 pmoC 却没有被修饰就显得很奇怪了。在用乙炔为标记的催化反应中，pmoA 中与锌离子相邻的一簇亲水性残基包括 His38、Met42、Asp47、Asp49 和 Glu100，还有 pmoC 亚基中的 Glu154 都是高度保守的，并且形成了一个金属结合位点，该位点在纯化或结晶过程中被破坏。对 pmoB 进行标记更容易，因为单核铜离子和双核铜离子都存在于 pmoB 亚基中，如图 2-13 所示。

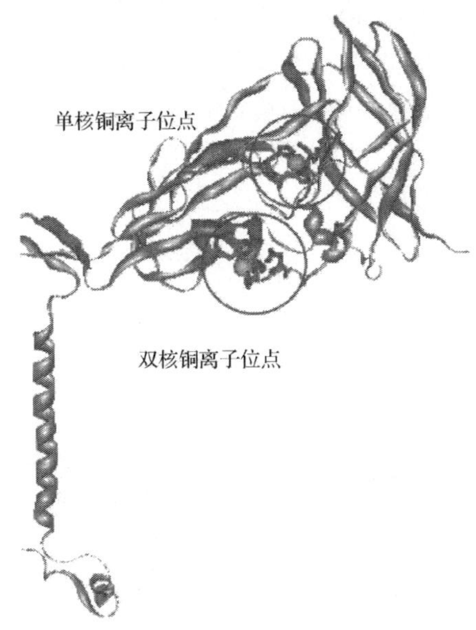

图 2-13　pmoB 亚基的 X 射线衍射图[15]

在低温电镜和 X 射线晶体结构中观察到的侧面“空穴”(孔洞)是底物进入的途径，它靠近 pmoB 的双核铜离子以及锌离子位点，且与 pmoA 的亲水残基簇相邻。两个相邻的孔洞可以进一步提高在 pmoB 和 pmoA 之间的位点扩散，如图 2-14 所示。

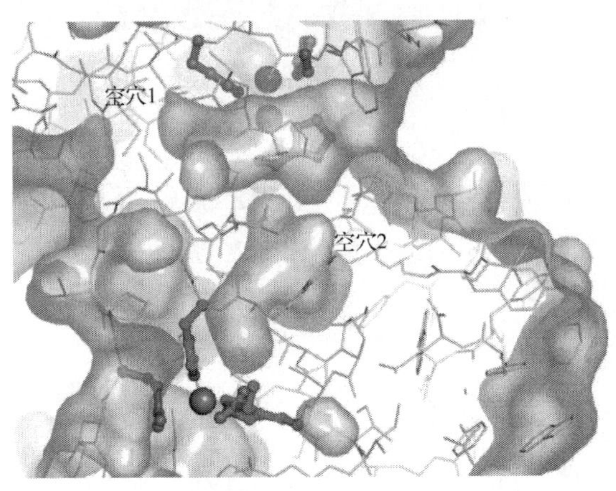

图 2-14　pMMO 的双核铜离子和锌离子周围蛋白表面的横切图[9]

第一个孔洞由多个保守的疏水残基组成，包括 pmoB 亚基中的 Pro94 和 pmoC 亚基中的 Leu78、Ile163、Val164。第二个孔洞包括一些相同的残基并延伸到锌离子位点。从这两个孔洞推测，活性中心可能不位于 pmoB 的单核铜离子上，因为底物的中间体没有明显的路径孔洞扩散到pmoA亚基。虽然pMMO的活性中心位于pmoB单核铜离子上的可能性很小，但是O_2在单核铜上发生活化的可能性还是存在的。

近年来研究者将重点放在 pMMO 介导的氧化反应以及其他铜氧合酶的催化反应活性方面。这些研究主要基于配体及其随后产生的Cu^{I}-O_2的结构和反应性，即产生了很多分散的Cu_xO_y复合物，其结构及光谱特性如图 2-15 所示，借助它们可以推测有机底物的反应机理。“cuprly”是推测出的Cu_xO_y复合物结构中的一种，虽然理论研究指出它对 C—H 键氧化反应的活性很高，但是实际研究中并未观察到。

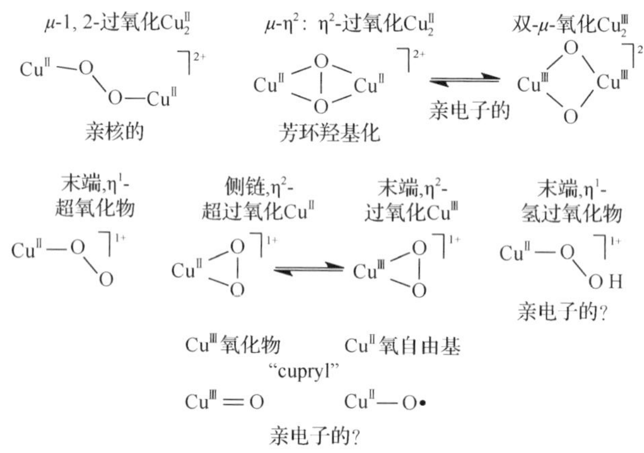

图 2-15　小分子底物催化过程中 Cu-O_2配体的结构[16]

由于 pMMO 结构中的活性位点以及它对各种小分子氧化能力的不确定性，难以阐述 pMMO 催化氧化反应机理，但是借助Cu_xO_y复合物可以推测 pMMO 催化氧化反应机理。

O_2分子被 2 个铜离子激活产生了Cu_xO_y复合物中的一种或几种，其中最重要的是图 2-15 中的μ-η^2：η^2-过氧化Cu_2^{II}和双-μ-氧化Cu_2^{III}。它们在分光镜上的区别表明两者的反应模式也不同。这两种结构易相互转换，且处于一种动态平衡。双-μ-氧化Cu_2^{III}的核心中 2 个铜原子的距离大约为 2.8Å，比μ-η^2：η^2-过氧化Cu_2^{II}中 2 个铜离子的距离(约为 3.6Å)稍短。pMMO 的双核铜离子中心中 2 个铜离子之间的距离大约为 2.6Å，相对上述两者中铜离子的距离短。很多研究都报道了μ-η^2：η^2-过氧化Cu_2^{II}和双-μ-氧化Cu_2^{III}可以促进 C—H 键的氧化。C—H 键的氧化是一个Cu_2O_2热分解的过程，在分子内发生在 C 原子到 N 原子或苄基 C—H 键处[17]。

在 pMMO 的双核铜离子位点，甲烷的羟基化可能涉及双-μ-氧化Cu_2^{III}而不是μ-η^2：η^2-过氧化Cu_2^{II}中间体。分子内的双-μ-氧化Cu_2^{III}仅促进涉及活性 C—H 键的氧化反应，加之对C_1～C_5的底物分子大小的选择性以及氧合作用的立体选择性，pMMO 结构中能紧密结合底物的活性位点非常重要[17]。

双-μ-氧化Cu_2^{III}参与甲烷 C—H 键的氧化需要额外的电子，分子氧衍生物、Cu^{II}-

Cu^{III}或者 Cu^{III}-Cu^{IV}等在反应过程中都出现过，这些物质对模型的研究非常重要。模拟计算研究还提出铜基复合物具有特殊的氧化活性，具有氧化甲烷的能力。不仅是双核铜离子位点，单核铜离子位点也具有催化特性，也存在 Cu_xO_y 复合物。

利用量子力学和分子力学相结合的 QM/MM 计算推测了 pMMO 的单核铜离子和双核铜离子参与的甲烷羟基化机制。如果在 pMMO 中形成单核铜离子和双核铜离子的铜-氧复合物，这些复合物的活性足以在生理条件下将甲烷转化为甲醇。在氧活化的最初阶段，分子氧结合到 Cu^{I} 复合物中，Cu^{I} 复合物转变为 Cu^{II}-超氧复合物，然后从单核铜离子位点附近的酪氨酸上转移一个氢原子[18]。再通过从另一个酪氨酸中夺取一个氢原子，生成的 Cu^{II}-氢过氧化物复合物转化为一个 Cu^{III}-氧化物复合物和一个水分子。经过计算，这个过程需要吸收热量 74.5kJ/mol，因此，在生理条件下形成 Cu^{III}-氧化物复合物是可能的[18]。分子氧也结合到双核铜离子位点，形成了 μ-η^2：η^2-过氧化系列铜复合物，这些复合物会转化为双-μ-氧化-$Cu^{II}Cu^{III}$。经计算，这个转化过程放热 248.2kJ/mol，因此，从能量角度说，相比生成单核铜离子的氧复合物，这个过程更容易实现。离散傅里叶变换的计算结果表明，Cu^{III}-氧化物复合物+甲烷放热 221.4kJ/mol，初始态 $Cu^{I}+O_2$ 的放热 146.9kJ/mol，因此，Cu^{III}-氧化物复合物的反应特性足以使甲烷转化为甲醇。Cu—O 连接键区域的 σ^*轨道单独占有三线态，因此，σ^*轨道在甲烷的 C—H 键均裂过程中具有重要的作用[18]。初始态双核铜复合物+O_2 的放热 460.9kJ/mol，双-μ-氧化-$Cu^{II}Cu^{III}$复合物+甲烷的放热 205.9kJ/mol，因此，双-μ-氧化-$Cu^{II}Cu^{III}$复合物的反应特性也足以使甲烷转化为甲醇。甲基被截留在单核铜离子和双核铜离子位点上，形成了中间体，这些中间体包括 OH 和 CH_3 的各种配体。OH 和 CH_3 各种配体的重组以非自由基的方式发生在金属活性中心，并形成了最终的甲醇络合物。这个机制与 sMMO 铁活性复合物参与催化甲烷羟基化的非自由基机制是一致的[18]。

已知分子内和外源底物催化过程中产生了很多 Cu_xO_y 复合物，但对相关 Cu_xO_y 复合物结构和反应特性仍需要更深入的研究，对 pMMO 结构的研究揭示了其金属活性位点和氧合结构，而阐明甲烷羟基化机理有待酶学和化学等多学科的不断深入发展。

2.3.3　甲烷单加氧酶催化活性的影响因素

MMO 在 O_2 分子的作用下催化烷烃的羟基化反应和烯烃的环氧化反应，将 O 原子插入其他烯烃类的 C—H 键中。利用该特性，MMO 催化烷烃生成醇，最具代表的是利用整细胞中的 MMO 催化甲烷氧化生产甲醇；MMO 催化烯烃氧化生成环氧化合物，如 MMO 催化丙烯氧化生成环氧丙烷、催化乙烯氧化生成环氧乙烷；MMO 催化卤代烃类和芳香烃类氧化，如催化三氯乙烯氧化生成三氯乙醛。在上述各种催化反应中，MMO 的催化能力至关重要，直接影响所参与催化反应的效果。MMO 的催化活性、MMO 催化时所需的还原能当量、产物抑制作用等因素对 MMO 催化能力有重要的影响作用。

1. 金属对甲烷单加氧酶催化活性的影响

sMMO 和 pMMO 都属于金属酶，金属离子会影响酶的催化活性，而 sMMO 和 pMMO 活性中心上的金属离子、酶的结构都不相同，金属离子对两者催化活性的影响也不同。

铜离子可以调控甲烷氧化菌细胞内 sMMO 和 pMMO 的表达，对 sMMO 和 pMMO 的催化活性也有影响。pMMO 活性中心的结晶结构中发现 3 个金属中心，其中 2 个金属中心都为铜离子，特别是双核铜离子中心在 pMMO 的构成和催化活性上具有非常重要的作用。另外，甲烷氧化菌会表达一种对 Cu^{2+} 具有特异性吸附及运输的小肽，即甲烷氧化菌素(Mb)，其能捕获细胞外的 Cu^{2+} 并将其运输到细胞内部，激活 pMMO 表达。因此，铜离子浓度的增加可以提高 pMMO 的催化活性。

以 *Methylosinus trichosporium* OB3b 为研究对象，由于 Mb 仅与细胞膜上的 pMMO 结合，通过测定 Mb 的积累量发现，培养基中铜离子浓度为 0μmol/L 时，甲烷氧化菌表达 sMMO；铜离子浓度为 0.7～1.0μmol/L 时，sMMO 的表达开始受到抑制，而 pMMO 开始高效表达；铜离子浓度大于 1.0μmol/L 时，甲烷氧化菌仅表达 pMMO[18]。为了保证铜离子浓度为 0μmol/L 时甲烷氧化菌仅表达 sMMO，在培养基中加入阿利硫脲(allylthiourea，CAS 号为 109-57-9，分子式为 $C_4H_8N_2S$，相对分子质量为 116.18)可抑制 pMMO 表达；当培养基中铜离子浓度小于 0.3μmol/L 时，19%的总蛋白表达 pMMO；铜离子浓度为 5～30μmol/L 时，总蛋白表达 pMMO 的比例从 27%增加到 80%；铜离子浓度为 5～40μmol/L 时，pMMO 活性从 30.5nmol/(min·mg 细胞干重)增加到 88.9nmol/(min·mg 细胞干重)，说明铜离子浓度的增加不仅促进了 pMMO 表达，同时提高了 pMMO 活性[19]。

sMMO 是一种含铁的非血红素酶，其组成部分之一的 MMOH 是含铁的金属蛋白，sMMO 催化活性的实现与 MMOH 的双核铁中心有直接关系，氧化状态的双核铁中心可以改变酶活性中心外源性配位子的连接和形状，这种特性对 sMMO 的催化活性非常重要。在培养基中提高铁离子浓度不仅能促进菌体的生长，而且能提高 sMMO 催化活性。pMMO 的晶体结构中存在 3 个金属位点，一个是单核铜离子、一个是锌离子、一个是双核铜离子，其中锌离子位点可能是偶发的，因此，铁离子的加入并不会对 pMMO 的催化活性有激活作用，铁离子浓度的增加不能提高 pMMO 催化活性(以丙烯为底物)[20]。

2. 维生素对甲烷单加氧酶催化活性的影响

MMO 的结构除了活性中心外，还有辅酶，维生素通过激活辅酶的活性可以间接促进 sMMO 和 pMMO 的催化活性。核黄素对 *Methylosinus trichosporium* OB3b 的生长有促进作用，菌体干重为对照组的 1.8 倍，但是培养基中添加的核黄素没有提高菌体细胞内 pMMO 的催化活性[21]；培养基中添加的 D-生物素、叶酸、维生素 B_{12} 提高了 *Methylosinus trichosporium* OB3b 细胞内 sMMO 的催化活性；维生素 C 对 sMMO 催化活性无影响，核黄素抑制了 sMMO 的催化活性[22]；叶酸能有效促进 *Methylosinus trichosporium* IMV 3011 菌体的生长，维生素 B_{12}、核黄素提高了细胞内 sMMO 催化活性，D-生物素、叶酸对 sMMO 催化活性无提高作用。

3. 外源电子供体对甲烷单加氧酶催化活性的影响

辅酶作为 MMO 催化反应的还原动力，不仅能维持反应持续进行，还可以提高 MMO 的催化活性。在反应体系内直接添加辅酶价格昂贵，根据 MMO 在甲烷代谢过程中可再生辅酶的特点，外源电子供体的添加经济可行，有利于再生辅酶。以 MMO 催化乙烯氧化生成环氧乙烷为例，辅酶再生路径如图 2-16 所示。

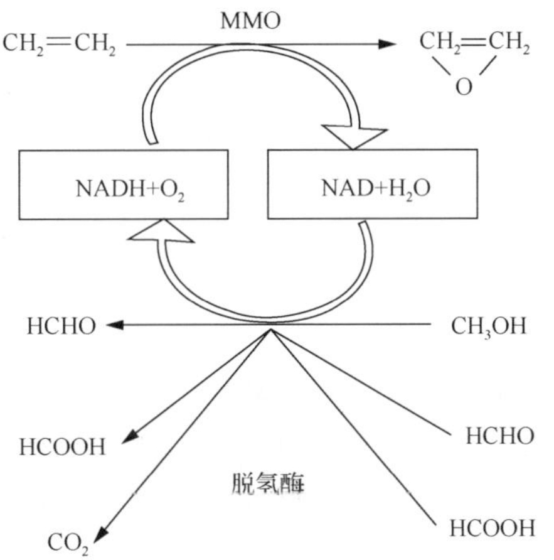

图 2-16　MMO 催化乙烯环氧化反应的辅酶再生[23]

在催化体系中加入甲烷，甲烷浓度较小时，MMO 催化其转化的过程中可再生辅酶；甲烷浓度较大时，它会与底物烯烃争夺 MMO 的活性位点，从而阻碍底物与 MMO 的结合，间接降低 MMO 的催化活性。在纯 pMMO 催化丙烯环氧化反应体系中加入与丙烯等量的甲烷，pMMO 催化活性仅为对照组的 42%，甲烷降低了纯 pMMO 催化丙烯环氧化活性；在利用甲基单胞菌内 MMO 催化丙烯环氧化反应的半连续合成体系中加入 40%的甲烷，MMO 催化活性仅为对照组的 53%，甲烷降低了细胞内 MMO 催化丙烯环氧化活性[24]。

甲烷氧化菌的代谢途径中存在甲醇脱氢酶，甲醇在该酶的作用下生成甲醛，继续参与甲烷氧化菌的代谢途径，转化为甲酸、二氧化碳，同时再生辅酶，辅酶的产生为 MMO 催化乙烯环氧化反应提供了还原动力，因而提高了 MMO 的催化活性。加入 2mmol/L 甲醇后丙烯环氧化反应中 NADH 的再生速度为 32nmol/(min·mg 细胞干重)，环氧丙烷 160min 内的生成速度为 10.8μmol/L，证明了加入甲醇再生的 NADH 足以维持丙烯环氧化反应的进行[25]。以甲醇作为碳源培养甲基弯菌 IMV 3011，甲基弯菌 IMV 3011 的 MMO 催化活性较甲烷为碳源时降低了 22%，这一结果说明浓度较高的甲醇对 MMO 催化活性有抑制作用[26]。

此外，催化体系内加入甲酸钠、甲酸也可以提高 MMO 的催化活性。甲烷氧化菌代谢途径的末端，甲酸在甲酸脱氢酶的作用下转化为二氧化碳，同时再生辅酶，相比其他代谢产物，辅酶提供还原动力更直接、更迅速，对 MMO 催化活性的提高程度更高。

2.4 甲烷氧化菌及甲烷单加氧酶的基因工程研究

2.4.1 甲烷氧化菌的基因工程研究

为了更加有效地利用甲烷氧化菌及 MMO，通过基因工程改造增加 MMO 的催化活性，改变 MMO 作用的底物范围，也一直是甲烷氧化菌领域着重研究的内容。目前关于甲烷氧化菌基因工程方面的研究主要是通过接合的方法向甲烷氧化菌中导入整合型载体，再通过载体与染色体同源重组的方式整合到染色体上[27]。研究得较多的是 *Methylococcus capsulatus* Bath 和 *Methylosinus trichosporium* OB3b。

1995 年，Martin 等首先建立了在甲烷氧化菌内进行基因工程改造的技术，用“标记交换突变”的方法，在 sMMO 的 MMOH 基因上插入了卡那霉素基因，得到了一株甲烷氧化菌的突变体，该突变体不能表达 sMMO 基因，只能靠 pMMO 基因的表达生存[27]。借助这种方法，对 MMO 的作用机制和功能有了更深入的研究。

通过基因工程改造甲烷氧化菌，特别是阻断底物的代谢支路或者在菌体内引入新的代谢途径，使得利用廉价碳源甲烷生产高附加值产品变为可能。较有代表性的是以 *Methylomonas* sp. 16a 作为宿主菌，对虾青素进行表达，利用宿主菌的内源启动子，分别表达外源的 β-胡萝卜素酮酶基因 *crt W*、β-胡萝卜素 MMOH 基因 *crt Z*、3 种不同的血红素基因，最终成功得到了一株高选择性的虾青素生产菌株。

2.4.2 甲烷单加氧酶的基因工程研究

很多微生物的基因图谱借助 DNA 的测序技术和生物信息技术绘制完成，甲烷氧化菌两个典型菌株：Ⅰ型的典型菌株 *Methylococcus capsulatus* Bath 和Ⅱ型的典型菌株 *Methylosinus trichosporium* OB3b，随着对它们的基因组测序工作的深入，MMO 的基因结构被逐步揭示。

1. MMO 的基因结构

1) sMMO 的基因结构

有代表性的是 *Methylococcus capsulatus* Bath 和 *Methylosinus trichosporium* OB3b 的 sMMO 基因编码。如图 2-17 所示，sMMO 的基因簇共 5.5kb，按照 X、Y、B、Z、D、C 排列，*mmoX*、*mmoY*、*mmoZ* 分别编码 MMOH 中的 α、β、γ 亚基，*mmoB* 编码 MMOB，有趣的是，*mmoB* 位于 *mmoY* 和 *mmoZ* 之间。*orfY* 的功能尚未知，它的编码容量是 12kDa，位于 mmo*Z* 和 mmo*C* 之间[28]。sMMO 基因簇的三个主要转录子为①*mmoX*；②*mmoY*，*mmoB*，*mmoZ*；③*mmoY*，*mmoB*，*mmoZ*，*orfY*，*mmoC*。

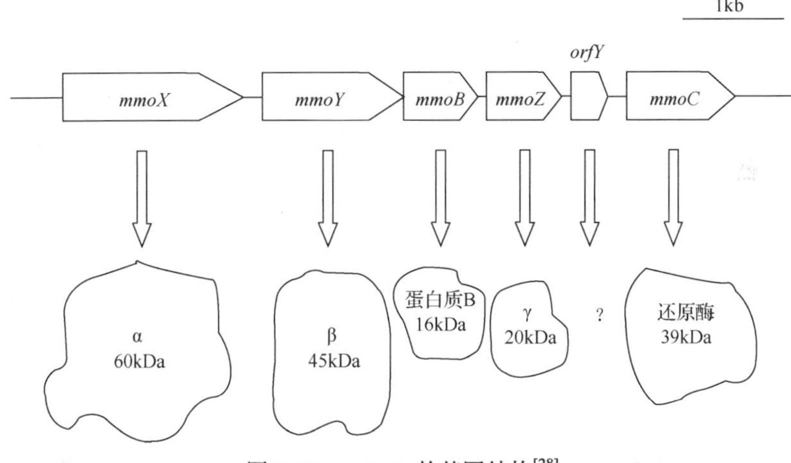

图 2-17　sMMO 的基因结构[28]

2) pMMO 的基因结构

以 *Methylococcus capsulatus* Bath 分离出的 pMMO 基因编码为例，编码的基因簇排列顺序为 *pmoC*、*pmoA*、*pmoB*，它们分别编码 23kDa 的 γ 亚基、26kDa 的 β 亚基、45kDa 的 α 亚基，如图 2-18 所示。

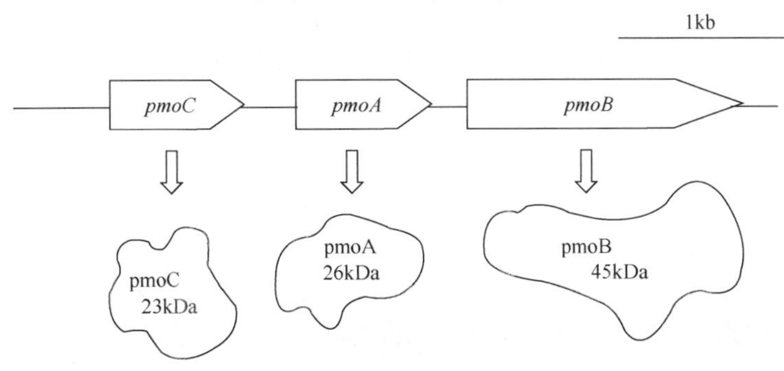

图 2-18　pMMO 的基因结构[30]

2. MMO 的基因调控

甲烷氧化菌 *Methylococcus capsulatus* Bath 和 *Methylosinus trichosporium* OB3b 均能产生 sMMO 和 pMMO，通过调节铜离子浓度可以调控两者的表达。铜离子浓度较低时，甲烷氧化菌表达 sMMO；铜离子浓度较高时，甲烷氧化菌表达 pMMO 但不表达 sMMO。推测在 MMO 表达的过程中，存在能与铜离子结合的抑制蛋白或激活蛋白。

假设存在调节器抑制物(R)、活性剂 A 和铜结合调节器(CBR)、*pmo* 操纵子的 σ^{70} 启动子。如图 2-19 所示，铜离子浓度高时，CBR 和铜离子结合，构型发生变化，CBR 还和 R、A 结合在一起，这样，阻止了 R 抑制 *pmo* 基因，阻止 A 激活 *smo* 基因，因此 pMMO 表达。铜离子浓度低时，CBR 不能和 R 或 A 形成复合物，这样 R 就能够抑制 *smo* 基因的转录，A 就能够激活 *smo* 基因，促使连接在 RNA 聚合酶上的 σ^{54} 开始转录[29]。或者是结合的铜离子可能直接改变 R 和 A 的构型从而改变它们与操纵子的亲和力。

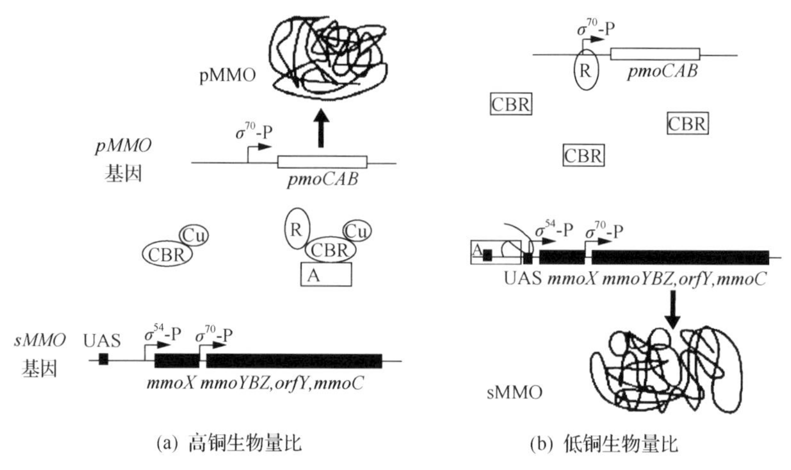

图 2-19　铜离子对 MMO 的基因调控[28]

以 *Methylococcus capsulatus* Bath 为例，sMMO 操纵子的下游有：分子伴侣基因（*mmoG*）、σ^N 启动的转录激活基因(*mmoR*)、由 *mmoQ* 和 *mmoS* 传感器组成的调控系统。首先，信号由对铜离子敏感的传感器传递给 *mmoS*，借助磷酸化作用，*mmoS* 将信号继续传递给 *mmoQ*，*mmoQ* 与 *mmoXYBZDC* 的表达抑制剂——*mmoR* 反应。铜离子对 pMMO 的调控研究结果表明，pMMO 的 3 个结构基因转录从 *pmoC* 上游的 σ^{70} 启动子开始。转录不受 σ^N 或 *mmoR* 的调控，这是因为在铜离子浓度高的环境下，编码这两种蛋白基因的甲烷氧化菌无法生长。但是，通过调节铜离子浓度，可以调控两个 *pmoCAB* 拷贝的表达。当铜离子的浓度为 5μmol/L 时，占主

要地位的是 *pmoCAB* 的第二个拷贝表达；当铜离子的浓度为 50μmol/L 时，两个 *pmoCAB* 拷贝的表达程度相同[29]。

铜离子浓度的改变不仅能调控 sMMO 和 pMMO 的表达，铜离子本身还是构成 pMMO 活性中心重要的金属元素。特定条件下，甲烷氧化菌能够产生一种荧光色素肽，这种荧光色素肽可能通过以下的方式促进 pMMO 的表达：其具有传递作用，协助铜离子进出细胞，促进 pMMO 的合成；具有富集作用，协助细胞浓缩环境中的微量铜离子，使细胞周围的铜离子浓度增加；避免铜离子浓度过高从而毒害甲烷氧化菌。

3. MMO 的外源表达

甲烷氧化菌在常温常压的培养条件下生长速度缓慢，导致 MMO 在细胞内的表达量受到限制，此外，MMO 的催化反应还受还原性辅酶 NADH 再生的限制，上述原因导致其工业化的应用受到了极大的限制。选择以多碳有机物为碳源且生长速度快的宿主，利用基因工程对其改造，在该宿主内表达 MMO，同时借助该宿主菌的辅酶再生体系，那么利用异源表达 MMO 的工程菌进行生物催化是可能实现的，这也为 MMO 在工业中的应用提供了可能性。

利用 T7 聚合酶的表达系统，使 *Methylococcus capsulatus* Bath 中的 sMMO 在大肠杆菌细胞内进行表达，其中组分 MMOB 和 MMOR 表达有活性，而 MMOH 组分却表达无活性，这可能是因为大肠杆菌细胞中缺少 sMMO 表达所必需的组装因子[30]。*Methylococcus trichosporium* OB3b 菌株内的 sMMO 可以在某些细菌中成功表达，如恶臭假单胞菌(*Pseudomonas putida* F1)、苜蓿根瘤菌(*Rhizobium meliloti*)、根癌农杆菌(*Agrobacterium tumefaciens*)，但是，MMO 却不具有催化丙烯环氧化生成环氧丙烷的活性。研究还在两株不含 sMMO 的甲烷氧化菌 *Methylomicrobium album* BG8 和 *Methylocystis parvus* OBBP 中对 sMMO 进行了异源表达。铜离子浓度无论高低，含有质粒的 *Methylomicrobium album* BG8 都能表达 sMMO，但是，重组的 sMMO 基因仅能在低铜离子浓度时检测到转录。构建的两个含有 *Methylococcus trichosporium* OB3b 的内源启动子和 sMMO 基因操纵元的质粒 pVK100Sc 与 pHM2，这两个质粒接合转入丧失了 sMMO 基因功能的 *Methylococcus trichosporium* OB3b 突变菌株中，结果，该突变菌株重新具有了 sMMO 的活性，此外，在铜离子浓度高的条件下，具有 pVK100Sc 突变菌株中的 sMMO 仍有活性[31]。

参 考 文 献

[1] Ayala M, Torres E. Enzymatic activation of alkanes: Constrains and prospective[J]. Applied Catalysis A: General, 2004, 272: 1-13.

[2] Yoon S. Towards practical application of methanotrophic metabolism in chlorinated hydrocarbon degradation, greenhouse gas removal, and immobilization of heavy metals[D]. Ann Arbor, USA: The University of Michigan, 2010: 11-12.

[3] Semrau J D, Dispirito A A, Yoon S. Methanotrophs and copper[J]. FEMS Microbiology Reviews, 2010, 34(4): 496-531.

[4] Tinberg C E, Lippard S J. Dioxygen activation in soluble methane monooxygenase[J]. Accounts of Chemical Research, 2011, 44(4): 280-288.

[5] Walters K J, Gassner G T, Lippard S J, et al. Structure of the soluble methane monooxygenase regulatory protein B[J]. Proceeding of the National Academy Sciences of the USA, 1999, 96: 7877-7882.

[6] Chatwood L L, Muller J, Gross J D, et al. NMR structure of the flavin domain from soluble methane monooxygenase reductase from *Methylococcus capsulatus* (Bath) [J]. Biochemistry, 2004, 43: 11983-11991.

[7] Murrell J C, Gilbert B, Mcdonald I R. Molecular biology and regulation of methane monooxygenase[J]. Archives of Microbiology, 2000, 173(5-6): 325-332.

[8] Lieberman R L, Rosenzweig A C. Crystal structure of a membrane-bound metalloenzyme that catalyzes the biological oxidation of methane[J]. Nature, 2005, 434: 177-182.

[9] Balasubramanian R, Rosenzweig A C. Structural and mechanistic insights into methane oxidation by particulate methane monooxygenase[J]. Accounts of Chemical Research, 2007, 40: 573-580.

[10] Chen K H C, Chen C L, Tseng C F, et al. The copper clusters in the particulate methane monooxygenase (pMMO) from *Methylococcus capsulatus* (Bath) [J]. Journal of the Chinese Chemical Soiety, 2004, 51(5B): 1081-1098.

[11] Liu K E, Wang D, Huynh B H, et al. Spectroscopic detection of intermediates in the reaction of dioxygen with the reduced methane monooxygenase/hydroxylase from *Methylococcus capsulatus* (Bath) [J]. Journal of the American Chemical Society, 1994, 116(16): 7465-7466.

[12] Lee S K, Nesheim J C, Lipscomb J D. Transient intermediates of the methane monooxygenase catalytic cycle[J]. Journal of Biological Chemistry, 1993, 268: 21569-21577.

[13] Shteinman A A. Structure and catalytic mechanism of methane monooxygenase and approaches to its modelling[J]. Russian Chemical Bulletin, 1995, 44: 975-984.

[14] Jin Y, Lipscomb J D. Probing the mechanism of C—H activation: Oxidation of methylcubane by soluble methane monooxygenase from *Methylosinus trichosporium* OB3b[J]. Biochemistry, 1999, 38(19): 6178-6186.

[15] Yoshizawa K, Shiota Y. Conversion of methane to methanol at the mononuclear and dinuclear copper sites of particulate methane monooxygenase (pMMO): A DFT and QM/MM study[J]. Journal of the American Chemical Society, 2006, 128: 9873-9881.

[16] Himes R A, Karlin K D. Copper-dioxygen complex mediated C—H bond oxygenation: Relevance for particulate methane monooxygenase (pMMO) [J]. Current Opinion in Chemical Biology, 2009, 13: 119-131.

[17] Hatcher L Q, Karlin K D. Oxidant types in copper-dioxygen chemistry: The ligand coordination defines the Cu_n-O_2 structure and subsequent reactivity[J]. Journal of Biological Inorganic Chemistry, 2004, 9: 669-683.

[18] Choi D W, Antholine W A, Do Y S, et al. Effect of methanobactin on methane oxidation by the membrane-associated methane monooxygenase in *Methylococcus capsulatus* Bath[J]. Microbiology, 2005, 151: 3417-3426.

[19] Yu S S F, Chen K H C, Tseng M Y H, et al. Production of high-quality particulate methane monooxygenase in high yields from *Methylococcus capsulatus* (Bath) with a hollow-fiber membrane bioreactor[J]. Journal of Bacteriology, 2003, 185(20): 5915-5924.

[20] Balasubramanian R, Smith S M, Rawat S, et al. Oxidation of methane by a biological dicopper centre[J]. Nature, 2010, 465(7294): 115-119.

[21] Gou Z X, Xing X H, Luo M F, et al. Functional expression of the particulate methane monooxygenase gene in recombinant *Rhodococcus erythropolis*[J]. FEMS Microbiology Letters, 2006, 263(2): 136-141.

[22] Bowman J P, Sayler G S. Optimization and maintenance of soluble methane monooxygenase activity in *Methylosinus trichosporium* OB3b[J]. Biodegradation, 1994, 5: 1-11.

[23] Xin J Y, Xu N, Ji S F, et al. Epoxidation of ethylene by whole cell suspension of *Methylosinus trichosporium* IMV 3011[J]. Journal of Chemistry, 2017, 2017: 1-6.

[24] 辛嘉英, 柳眉, 张颖鑫, 等. 甲醇驱动的环氧丙烷连续生物合成[J]. 催化学报, 2007, 28(7): 662-666.

[25] 沈润南, 尉迟力, 李树本. 外源电子给体对甲烷单加氧酶催化丙烯环氧化反应活性的影响[J]. 生物工程学报, 1996, 12(3): 322-326.

[26] Xin J Y, Zhang Y X, Dong J, et al. Epoxypropane biosynthesis by whole cell suspension of methanol-growth *Methylosinus trichosporium* IMV 3011[J]. World Journal of Microbiology and Biotechnology, 2009, 26(4): 701-708.

[27] Martin H, Murrell J C. Methane monooxygenase mutants of *Methylosinus trichosporium* constructed by marker-exchange mutagenesis[J]. FEMS Microbiology Letters, 1995, 127: 243-248.

[28] Lieberman R L, Rosenzweig A C. Biological methane oxidation: Regulation, biochemistry, and active site structure of particulate methane monooxygenase[J]. Critical Reviews in Biochemistry and Molecular Biology, 2004, 39: 147-164.

[29] Gilbert B, McDonald I R, Finch R, et al. Molecular analysis of the pmo (particulate methane monooxygenase) operons from two type Ⅱ methanotrophs[J]. Applied and Environmental Aicrobiology, 2000, 66: 966-975.

[30] West C A, Salmond G P C, Dalton H, et al. Functional expression in *Escherichia coli* of proteins B and C from soluble methane monooxygenase of *Methylococcus capsulatus* (Bath)[J]. Journal of General and Applied Microbiology, 1992, 138: 1301-1307.

[31] Lloyd J S, De Marco P, Dalton H, et al. Heterologous expression of soluble methane monooxygenase genes in methanotrophs containing only particulate methane monooxygenase[J]. Archives of Microbiology, 1999, 171(6): 364-370.

第3章　颗粒性甲烷单加氧酶的分离纯化和电子供体

甲烷氧化菌是自然界中能以甲烷为唯一碳源和能源生长的微生物。如前所述，许多甲烷氧化菌都含有基因和结构完全不同的两类 MMO：位于胞质中活性中心为双核铁的可溶性甲烷单加氧酶(sMMO)和位于内质膜中的活性中心含有铜的颗粒性甲烷单加氧酶(pMMO)，其中 pMMO 是几乎所有甲烷氧化菌的特征酶之一，除能够氧化甲烷外，还能氧化卤代烃，如具有致癌可疑性的地下水源主要污染物之一的三聚乙烯(TCE)等。由于 pMMO 氧化 TCE 的过程中无有毒中间产物生成，因此成为 TCE 生物修复的首选方案。pMMO 在生物催化方面具有广泛的应用前景，深入研究 pMMO 结构和催化机理，对甲烷的开发利用和卤代烃降解等有重大意义。

虽然 pMMO 广泛存在，但由于 pMMO 的膜蛋白性质以及纯化过程中的不稳定性、生理还原剂(电子供体)还没有确定、pMMO 纯化过程中电子传递链断裂和 pMMO 复合物的解离造成 pMMO 失活等原因，与 pMMO 相关的研究进展缓慢。尽管光谱和晶体结构数据已经提供了有关 pMMO 金属中心的信息，如同时具备一个单核铜离子中心、一个双核铜离子中心以及一个仍须验证的单核锌离子中心，部分研究者还在 pMMO 结构分析中发现了铁离子，但是在 pMMO 金属中心功能、性质和活性位点等方面还存在广泛的争论，对于金属元素的种类和数目也存在很大的争议。可备选的催化机制包括单核铜中心催化机制、双核铜中心催化机制和三铜中心催化机制等。另外，pMMO 复合物中各组分功能关系、pMMO 中电子传递路径和稳定方式等也未阐明，这使得 pMMO 催化甲烷氧化的确切作用机理至今仍不明确。

pMMO 的分离纯化是进行 pMMO 理化性质、结构、金属活性中心、反应机理等方面研究的最大势垒，纯化出稳定性较好、活性高的 pMMO 至关重要。国际上目前对 pMMO 纯化的研究主要集中在甲基球菌 *Methylococcus capsulatus* Bath 和甲基弯菌 *Methylosinus trichosporium* OB3b 两种甲烷氧化菌上[1]。甲基球菌 *Methylococcus capsulatus* Bath 属Ⅰ型好氧甲基球菌属，是γ变形菌的一种，利用 5-磷酸核酮糖途径同化甲醛，胞内膜呈束状分布[2]；甲基弯菌 *Methylosinus trichosporium* OB3b 属Ⅱ型好氧甲基弯菌属，主要代谢途径为丝氨酸途径，其脂双层膜吸附于细胞壁周围[2]。除利用这两种类型的甲烷氧化菌进行 pMMO 分离纯化外，也有一些学者选择了其他类型的甲烷氧化菌，如甲基弯菌 *Methylosinus trichosporium* IMV 3011、甲基球菌 *Methylococcus capsulatus* M 等，都取得了不少进展。作者在 2018 年曾经对 pMMO 的分离纯化研究进展做了综合性评述[3]。在此基础上，本章进一步补充了十几年来包括作者工作在内的有关 pMMO 分离纯化和电子供体研究的文献[4,5]，从 pMMO 分离纯化和电子供体研究两个方面进行系统性介绍。

3.1　颗粒性甲烷单加氧酶的分离纯化

为使 pMMO 高水平表达，甲烷氧化菌的培养一般是在硝酸盐培养基(nitrate mineral salts，NMS)的基础上补充一定量的 Cu^{2+}和 Fe^{3+}，但不同实验室在 pMMO 分离纯化中选择的 Cu^{2+}和 Fe^{3+}浓度不同。即使是对于同一菌株，不同研究组的结果也大相径庭。Choi 等发现培养基中 Cu^{2+}浓度为 60μmol/L 时，甲基球菌 *Methylococcus capsulatus* Bath 的生长速度最快，此时细胞密度最高，达 10^9 个/mL，但是 pMMO 活性水平最高的 Cu^{2+}浓度却在 80μmol/L；当 Cu^{2+}浓度超过 80μmol/L 时，细胞中 Cu^{2+}趋于饱和[6]。但也有文献报道，培养基中 Cu^{2+}浓度为 30～35μmol/L、Fe^{3+}浓度为 18μmol/L 时，pMMO 表达水平最高[7]。作者曾经对甲基弯菌 *Methylosinus trichosporium* IMV 3011 分别在高铜培养条件和无铜培养条件下产生的 pMMO 进行分离纯化，发现 Cu^{2+}浓度对 pMMO 的表达量和稳定性有很大影响，因此在发酵过程中对 Cu^{2+}浓度调控非常必要[5]。

发酵完成后，首先要对发酵液进行离心，收集菌体细胞沉淀后才能进行下一步的 pMMO 纯化。一般 pMMO 的分离纯化步骤主要包括含有 pMMO 的细胞内质膜组分的分离获取、细胞内质膜上 pMMO 的解离保护以及 pMMO 与其他膜蛋白进一步的分离纯化这三个阶段。细胞内质膜的分离获取一般是通过机械法破碎细胞(如超声破碎、高压匀浆、高压均质等)，然后超速离心除去未破碎细胞和细胞碎片获取膜组分。pMMO 的解离保护是指在表面活性剂的作用下，将 pMMO 等膜组分蛋白从细胞内质膜中分离下来并进行表面活性剂表面包覆保护，再采用超速离心方法去除细胞膜组分。pMMO 的分离纯化操作多采用离子交换柱层析以及凝胶过滤层析等层析分离纯化手段来完成。pMMO 的分离纯化操作的核心在于细胞的破碎和含有 pMMO 的膜组分获取方式、表面活性剂种类及用量、离心分离条件控制、各种层析分离介质和洗脱液的选择等。

3.1.1　含有颗粒性甲烷单加氧酶的细胞内质膜组分的分离获取

pMMO 是嵌入在甲烷氧化菌的细胞内质膜脂双层内的膜蛋白，与内质膜结合紧密。与革兰氏阳性菌相比，属于革兰氏阴性菌的甲烷氧化菌，其细胞壁较为坚硬，因此破碎细胞通常采用机械破碎方法。利用超声波的空穴作用将细胞破碎，破碎时，超声波强度不宜太大(通常在 100～600W)，强度过高易引起蛋白失活，而且破碎时细胞浓度不宜过高，一般控制在 20%左右。除此之外，超声的频率、处理时间以及介质的离子强度、pH 等都会对破碎效果产生一定的影响，一般总处理时间控制在 600s 以内。此种方法细胞破碎的效果较为明显，适用于小规模的细胞菌悬液的处理。1977 年，Tonge 等[8]首次利用超声破碎细胞（150W，4 次，每次 45s），得到甲基弯菌 *Methylosinus trichosporium* OB3b 细胞破碎物，甲烷氧化比活力达 0.22μmol/(min·mg)。在超声破碎获取含 pMMO 内质膜过程中，热变性、氧化和蛋白酶水解往往导致 pMMO 失活，Takeguchi 等[9]在低温（4℃）和氮气保护条件下进行超声破碎，发现在破碎过程中适当添加 Cu^{2+}和蛋白酶抑制剂苯甲基磺酰氟（PMSF）抑制蛋白降解，都能够提高甲基弯菌 *Methylosinus trichosporium* OB3b 细胞破碎时 pMMO 的活性。另外，在细胞破碎过程中，常常通过添加少量（1mmol/L）脱氧核糖核酸酶Ⅰ(deoxyribonuclease Ⅰ，DNase Ⅰ)降解消化 DNA 来降低细胞破碎液的黏度，采用添加少量（1mmol/L）苯甲脒来抑制蛋白水解酶活性，避免 pMMO 水解。

除超声破碎外，也可以采用匀浆法，使细胞受剪切力、压力等剧烈变化而破碎。此法一般用于大规模菌悬液的处理，且样品损失少。例如，Smith 等[10]在 140MPa 压力下利用高压匀浆法对甲基球菌 *Methylococcus capsulatus* Bath 细胞进行了匀浆破碎；Choi 等[6]在 4℃厌氧条件下（95%氩气，5%氢气）利用高压匀浆法对甲基球菌 *Methylococcus capsulatus* Bath 细胞进行破碎，都可以分离得到具有 pMMO 活性的细胞膜组分。Kitmitto 等[11]采用连续破碎系统在 4℃、25MPa 连续破碎 3 次，分离得到的细胞内质膜，在以 5mmol/L NADH 作还原剂时，比活力为 230nmol/(min·mg)（丙烯环氧化法 pMMO 活性）。影响匀浆破碎的主要因素包括压力、温度、匀浆阀通过次数等。一般采用高压匀浆法，细胞破碎率可达 67%，如果破碎率要达到 90%，至少要将菌悬液通过匀浆阀 2 次，但最好采用提高操作压力、减少操作次数的方法，因为高破碎率不是唯一目的，还必须保证 pMMO 不失活。

细胞破碎后，需要采用离心沉降的方法去除未破碎的细胞以及细胞碎片，对上清液进一步进行超速离心或透析浓缩可以收集到含有 pMMO 的细胞膜组分。Lieberma 等[12]用超声破碎法将甲基球菌 *Methylococcus capsulatus* Bath 细胞破碎后，采用超速离心法收集含有 pMMO 的膜组分。使用含 NaCl 的 25mmol/L PIPES 缓冲液反复冲洗重新悬浮膜组分，以去除外源金属离子以及与膜未紧密结合的蛋白等，获得终浓度为 10～20mg/mL 的含有 pMMO 细胞内质膜，采用–80℃液氮滴冻储存。使用获得的含有 pMMO 的膜组分催化丙烯环氧化反应，发现此时四甲基对苯二酚和 NADH 都可以作为有效的电子供体，pMMO 比活力为 19.4nmol/(min·mg)。考虑到氧气存在下可能会形成一些使 pMMO 失活的活性氧物种，Takeguchi 等[9]在膜组分分离过程中对缓冲液先用纯净氮气脱氧，再于 4℃无氧条件下利用超声破碎法对细胞进行破碎，用含 KCl 的 MOPS 缓冲液冲洗膜组分，离心收集得到含有 pMMO

的细胞膜组分。研究发现利用 55mmol/L MOPS 缓冲液(pH=7)、45℃下反应，细胞膜组分的 pMMO 活性最高，EDTA、甲醇、硫脲、叠氮化物、乙炔等均会在不同程度上抑制细胞内质膜上 pMMO 的活性。

由于细胞内质膜为维持 pMMO 天然构象、催化活性以及稳定性提供了最佳的天然环境，而且内质膜上含有的一系列的电子传递链，可以使 pMMO 在多种电子供体(如 NADH、琥珀酸、四甲基对苯二酚等)存在下都具有持续的催化能力，因此许多有关 pMMO 的研究都是在内质膜水平上进行的。但要对 pMMO 的催化机理和活性中心结构进行研究，还必须将 pMMO 从细胞内质膜中解离下来并保持活性。

3.1.2　颗粒性甲烷单加氧酶从细胞内质膜中的解离

在 pMMO 纯化前，需要将 pMMO 从细胞内质膜脂双层的疏水环境中解离下来，该过程中，无论是对 pMMO 天然构象的改变，还是对 pMMO 与其他蛋白、脂质之间相互作用阻断，都会造成 pMMO 活性的丧失。表面活性剂解离法是 pMMO 研究中使用次数最多、使用范围最广的一种方法。表面活性剂又称为去垢剂，是一类同时具有亲水极性基团和疏水非极性基团的双极性分子。在表面活性剂的作用下，细胞内质膜的脂双层解体，pMMO 等膜蛋白释放，表面活性剂增加了膜蛋白的溶解度，使 pMMO 转变成可溶性的。同时，表面活性剂还可在无膜状态下为 pMMO 等膜蛋白提供相对稳定的疏水环境，起到维持和保护蛋白天然构象及活性的作用。可供选择的表面活性剂种类较多，其中十二烷基-β-D-麦芽糖苷(dodecyl- β-D-maltoside，DDM)是使用最广的一种。它是一种非离子型表面活性剂，常用于 pMMO 研究中膜蛋白的分离和溶解，但在其浓度、用量和加入方法的选择上存在差异。例如，Shiemke 等[13]是按质量分数为 10%～20%的量采用 3℃搅拌条件向含有膜组分的缓冲液中逐滴加入 DDM。Basu 等[14]则按照表面活性剂与蛋白 1∶1.5(质量分数)的比例，向冰上的膜蛋白组分中逐滴滴加，这一过程保留了近 75%的膜水平 pMMO 活性。Choi 等[15]发现，表面活性剂与膜蛋白比例影响 pMMO 解离物活性，表面活性剂用量较少时(DDM 与膜蛋白质量比为 0.5～0.75)，可能由于 pMMO 解离效果不佳，造成 pMMO 活性降低；而表面活性剂用量较多时(DDM 与膜蛋白质量比为 2～3)，pMMO 解离物失活严重，因此也会造成 pMMO 解离物活性下降。向解离物中额外添加 DDM，考察 DDM 与金属离子含量之间的关系，发现当每毫克膜蛋白中添加 DDM 含量为 0.1～0.2mg 时，pMMO 活性及其金属离子含量保持不变；当每毫克膜蛋白中添加 DDM 含量大于 0.3mg 时，pMMO 活性丧失，此时每个 pMMO 的 αβγ 亚基中 Cu 原子数大约为 2。为减小 DDM 对 pMMO 活性的抑制，Miyaji 等[16]通过向解离后的 pMMO 组分中加入非极性聚苯乙烯吸附剂 BioBeads SM-2，除去溶解膜组分中过量的 DDM。将 DDM 从 pMMO 上解离并去除多余 DDM 后得到的 pMMO 保存在卵磷脂中，也可以提高 pMMO 活性[10]。

除 DDM 外，也可以采用聚氧乙烯醚 Brij58 和吐温 20 等来解离 pMMO，解离中能够抑制蛋白聚沉，但由于它们的亲水亲油平衡(hydrophile-lipophile balance，HLB)值较高，与脂双层的亲和性较差，限制了它们在 pMMO 解离中的应用。此外选择表面活性剂时还要注意，尽可能选择温和的两性表面活性剂与非离子表面活性剂，避免后续纯化，如离子交换层析过程中离子交换剂破坏表面活性剂与 pMMO 之间的相互作用，导致纯化失效。

使用表面活性剂将 pMMO 从内质膜中解离下来，并增加 pMMO 的溶解度使其转变成水溶性蛋白是目前通常采用的方法，但溶解的蛋白量较少且易失活，不利于纯化。除使用表面活性剂之外，通过调整培养基中 Cu^{2+}浓度来减小 pMMO 与内质膜的结合强度，也是一种提高 pMMO 解离强度的策略。作者研究发现，甲基弯菌 *Methylosinus trichosporium* IMV 3011[17]在较高 Cu^{2+}浓度(＞16μmo/L)下进行培养时，与文献报道的其他菌株类似，产生的 pMMO 与内质膜的结合十分牢固，很难将其从膜上解离下来；但在较低 Cu^{2+}浓度下(＜5μmo/L)，产生的 pMMO 极易从细胞内质膜上解离，对进一步的分离纯化十分有利。因此，作者在能表达 pMMO 的低 Cu^{2+}浓度条件下培养甲基弯菌 *Methylosinus trichosporium* IMV 3011[此时膜水平 pMMO 催化丙烯环氧化反应的比活力在以琥珀酸盐为还原剂时为 16.8nmol/(min·mg)]，不使用表面活性剂而是仅采用超声破碎的方式使 pMMO 脱落，进一步通过高速冷冻离心、离子交换层析等技术从内质膜上分离纯化出了 pMMO。

3.1.3 颗粒性甲烷单加氧酶的纯化

对于从内质膜上解离下的 pMMO 等膜蛋白及其他组分，由于成分复杂，研究者多采用多步柱层析相结合的方式进行 pMMO 分离纯化，其中离子交换层析、凝胶过滤层析的使用最为广泛。依据 pMMO 与其他膜蛋白分子间的电荷、大小以及疏水性差异等进行分离，达到纯化的目的。离子交换层析是 pMMO 纯化中最常用的方法，它以离子交换剂为固定相，具有一定离子强度的盐溶液为流动相，利用离子交换剂对各种待分离蛋白离子结合力的差异，将带不同电荷的待分离蛋白进行分离，具有分辨率高、分离效果好的特点。离子交换剂类型不同，交换容量及蛋白质吸附容量也会存在差异。pMMO 纯化时常采用 DEAE 阴离子交换剂，最常用的阴离子交换剂是 DEAE-Sepharose CL-6B 和 DEAE-Sepharose FF 等。例如，Choi 等[15]将收集到的含 pMMO 的蛋白组分在氮气保护无氧条件下超滤浓缩，选择 DEAE-Sepharose FF 进行纯化，得到 NADH 脱氢酶(NDH)-pMMO 的混合物；进一步 DEAE Sepharose FF 分离后得到 pMMO，纯化后的 NDH-pMMO 的混合物和 pMMO 的活性分别为(147±43)nmol/(min·mg)和(134±36)nmol/(min·mg)。作者利用 DEAE-Sepharose CL-6B 离子交换层析柱对甲基弯菌 *Methylosinus trichosporium* IMV 3011 细胞内质膜中的 pMMO 进行分离纯化，发现超声波解离下来的膜蛋白经 DEAE-Sepharose CL-6B 离子交换层析柱分离后，主要被分成了 4 个组分。组分 1 是不与柱填料吸附的带正电荷的杂蛋白，组分 4 是与柱填料吸附较强的带负电荷的杂蛋白。分别向组分 2 和组分 3 中添加各种还原剂发现，在苯二酚存在下的组分 2 具有 MMO 活性，而组分 3 具有利用 NADH 还原对苯二醌为对苯二酚的能力。因此断定组分 2 是 pMMO 组分，而组分 3 是催化电子由 NADH 向对苯二醌传递的 NDH。金属离子分析显示，pMMO 的活性中心包含铜和铁[4,5]，原子吸收光谱研究显示，组分 2 是一种含铜的金属蛋白，组分 3 则是一种含铜和铁但铁多铜少的金属蛋白。进一步采用原子发射光谱研究显示，组分 2(pMMO) 是一个铜蛋白，组分 3 是一个含铜和铁的蛋白(铜、铁摩尔比为 1)。采用高效液相色谱(HPLC)体积排阻法对纯化的 pMMO 组分进行分子量测定发现，在分子质量约为 96kDa 处有 1 个蛋白峰，含量大于 80%；对十二烷基硫酸钠(SDS)变性处理后的 pMMO 组分进行分子质量测定发现，分别在分子质量为 28kDa、69kDa 和约 96kDa 处出现 3 个蛋白峰。初步断定 pMMO 的分子质量约为 96kDa，并由分子质量为 28kDa 和 69kDa 的两个亚基组成。

除使用离子交换层析的方法外，多数 pMMO 纯化采用混合层析的方式，即离子交换层析和凝胶过滤层析相结合的方式。凝胶过滤层析也称为凝胶排阻层析，是将样品混合物通过一定孔径的凝胶网络固定相使不同分子质量的组分得以分离。凝胶网络空隙的大小严格决定了其分离范围，较大的分子由于受到空间的阻碍作用无法进入凝胶颗粒内部而沿凝胶空隙流出，保留时间短，因而最先被洗脱；较小的分子由于进入凝胶介质内部，停留时间较长。此方法只需要一种缓冲溶液，且操作条件温和，常用惰性载体 Superdex、Sephacryl 等为凝胶介质。挪威学者 Piku 等[14]将解离后的 pMMO 超滤浓缩至 20mg/mL 后利用 Superdex 200(1.5cm×68cm)在快速蛋白质液相层析(FPLC)上对 pMMO 进行纯化，分离得到了含羟化酶和还原酶的 pMMO 复合物(pMMOc)；进一步经 DEAE-cellulose DE52(1.5cm×15cm)离子交换层析分离得到了羟化酶和还原酶。利用四甲基对苯二酚作还原剂，对 pMMOc 及其个体组分(羟化酶和还原酶)催化丙烯环氧化反应进行研究，发现单独的羟化酶或还原酶均没有 MMO 活性，这也就说明两者在催化丙烯环氧化反应中都是不可或缺的。若在 pMMOc 中再次添加分离得到的羟化酶和还原酶，pMMOc 活性略有增加，但比活力仍保持不变[约为 28nmol/(min·mg)]。Kitmitto 等[11]在 Piku 的基础上对 pMMO 纯化进行调整，选择 MonoQ-10 阴离子交换柱纯化得到 pMMO 复合物，进一步采用 Superdex 200 凝胶层析继续纯化，采用 0～1mol/L NaCl 梯度洗脱得到 pMMO。美国的 Rosenzweig 研究团队[12]使用柱层析的方法分离纯化了甲基球菌 *Methylococcus capsulatus* Bath 的 pMMO 组分。该研究团队事先用柱平衡液稀释膜蛋白组分，采用 Source 30Q 高速低反压阴离子交换介质。Source 30Q 高速低反压阴离子交换介质是目前 GE 公司产品中低压系统分辨率最高的介质，1800cm/h 流速下反压仅 1MPa。

接下来采用 NaCl 梯度洗脱，装有超滤膜的 Centriprep 离心超滤管 50 超滤浓缩；丙烯葡聚糖凝胶 Sephacryl S200 分子排阻层析，最后浓缩至 5～10mg/mL。结果显示，除小分子蛋白外，大部分的杂蛋白以及脂质类物质都能通过 Source 30Q 高速低反压阴离子交换介质除去，因此进一步采用 Sephacryl S200 凝胶过滤将小分子蛋白分离除去，纯化后的 pMMO 在以四甲基对苯二酚为还原剂时比活力为 17.7nmol/(min·mg)。Miyaji 等[16]利用 Poros HQ20 阴离子交换柱对解离后的组分进行纯化得到 4 个组分峰，四甲基对苯二酚作为电子供体存在时组分 1 具有环氧化活性，比活力为 3.4nmol/(min·mg)，为 pMMO，与膜水平中 pMMO 酶活相比[3.8nmol/(min·mg)]，四甲基对苯二酚存在时纯化后的 pMMO 保持了近 88%的酶活。

纯化时除考虑柱层析类型以及填料种类外，也要在维持 pMMO 活性的基础上，考虑流速、洗脱液以及其他因素的影响。流速要视柱填料类型、颗粒大小以及洗脱液黏度等条件而定，填料的颗粒大，流速快，反之则慢；洗脱液的黏度大，流速就慢，反之则快；而且其他层析条件相同时，流速会受层析柱的长度与横截面积的影响。此外，在洗脱液选择时注意避免能与介质相互作用的缓冲盐类，避免因平衡破坏而使 pMMO 解吸，常用的洗脱液有 3-(*N*-吗啉基)丙磺酸(MOPS)缓冲液、哌嗪-1,4-二乙磺酸(PIPES)缓冲液等，且缓冲液浓度一般控制在 10～50mmol/L，pH 控制在 7～7.5，采用梯度洗脱的方式(一般是 NaCl 溶于稀洗脱溶液)。

3.2 颗粒性甲烷单加氧酶分离纯化过程中需要注意的几个问题

3.2.1 颗粒性甲烷单加氧酶的活性测定

pMMO 分离纯化过程中，对 pMMO 的活性测定是评价分离纯化效果和设计分离纯化策略的重要手段。如前所述，pMMO 能够氧化五碳以内的烷烃和烯烃，但不能像 sMMO 一样氧化环烃、芳香烃等物质，因此多采用丙烯环氧化反应对 pMMO 活性进行测定。酶活单位用每毫克干重细胞每分钟催化丙烯产生环氧丙烷的纳摩尔数表示[nmol/(min·mg)]。也有研究者选择催化甲烷氧化产生甲醇的反应评价 pMMO 活性。无论是采用丙烯环氧化反应还是甲烷氧化反应，都需要提供还原当量维持反应不断进行，因此在酶活测定中通常采用 NADH 或四甲基对苯二酚等还原剂作为电子供体，以维持 pMMO 催化反应的持续进行。由于 pMMO 是膜蛋白，生理还原剂(电子供体)还没有确定，pMMO 纯化过程中电子传递链断裂，这些因素往往使不同纯化水平的 pMMO 的电子供体存在差异。在整细胞以及膜水平条件下，NADH 或(四甲基)对苯二酚作还原剂，都可检测到 pMMO 活性；然而经 DDM 解离后的 pMMO 组分，在 NADH 作为电子供体条件下几乎不能检测到 pMMO 活性，但(四甲基)对苯二酚仍可以作为电子供体推动 pMMO 催化的环氧化反应发生。因此，在 pMMO 分离纯化的不同阶段，选择适当的还原剂作为电子供体非常必要。

3.2.2　培养基中金属离子的影响

培养基中 Cu^{2+}浓度是决定 pMMO 活性的直接因素。Cu^{2+}浓度变化不仅能够作为甲烷氧化菌切换 sMMO 与 pMMO 表达的开关，更重要的是，它能够激发 pMMO 的高水平表达。当培养基中 Cu^{2+}浓度为 4μmol/L 时，pMMO 开始表现出活性，并生成大量细胞内质膜，但过量的 Cu^{2+}会抑制 pMMO 的活性；另外能与 Cu^{2+}发生作用的牛血清白蛋白(BSA)等都会对膜水平下 pMMO 的活性产生一定的影响。Choi 等[6]在对 *Methylococcus capsulatus* Bath 的研究中发现，当 NMS 培养基中 Cu^{2+}浓度为 60μmol/L 时，其膜水平 pMMO 的表达效果最好，可达 75～230nmol/(min · mg)，当培养基中 Cu^{2+}浓度达 80μmol/L 时，细胞中 Cu^{2+}几近饱和。此外，pMMO 的高水平表达也需要一定量的 Fe^{3+}，当培养基中[Fe^{3+}]∶[Cu^{2+}]=1∶2.5 时，无细胞状态下 pMMO 的活性较高[12]。但也有学者研究发现，自然环境中 Cu^{2+}含量很低时，仍能检测到大量 pMMO 的存在。作者研究发现，在 Cu^{2+}浓度较低时，pMMO 更易从内膜系统中解离下来，此时尽管表达的 pMMO 量不高，但可解离下来的 pMMO 却具有较高活性。因此，通过调控培养基中金属离子浓度是 pMMO 纯化的有效辅助手段。

3.2.3　纯化过程中氧分子的影响

创造一个厌氧条件对 pMMO 纯化过程中活性的保留有极大好处。为维持 pMMO 的稳定性，大多数 pMMO 的分离纯化都选择在 4℃、无氧条件下进行，而且研究发现，膜水平下高活性 pMMO 通常也都是在厌氧条件下分离得到的。但也有学者认为，pMMO 并不是氧敏感型蛋白，厌氧条件对 pMMO 活性的影响并不大。另外，pMMO 和许多以铜为催化中心的金属酶一样，在底物(如甲烷或丙烯)缺乏条件下，氧气往往会被铜催化中心活化产生超氧阴离子和过氧化氢，这些活性氧物种往往导致 pMMO 迅速失活。因此，在 pMMO 纯化过程中，添加能够清除超氧阴离子和过氧化氢的超氧化物歧化酶、过氧化氢酶或过氧化物酶等，同样能够起到保护作用。

3.2.4　Mb-Cu 对颗粒性甲烷单加氧酶的作用

研究发现，从甲基球菌 *Methylococcus capsulatus* Bath、甲基微菌 *Methylomicrobium album* BG8、甲基弯菌 *Methylosinus trichosporium* IMV 3011 及甲基弯菌 *Methylosinus trichosporium* OB3b 中分离得到的 Mb-Cu 都是具有氧化还原活性的分子，具有自

由基清除剂的作用，表现出氧化酶、超氧化物歧化酶、过氧化物酶及还原剂依赖的过氧化氢还原酶活性，在生理条件下起到防止 pMMO 被自身产生的活性氧物种氧化对其造成失活的作用。

电子顺磁共振光谱表明，Mb-Cu 还能够提高电子流向 pMMO 的速率，进而对 pMMO 活性产生影响[15]。有的学者认为在无细胞状态下，NADH 作为还原剂，电子传递过程为 NADH→Mb-Cu→Cu-pMMO-H→Fe-Fe-pMMOH，铜和双核铁是 pMMO 羟化酶金属活性中心。Choi 等[6]研究发现，甲基球菌 *Methylococcus capsulatus* Bath 或甲基弯菌 *Methylosinus trichosporium* OB3b 中分离纯化得到的 Mb 均能提高完整甲基球菌 *Methylococcus capsulatus* Bath 细胞水平或膜水平状态下甲烷氧化速率；若向 pMMO 酶活为 290nmol/(min · mg)(环氧丙烷)的细胞膜组分中加入 Mb-Cu，其酶活显著增加[400nmol/(min · mg)]，约为完整细胞酶活的 50%～75%。因此在 pMMO 纯化过程中，需要充分考虑到 Mb-Cu 的保护作用和电子传递作用，才能获得有较高催化活性的 pMMO。

3.2.5 其他膜物质的影响

pMMO 纯化过程中，电子传递链中涉及的与 pMMO 催化相关的细胞色素、脱氢酶等膜蛋白类物质的解离去除往往会造成 pMMO 的失活。研究发现，这些物质可能与 pMMO 构成一种活性复合物，解离纯化后 pMMO 的不规则折叠往往会影响 pMMO 的活性。此外，Chen 等[18]在甲基球菌 *Methylococcus capsulatus* Bath 中发现一种被称为 bacteriohemerythrin(McHr)的非血红素铁蛋白，认为 McHr 能够作为分子氧的载体携带分子氧到达细胞膜的微环境中参与 pMMO 催化反应，pMMO 与这些物质的解离往往造成分子氧供应不足而导致 pMMO 活性的下降。

综上，pMMO 的纯化过程复杂，包括细胞破碎、膜组分获取、表面活性剂解离、离子交换层析、凝胶过滤层析等。大部分研究都采用两种或两种以上的层析操作步骤。此外，pMMO 活性可能受很多因素条件的限制，如 Cu^{2+}和 Fe^{3+}浓度、厌氧条件、表面活性剂保护、折叠方式、电子供体、活性氧物种抑制等。只有获得活性较高、稳定性较好的 pMMO，才能更深入地了解 pMMO 的催化机理、生化性质以及金属活性中心，才能更好地将其应用于环境保护、生物催化等各个领域。

3.3 颗粒性甲烷单加氧酶的电子供体

3.3.1 颗粒性甲烷单加氧酶的电子传递路径

由于 pMMO 的生理还原剂(电子供体)还没有确定，pMMO 纯化过程中电子传递链断裂和 pMMO 复合物的解离造成 pMMO 失活等原因，近年来，对 pMMO

的催化活性中心及其性质的研究主要集中在膜水平进行。与 pMMO 相关的研究进展缓慢。另外，pMMO 复合物中各组分功能关系、pMMO 中电子传递路径和稳定方式等也未阐明。许多学者都发现，以整细胞、膜和与膜解离的状态存在的 pMMO 均能以酚类物质作为其电子供体，但由于当时还无法通过表面活性剂解离膜蛋白以分离出活性 pMMO，因此无法判定电子的传递过程。目前，研究者普遍认同内质膜中铜结合物(copper binding compound，CBC)的存在，并认为铜结合物是捕获铜后重新进入细胞的 Mb 或其降解产物。研究发现，Mb-Cu 可以增加流向 pMMO 的电子量，认为 Mb 在 pMMO 催化甲烷氧化中起到将电子由电子供体向 pMMO 传递的作用。另外，如前所述，Mb 还可以稳定和提高 pMMO 的酶活性，添加 Mb-Cu 可以提高膜组分中 pMMO 的比活力。这种现象的确切机理虽然还不清楚，但有可能是因为 Mb-Cu 不仅起到了将电子由电子供体向 pMMO 传递的作用，还起到了维持 pMMO 周围环境特定的氧化还原状态、清除 pMMO 产生的活性氧物种、稳定 pMMO 结构等作用。

2002 年，作者利用在低 Cu^{2+}浓度培养条件下甲基弯菌 *Methylosinus trichosporium* IMV 3011 产生的 pMMO 极易从内质膜解离的特点，通过调整 *Methylosinus trichosporium* IMV 3011 培养基中 Cu^{2+}浓度来调整 pMMO 的表达量和与膜的结合强度，采用超声波处理、离子交换层析等技术得到了三种有活性的 pMMO 组分。实验结果显示，Cu^{2+}可明显增加以各种形式存在的 pMMO 的活性。Cu^{2+}对 pMMO 的激活作用，可能与其参与了 pMMO 活性中心的调控或电子传递过程有关；而金属离子螯合剂 EDTA 可抑制 pMMO 的活性，其中对纯 pMMO 活性的抑制最为明显，如图 3-1 所示。

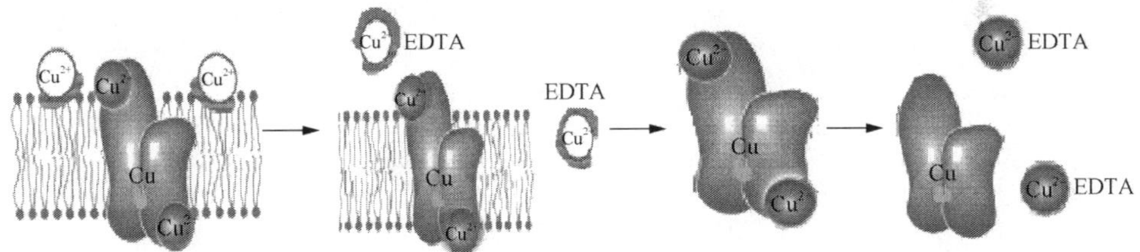

图 3-1 pMMO 及 Cu^{2+}从内膜上解离的过程[17]

进一步对不同状态下 pMMO 利用的电子供体进行研究[4]，发现当 pMMO 以整细胞形式存在时，甲酸钠、琥珀酸钠、NADH 和对苯二酚均能作为 pMMO 的电子供体为 pMMO 催化的单加氧化反应提供还原当量。琥珀酸钠可明显增加 pMMO 的环氧化活性；当 pMMO 以膜组分形式存在时，琥珀酸钠、NADH 和对苯二酚仍能提高 pMMO 的环氧化活性，表明它们仍可作为 pMMO 的电子供体为单加氧化反应提供还原当量；而甲酸钠却未增加 pMMO 的环氧化活性，推测甲醇脱氢酶可能存在于胞浆中。经 DEAE-Sepharose 离子交换层析纯化的 pMMO，只能以对苯二酚作为其电子供体，表明在 pMMO 分离纯化过程中，发生了由 NADH 和琥珀酸向 pMMO 的电子传递链的断裂。当 pMMO 与 NADH 脱氢酶混合时，以 NADH 作为电子供体的 pMMO 的环氧化活性仍无法恢复，表明膜中含有参与电子由 NADH 向 pMMO 传递的物质。

3.3.2 内质膜上电子传递体的解离

采用表面活性剂处理膜组分，可将大量脂溶性膜蛋白从膜上解离下来，但却会使 pMMO 完全失去活性。作者采用 5%脱氧胆酸处理膜组分，将离心后的上清液透析除去脱氧胆酸后，未检测到 MMO 活性，但将其加入 pMMO 与 NADH 脱氢酶的混合液中时，以 NADH 作为电子供体的 pMMO 的环氧化活性却得到了部分恢复。由于细胞内质膜含有许多类似于对苯二酚疏水的醌类物质(如质醌等)，因此推断它们可能在电子由 NADH 向 pMMO 的传递过程中起到媒介作用。另外，将上述离心后透析除去脱氧胆酸的上清液加入纯化后的 pMMO 中，以琥珀酸钠作为电子供体时，其环氧化活性也得到了部分恢复(表 3-1)，表明表面活性剂也可解离与膜结合较牢固的琥珀酸脱氢酶。

表 3-1 EDTA 对 pMMO 的相对活性及铜含量的影响

样品	添加物	pMMO 相对活性/%	铜含量/(μmol/mg 蛋白)
完整细胞	—	100[a]	/
	1mmol/L EDTA	70	/
膜组分	—	100[b]	84
	1mmol/L EDTA	61	43
pMMO 纯品	—	100[c]	0.168～0.175
	1mmol/L EDTA	18	0.159～0.190

注：在添加 1mmol/L 对苯二酚作为电子供体的条件下进行 MMO 活性的测量；“/”表示没有检测到酶活。

a 100%相当于 4.3nmol/(min · mg 细胞干重)酶活；b 100%相当于 3.6 nmol/(min · mg 蛋白)酶活；c 100%相当于 1.9 nmol/(min · mg 蛋白)酶活。

由此可见，当采用 NADH 作为电子供体时，对 pMMO 和 NADH 氧化脱氢酶进行共纯化是十分必要的；同时必须添加膜中的脂溶性组分，以使电子由 NADH 向 pMMO 传递。这些是使纯 pMMO 具有活性的主要因素。

3.3.3 内质膜中可能的 pMMO 电子传递链

根据上述结果，作者提出如图 3-2 所示的还原 pMMO 的电子传递链[4]。甲烷氧化菌可对甲烷氧化产物甲酸深度氧化产生 NADH，NADH 通过 NADH 脱氢酶将电子传递给膜中类似于对苯二酚的酚类物质(如质醌、泛醌等)，再由酚类物质将电子传递给 pMMO；线粒体呼吸链中存在的复合物Ⅱ可催化电子由琥珀酸向膜中的醌类物质转移。因此推测，还有一个电子传递过程可能是由类似于线粒体呼吸链中复合物II的琥珀酸脱氢酶参与催化完成的。内质膜中的酚类物质可能是由甲酸钠、琥珀酸钠、NADH 等向 pMMO 传递电子的中介物。纯化的 pMMO 组分无法直接利用 NADH 作为电子供体，这是以 NADH 作为电子供体时很难测到纯 pMMO 活性的主要原因。pMMO 在催化烃类单加氧化反应时，如果与铜结合物(即后来被重新命名的 Mb)不发生解离，仍以 pMMO 复合物形式存在，就可能直接以酚类物质作为电子供体；也可能是通过与 pMMO 紧密结合的 Mb:pMMO 脱氢酶从 Mb 中得到电子的。因此，纯化过程中采用对苯二酚等醌类物质作为 pMMO 活性测试时的电子供体，无须共纯化 NADH 脱氢酶，有利于对 pMMO 活性中心进行深入研究。

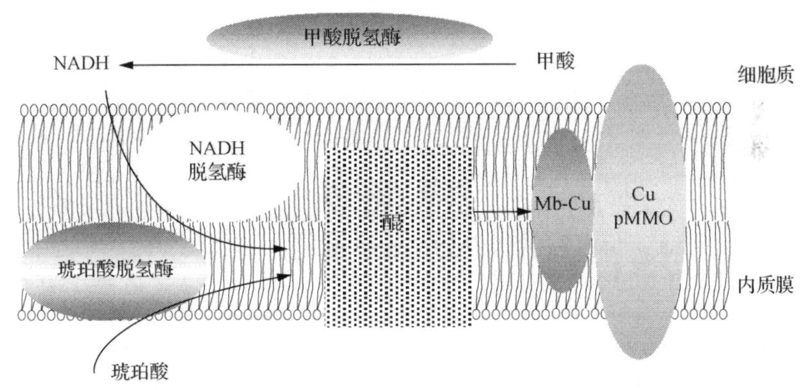

图 3-2　作者提出的还原 pMMO 的电子传递链示意图

起初研究认为，Mb 与膜的结合可能十分牢固，用超声波无法将其从膜上解离下来。后期的研究发现，铜结合物极有可能就是位于内膜系统中的 Mb-Cu。对苯二酚是 pMMO 最直接的电子供体，这为进一步在酶水平对 pMMO 的催化活性中心及其性质的研究打下了基础。

Mb 参与了甲烷氧化过程中电子的传递，如图 3-3 所示。2008 年，Choi 等[19]通过进一步的试验，结合以往的研究结果，提出了 pMMO 可能的电子传递链，认为 pMMO 复合物上结合有 Mb，起到了电子传递的桥梁作用，这也是目前普遍认同的观点。

然而，对 pMMO 的生理还原剂目前还一直存在争议。许多学者建议，pMMO 可能是通过酚类物质与细胞色素 bc_1 复合体中的电子传递链相连。尽管 NADH 也被认为可能是 pMMO 天然的电子供体，但某些有关 NDH 驱动 pMMO 催化活性的报道指出这可能是由于在 pMMO 分离纯化过程中污染了 NDH。NDH 与 pMMO 复合体也确实显示了以 NADH 作为唯一的还原剂时的 pMMO 活性。另外，在 pMMO 分离纯化中，细胞色素 bc_1 复合体的痕量污染已被证明是一种常见的微量污染物，这些更增加了 pMMO 生理还原剂归属的难度。

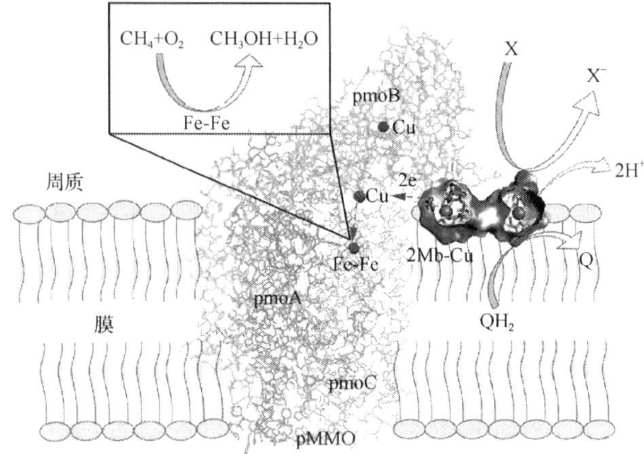

图 3-3　Mb-Cu 参与的从呼吸链向 pMMO 金属活性中心的电子流

参 考 文 献

[1] 苏瑶, 孔娇艳, 张萱, 等. 甲烷氧化过程中铜的作用研究进展[J]. 应用生态学报, 2014, 25(4): 1221-1230.

[2] Graham D W, Kim H J, Lindner A S. Methanotrophic Bacteria[M]//Bitton G. Encyclopedia of Environmental Microbiology. New York: John Wiley & Sons, Inc., 2003.

[3] 林惠颖, 辛嘉英, 李春雨, 等. 颗粒性甲烷单加氧酶分离纯化方法的研究进展[J]. 分子催化, 2018, (1): 90-98.

[4] 辛嘉英, 崔俊儒, 胡霄雪, 等. 颗粒性甲烷单加氧酶的电子供体研究[J]. 分子催化, 2002, 16(3): 161-165.

[5] 崔俊儒, 辛嘉英, 胡霄雪, 等. 颗粒性甲烷单加氧酶的研究[J]. 微生物学报, 2002, 42(5): 594-599.

[6] Choi D W. Effect of methanobactin on the activity and electron paramagnetic resonance spectra of the membrane-associated methane monooxygenase in *Methylococcus capsulatus* Bath[J]. Microbiology, 2005, 151(10): 3417-3426.

[7] Yu S F, Chen H C, Tseng Y H, et al. Production of high-quality particulate methane monooxygenase in high yields from *Methylococcus capsulatus* (Bath) with a hollow-fiber membrane bioreactor[J]. Journal of Bacteriology, 2003, 185(20): 5915-5924.

[8] Tonge G M, Harrison D E, Higgins I J. Purification and properties of the methane mono-oxygenase enzyme system from *Methylosinus trichosporium* OB3b[J]. Biochemical Journal, 1977, 161(2): 333-344.

[9] Takeguchi M, Miyakawa K, Okura I. Purification and properties of particulate methane monooxygenase from *Methylosinus trichosporium* OB3b[J]. Journal of Molecular Catalysis A: Chemical, 1997, 132(2-3): 145-153.

[10] Smith D D, Dalton H. Solubilisation of methane monooxygenase from *Methylococcus capsulatus* (Bath)[J]. European Journal of Biochemistry, 2010, 182(3): 667-671.

[11] Kitmitto A, Myronova N, Basu P, et al. Characterization and structural analysis of an active particulate methane monooxygenase trimer from *Methylococcus capsulatus* (Bath)[J]. Biochemistry, 2005, 44(33): 10954-10965.

[12] Lieberman R L, Rosenzweig A C. Biological methane oxidation: Regulation, biochemistry, and active site structure of particulate methane monooxygenase[J]. CRC Critical Reviews in Biochemistry, 2004, 39(3): 147-164.

[13] Shiemke A K, Cook S A, Miley T, et al. Detergent solubilization of membrane-bound methane monooxygenase requires plastoquinol analogs as electron donors[J]. Archives of Biochemistry and Biophysics, 1995, 321(2): 421-428.

[14] Basu P, Katterle B, Andersson K K, et al. The membrane-associated form of methane mono-oxygenase from *Methylococcus capsulatus* (Bath) is a copper/iron protein[J]. Biochemical Journal, 2003, 369(2): 417-427.

[15] Choi D W, Kunz R C, Boyd E S, et al. The membrane-associated methane monooxygenase (pMMO) and pMMO-NADH: Quinone oxidoreductase complex from *Methylococcus capsulatus* Bath[J]. Journal of Bacteriology, 2003, 185(19): 5755-5764.

[16] Miyaji A, Kamachi T, Okura I. Improvement of the purification method for retaining the activity of the particulate methane monooxygenase from *Methylosinus trichosporium* OB3b[J]. Biotechnology Letters, 2002, 24(22): 1883-1887.

[17] Xin J Y, Cui J R, Hu X X, et al. Particulate methane monooxygenase from *Methylosinus trichosporium* is a copper-containing enzyme[J]. Biochemical and Biophysical Research Communications, 2002, 295(1): 182-186.

[18] Chen H C, Wu H H, Ke S F, et al. Bacteriohemerythrin bolsters the activity of the particulate methane monooxygenase (pMMO) in *Methylococcus capsulatus* (Bath)[J]. Journal of Inorganic Biochemistry, 2012, 111: 10-17.

[19] Choi D W, Semrau J D, Autholine W E, et al. Oxidase, superoxide dismutase, and hydrogen peroxide reductase activities of methanobactin from types Ⅰ and Ⅱ methanotrophs. Journal of Inorganic Biochemistry, 2008, 102(8): 1571-1580.

第 4 章　甲烷氧化菌的铜捕获机理

如前面章节所述，甲烷氧化菌能够以甲烷作为唯一的碳源和能源进行生长。甲烷氧化菌的典型特征是含有能够催化甲烷氧化为甲醇的甲烷单加氧酶(MMO)。目前发现有两种催化功能相似，但结构和编码基因完全不同的 MMO，它们均为金属酶，一种是活性中心为双核铁的可溶性甲烷单加氧酶(sMMO)，另一种是活性中心被认为含有铜的颗粒性甲烷单加氧酶(pMMO)[1-3]。多数甲烷氧化菌仅能表达 pMMO(喜酸性甲烷氧化菌中的菌株 K 除外)，只有几类甲烷氧化菌包括少数 I 型甲烷氧化菌和 II 型甲烷氧化菌，如甲基球菌(*Methylococcus*)、甲基孢囊菌属(*Methylocystis*)，甲基单胞菌(*Methylomonas*)、甲基细胞菌(*Methylocella*)、甲基孢囊菌(*Methylocystis*)和甲基弯菌(*Methylosinus*)中的一些菌株，同时含有可编码两种甲烷单加氧酶的基因，能表达 sMMO。

甲烷氧化菌细胞铜含量高，铜在甲烷氧化菌细胞中扮演着重要角色，一方面铜可以调控两种类型甲烷单加氧酶的表达，另一方面铜是组成 pMMO 的必需金属元素。对甲烷氧化菌高效捕获铜的机理进行研究有重要意义：首先，可以从分子水平深入研究环境中铜对甲烷氧化菌生态分布和甲烷氧化效率的影响，了解铜对甲烷氧化菌生长的控制效应及甲烷氧化菌在全球大气甲烷循环中起的重要作用；从分子水平揭示具有金属螯合作用的人造污染物(如制造聚氯乙烯时广泛使用的邻苯二甲酸酯等)是如何通过影响甲烷氧化菌对铜的捕获而扰动全球大气甲烷循环的；有助于充分发挥甲烷氧化菌在污染物降解消除中的作用(如通过专一性抑制铜进入细胞，就可以保证甲烷氧化菌在含铜较高的废水中也能够大量表达 sMMO，从而高效降解三氯乙烯等环境污染物)。其次，该研究可获得高效金属螯合剂的结构信息，用于土壤和海洋中铜、镉、钴、锰等甚至放射性金属的富集。再次，该研究使人们对甲烷氧化菌耐受细胞内高铜环境生命现象的化学本质有更深入的了解，不仅有可能发现和通过结构模拟合成新型的疾病螯合疗法药物，用于某些疾病(如无法正常代谢铜的威尔逊氏症，铜堆积在肝脏、脑、肾角膜等脏器或部位导致肝脑损坏)的治疗，而且将大大拓展生物物理化学和化学生物学的研究领域。最后，该研究将对 pMMO 结构中铜功能角色的揭示大有帮助，了解比铁离子更为惰性的铜离子如何催化分子氧活化和甲烷氧化反应的发生，这是极有挑战性的课题。

2009 年，作者曾在《分子催化》上对甲烷氧化菌的铜捕获机理进行了详细综述[4]。在此基础上，本章进一步补充了近几年新发表的文献，从铜在甲烷氧化菌细胞内的作用、甲烷氧化菌对铜的捕获、甲烷氧化菌素的组成结构、铜在甲烷氧化菌素中的氧化态、甲烷氧化菌素对 pMMO 的作用和自然环境中甲烷氧化菌素的作用六个方面，对甲烷氧化菌的铜捕获机理进行介绍。

4.1　铜在甲烷氧化菌细胞内的作用

铜在甲烷氧化菌细胞中扮演着重要角色。研究发现，甲烷氧化菌的 sMMO 和 pMMO 基因的表达同时受铜离子的调控，只有当细胞内铜离子超过 1μmol/g(细胞干重)时，由 *pmoCAB* 操纵子编码的 pMMO 基因才表达。此时甲烷氧化菌细胞水平的甲烷转换数较低[80nmol/(min·mg)]，但生长速率、甲烷代谢能力增加；甲烷亲和力提高(8μmol/L)；pMMO 活性和含量增加；甲烷氧化菌会合成丰富的细胞内膜系统，与 pMMO 相关的膜蛋白也增多；而 sMMO 活性减少并导致催化非天然底物(如三氯乙烯或芳香族化合物)氧化的能力减弱。当细胞缺乏铜时[铜浓度低于 1μmol/g(细胞干重)或 0.8μmol/L]，pMMO 基因表达关闭，菌体仅表达少量的 pMMO，作为一种生存机制，以 *mmoRGXYBZDC* 操纵子编码的 sMMO 表达为主合成 sMMO。此时，甲烷氧化菌的生长速率、甲烷代谢能力较弱，甲烷亲和力低(90μmol/L)，但细胞水平的甲烷转换数较高[730nmol/(min·mg)]，具有较强的催化长链烷、烯、三氯乙烯和芳香族化合物氧化的能力，更适合在清除有机污染物方面使用。这种复杂的调控机制被称为“铜开关”[5]。甲烷单加氧酶的表达由“铜开关”调节，有三种蛋白质参与“铜开关”的调节，它们分别是铜结合调节剂(CBR)、活化剂(A)和抑制剂(R)。在高铜条件下，CBR 与铜结合，导致其结构发生变化，这种变化可以使其结合 A 和 R。由于 CBR 和 R 结合，因此不能抑制 pMMO 转录物的表达，而 A 也不能激活 sMMO 的表达，此时细胞表达 pMMO 的活性。而在低铜条件下，铜不与 CBR 结合，因此 CBR 不能结合阻遏物或 A，此时 R 可以自由结合并抑制 pMMO 的转录，A 分子激活 sMMO 的转录，因而细胞表达 sMMO 的活性。除了能在铜缺乏环境下生长之外，含有 sMMO 的甲烷氧化菌似乎并没有其他明显的进化优势。目前普遍认为，某些甲烷氧化菌合成 sMMO 只是作为在铜缺乏环境条件下的一种生存机制，这也是较低的铜离子环境可能是导致Ⅱ型甲烷氧化菌占主导的重要因素之一。

铜不仅对甲烷氧化菌表达何种类型的甲烷单加氧酶起调控作用，进而决定了其生物催化转化行为，铜还参与了对甲烷氧化菌其他酶蛋白的表达调控、胞内膜的合成、与 pMMO 相关的膜蛋白的产生及对细胞生长量的影响等。例如，在甲基球菌 *Methylococcus capsulatus* Bath 中，目前发现至少有两种甲醛脱氢酶受铜离子浓度的调控，其中，使用 NAD(P)作为电子供体的 NAD(P)$^+$依赖型甲醛脱氢酶[NAD(P)$^+$-linked formaldehyde dehydrogenase，NAD(P)$^+$-FalDH]在铜离子浓度较低条件下表达，而以人造染料作为电子供体的染料依赖型甲醛脱氢酶在铜离子较高条件下才得以表达。

目前，虽然铜对甲烷氧化菌全基因的调控模式还不是特别清楚，但研究者普遍认为铜在协调甲烷氧化菌铜捕获系统、调控 sMMO 和 pMMO 的表达及活性等方面发挥着重要作用。另外，如前面章节所述，铜还参与了 pMMO 活性中心和内膜系统的构建。对 pMMO 金属中心的研究还发现，铜在甲烷的氧化过程中也起着重要作用。因此，甲烷氧化菌中一定存在受环境中铜含量调控和影响的高效铜捕获系统。

4.2 甲烷氧化菌对铜的捕获

在表达 pMMO 的甲烷氧化菌细胞中铜的含量明显高于其他好氧细菌，几乎是铁含量的 4 倍。然而，绝大多数自然环境中可被生物利用的铜的含量却非常低。土壤中铜含量为 20mg/kg 左右，但在 pH 超过 5 的土壤中可被生物利用的铜仅为 1%左右，其他绝大多数铜都与有机质或锰和铁的氧化物紧密结合。但是在较低铜离子浓度的情况下仍监测到了大量 pMMO 的存在。铜是如何被甲烷氧化菌通过一个可能存在的高效铜摄取系统捕获的呢？

人们对微生物与铜的关系认识得比较深入的主要是大肠杆菌（*Escherichia coli*）和酵母菌（*Saccharomyces cerevisiae*）等的胞内铜解毒机制，对于甲烷氧化菌捕获并积聚铜的机理起初并不了解。可以作为借鉴的例子是微生物对铁离子的捕获，许多细菌和真菌在低铁条件下能够释放铁载体（siderophore）从环境中捕获各种水溶性和非水溶性的铁，当它们与自然界中的 Fe(Ⅲ)络合后，便能高效高选择性地通过细胞膜蛋白分子受体识别铁离子，使其被细胞吸收。目前人们已经发现 500 多种化学结构不同的铁载体。Groves 等[6]于 2005 年在 *Nature-Chemical Biology* 上提出了分枝杆菌获得铁离子的新机制，分枝杆菌先释出分枝菌素（mycobactin）攫取铁质，最终分枝菌素与铁质结合后一起返回该菌细胞中。那么甲烷氧化菌是否以类似或其他的机制捕获铜呢？

最早发现甲烷氧化菌中捕获铜系统的线索是来自于对不具备铜吸收能力的甲基弯菌 *Methylosinus trichosporium* OB3b 铜代谢缺陷突变株的研究。由于这种甲基弯菌 *Methylosinus trichosporium* OB3b 突变株丧失了铜的吸收能力，即使在发酵介质中有铜存在的情况下也只表达 sMMO，而不表达 pMMO。同时，发现该菌株可向发酵介质过量分泌一种铜结合物，而与此同时细胞内膜系统中的铜结合物却很少，细胞内铜和在其细胞内膜系统中检测到的铜结合物的量比正常野生型菌株少了近 20 倍[7]。

在接下来的几年里，许多实验室发现在低铜条件下培养的甲基弯菌 *Methylosinus trichosporium* OB3b 和甲基球菌 *Methylococcus capsulatus* Bath，也都会向介质中分泌对铜具有极强亲和力的铜结合物。但是一旦向其中添加铜离子，介质中铜结合物浓度会迅速下降并且在内膜系统中会出现胞内铜结合物-Cu 复合物[8-10]。

研究者对这种铜结合物从细胞内膜系统中进行了部分分离纯化。随着分离纯化方法的建立，2004 年，Kim 等[11]首次从严格限制铜的甲基弯菌 *Methylosinus trichosporium* OB3b 细胞外发酵介质中分离纯化出了均一的铜结合物，发现其为分子质量 1200Da 左右的 7 肽，并获得了其晶体结构数据。从此，铜结合物被重新命名为甲烷氧化菌素(Mb)。接下来 Choi 等[12]也从甲基球菌 *Methylococcus capsulatus* Bath 的铜限制培养基中分离纯化了 Mb，并发现 Mb 结合铜后对甲烷氧化菌的 pMMO 活性在整细胞水平和内膜水平都有刺激作用。

尽管在当时 Mb 的确切功能还不是十分清楚，但 Kim 等认为甲烷氧化菌极有可能利用 Mb 采用类似于其他细菌分泌铁载体捕获铁的机制来捕获铜。据此 Kim 提出甲烷氧化菌可能向周围环境中释放 Mb 这种小肽样化合物捕捉铜，然后甲烷氧化菌重新收回这种小肽样化合物并将铜富集到细胞内供 pMMO 表达需要，使得细菌可以氧化甲烷并从中获得能量[11]。

但是当时还没有直接的证据证明甲烷氧化菌分泌的这种小肽样化合物 Mb 在环境中捕捉铜后还能够重新回到细菌细胞中。也不知道细胞是采取何种方式吸收载铜甲烷氧化菌素(Mb-Cu)的。Kim[11]提到："细胞似乎能够抓住携带铜的 Mb 分子，但是接下来发生的事情就不得而知了。"在这之前的许多学者[10,13,14]都报道了 pMMO 复合物包含高达 12～16 个铜，但与 pMMO 紧密结合的位于活性中心的铜却只有 2～3 个，通常被认为是酶的催化中心，而其他铜主要是以松散形式结合在 pMMO 周围的许多小分子胞内铜结合物上。尽管对于 pMMO 活性中心的确切结构尚有争议，但研究者都认同内质膜中胞内铜结合物的存在。例如，文献[15]就曾经描述胞内铜结合物与 pMMO 活性密切相关，分子质量在 300～1200Da，其上结合有 1 个铜，这些胞内铜结合物与 pMMO 在内膜系统中结合构成了 pMMO 复合物。它们可能起稳定酶结构、电子储存与传递和维持特定的氧化还原状态等作用。将胞内铜结合物与 pMMO 分离往往导致 pMMO 活性的丧失，早期的工作还显示与胞内铜结合物共纯化的 pMMO 可保持高活性，增加胞内铜结合物-Cu 的含量能够稳定无细胞组分中 pMMO 的活性[10]。

那么与 pMMO 结合的胞内铜结合物是否是甲烷氧化菌分泌出细胞携带铜后又进入细胞的 Mb 或其分解的产物呢？也就是说，分泌的 Mb 捕获铜后是以何种形式进入细胞内将铜运输至 pMMO 及相关含铜靶蛋白周围，起到铜的捕获和转运者作用的？还是在细胞膜处就将铜交给了胞内铜结合物，由它们行使胞内铜转运者的作用？Mb 或其降解片断是否参与了内膜系统中 pMMO 复合物的组装和构建？在甲烷氧化过程中 Mb 是否扮演了某种角色？分泌 Mb 是否是甲烷氧化菌的一个普遍特征？如果是，不同菌株产生的 Mb 是否具有结构多样性？

值得借鉴的仍然是细菌分泌铁载体捕获铁的机制。在革兰氏阴性菌中，TonB

依赖的受体可识别并吸收铁载体。质膜复合物(TonB-ExbB-ExbD)参与驱动铁载体的过膜转运，铁载体通过周质空间结合蛋白和 ABC 转移蛋白进入细胞中。Rosenzweig 等[16]认为同样的机制也可能在甲烷氧化菌识别并摄取 Mb-Cu 的过程中存在。在许多原核和真核细胞中，过量的铜的分泌是由一种 ATP 酶依赖的 P 型外泌转运蛋白完成的。而在甲基弯菌 *Methylosinus trichosporium* OB3b 中发现了类似蛋白。在甲基球菌 *Methylococcus capsulatus* Bath 基因中已发现有 6 个开放阅读框(ORF)与假定的 TonB 受体相对应，它们中至少有一个对 Mb-Cu 具有专一性。当甲基弯菌 *Methylosinus trichosporium* OB3b 中编码 TonB 依赖跨膜转移蛋白的 *mbnT* 基因被敲除后，突变株虽然仍能合成和分泌 Mb，但是却失去了捕获 Mb-Cu 的能力。另外还在甲烷氧化菌中发现了编码 ABC 转移蛋白的基因。据此提出 Mb 在介质中结合铜后可以被外膜的 TonB 受体识别并通过 TonB-ExbB-ExbD 驱动通过 ABC 转移蛋白进入胞内的吸收机理(图 4-1)。接下来，Mb-Cu 可能会通过调控

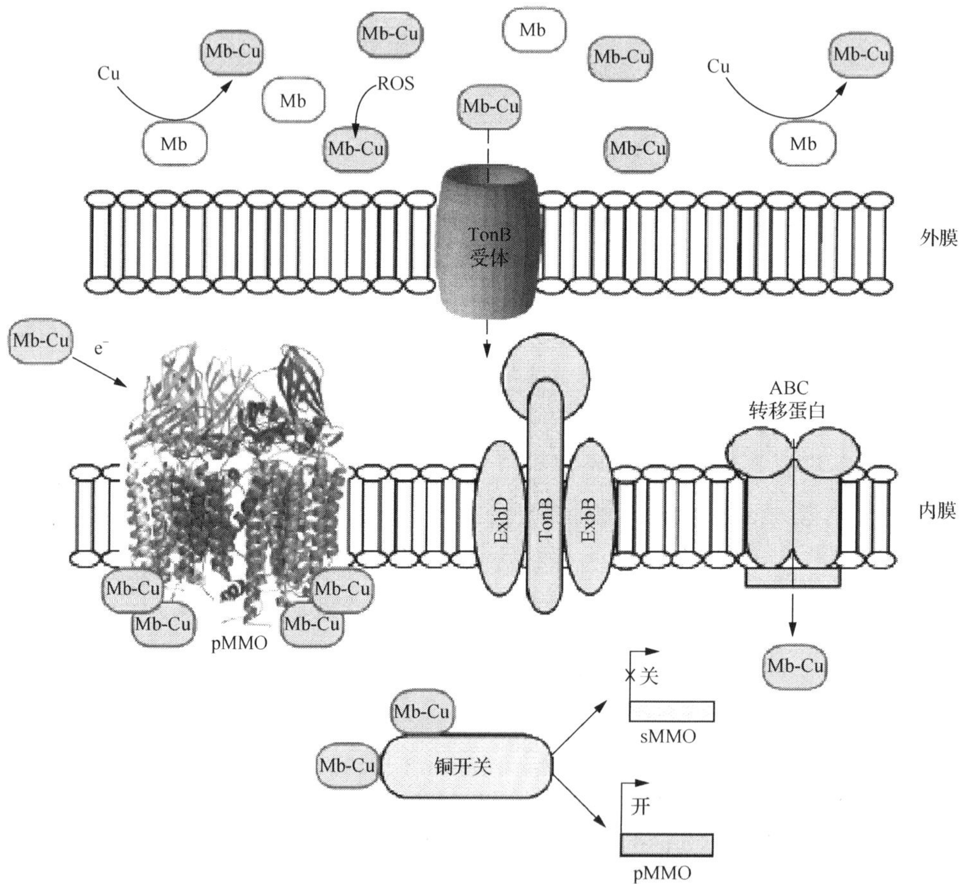

图 4-1　载铜甲烷氧化菌素可能的功能和吸收机理[16]

“铜开关”参与铜依赖的 pMMO 的调节和 pMMO 复合物的构建。目前普遍认为，甲烷氧化菌首先释放 Mb 捕捉环境中微量的铜，结合铜的 Mb 会被甲烷氧化菌重新识别、吸收，并将铜富集在胞内供 pMMO 表达需要[17,18]，同时 Mb 与 pMMO 在内膜中结合形成 pMMO 复合物。2011 年 Balasubramanian 等通过荧光标记得到了 Mb 结合铜离子后以 Mb-Cu 形式进入细胞的证据[19]。

作者在早期进行的甲基弯菌 *Methylosinus trichosporium* IMV 3011 的 pMMO 的相关工作中曾经发现，pMMO 周围含有许多胞内铜结合物，它们对稳定 pMMO 活性起重要作用[14]。进一步研究发现，从甲基弯菌 *Methylosinus trichosporium* IMV 3011 和甲基弯菌 *Methylosinus trichosporium* OB3b 的内膜系统中得到的胞内铜结合物与铜结合后可表现出超氧化物歧化酶(SOD)活性，而这正是胞外铜结合物 Mb 的特征之一。研究工作还发现在严格无铜条件下，甲基弯菌 *Methylosinus trichosporium* IMV 3011 和甲基弯菌 *Methylosinus trichosporium* OB3b 会向介质中分泌有色物质而使发酵液变为浅黄色，初步采用聚酰胺吸附发酵液中的浅黄色组分，发现向其中加入 $CuCl_2$ 后可表现出 SOD 活性，同时在 394～422nm 处摩尔消光系数也增加，这都与相关文献报道的胞外铜结合物 Mb 的性质吻合。因此作者通过分别分离纯化出内膜系统中的胞内铜结合物和分泌到介质中的胞外铜结合物 Mb，对它们在组成、结构、铜占位、性质及功能方面进行比较和相关性研究，通过铜浓度冲击延滞期测定法和甲烷单加氧酶活性分析法等研究发现 Mb 可携带铜离子进入甲烷氧化菌细胞中，并在内质膜上形成胞内铜结合物。

迄今，是否所有的甲烷氧化菌都能够产生 Mb、何种条件有利于甲烷氧化菌产生 Mb、Mb 的吸收行为以及 Mb 是否具有专一性等问题，还都有待进一步研究。目前，发现的能产 Mb 的菌种主要有甲基弯菌 *Methylosinus trichosporium* OB3b、甲基球菌 *Methylococcus capsulatus* Bath、甲基弯菌 *Methylosinus trichosporium* IMV 3011、甲基球菌 *Methylococcus capsulatus* IMV 3021、甲基单胞菌 *Methylomonas* sp. GYJ3、甲基孢囊菌 *Methylocystis hirsute* CSC1、甲基孢囊菌 *Methylocystis rosea*、甲基孢囊菌 *Methylocystis* strain M 和甲基孢囊菌 *Methylocystis* strain SB2 等[20-22]。

考察甲烷氧化菌整细胞 pMMO 活性、在含铜介质中生长情况、介质中铜浓度和 Mb 之间的相互关系，可以从另一个侧面阐明甲烷氧化菌捕获并富集铜的机理。2011 年，作者采用铬天青 S/硝酸盐培养基(CAS/NMS)劈半平板法对甲烷氧化菌素的产生和铜捕获作用进行了研究[23]。CAS 能与许多金属离子形成蓝紫色络合物，在缓冲体系中有助色剂十六烷基三甲基溴化铵(HDTMA)存在下 CAS-Cu 可以形成蓝色络合物，当更强的络合剂将铜离子从该络合物中移出时会发生明显的由蓝紫到橙黄的颜色改变，因此可用于 Mb 的检测。作者根据 CAS 与铜的螯合能力(铜螯合物形成常数 $\lg K=13.2$)较 Mb 与铜的螯合能力($\lg K>16$)弱，CAS-Cu 螯合物中的铜被 Mb 夺取后会发生明显的由蓝紫到橙黄的颜色改变的特征，采用 NMS/CAS-Cu 劈半平板和分光光度法对甲基弯菌 *Methylosinus trichosporium* IMV 3011 分泌 Mb 的能力进行了检测。由于 CAS 对甲烷氧化菌生长有抑制作用，因此采取将 CAS-Cu 固体检测平板分成两部分的方法，一半保持不变，另一半用适合甲烷氧化菌生长的无铜 NMS 固体培养基代替，让甲烷氧化菌在无铜 NMS 固体培养基上生长，甲烷氧化菌分泌的 Mb 可以渗透到 CAS-Cu 检测平板内络合铜而使颜色发生变化。

研究发现，甲基弯菌 *Methylosinus trichosporium* IMV 3011 在以甲醇和甲烷为碳源时均具有向外界分泌 Mb 的能力，而且在以甲醇为碳源时 NMS/CAS-Cu 劈半平板变色的速度明显快于以甲烷为碳源时 NMS/CAS-Cu 劈半平板变色的速度(图 4-2)。可见甲烷氧化菌在限铜胁迫下具有的分泌 Mb 捕获铜构建 pMMO 能力，与细胞是否以甲烷为碳源无关。

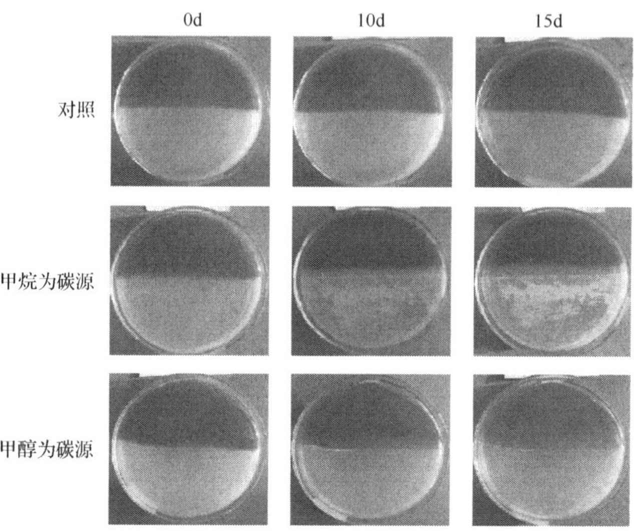

图 4-2　甲基弯菌 *Methylosinus trichosporium* IMV 3011
产甲烷氧化菌素的劈半平板检测[23]
彩图请扫本书封底二维码

作者以甲基弯菌 *Methylosinus trichosporium* IMV 3011、甲基弯菌 *Methylosinus trichosporium* OB3b、甲基球菌 *Methylococcus capsulatus* IMV 3021、甲基单胞菌 *Methylomonas* sp. GYJ3 四种甲烷氧化菌为出发菌株，采用上述的 NMS/CAS-Cu 劈半平板法对 4 种菌分泌 Mb 的能力进行检测。甲基弯菌 *Methylosinus trichosporium* IMV 3011、*Methylosinus trichosporium* OB3b 属于使用丝氨酸途径同化甲醛的 II 型甲烷氧化菌，而甲基球菌 *Methylococcus capsulatus* IMV 3021 和甲基单胞菌 *Methylomonas* sp. GYJ3 属于使用 5-磷酸核酮糖途径同化甲醛的 I 型甲烷氧化菌。结

果发现，4 种甲烷氧化菌的显色平板颜色都会发生变化，差别仅在于颜色褪变速度不同，说明这四种菌都可分泌 Mb。甲烷氧化菌分泌 Mb 可能具有普遍性。但四种甲烷氧化菌的显色平板颜色褪变速度不同提示不同甲烷氧化菌的 Mb 结构及铜亲和性可能存在差异，或者仅是 Mb 分泌能力存在差别。

从环境中捕获铜的 Mb 是否只回到同种属的甲烷氧化菌细胞中？不同菌株产生的 Mb 是否具有结构多样性？目前国内外尚无一致性的结论。国外学者在对甲基球菌 *Methylococcus capsulatus* Bath 进行研究时，将整细胞水平和内膜水平的 pMMO 的激活作用作为 Mb-Cu 进入细胞的标志。作者将无铜介质中培养三代获得的甲基弯菌 *Methylosinus trichosporium* IMV 3011、甲基弯菌 *Methylosinus trichosporium* OB3b、甲基球菌 *Methylococcus capsulatus* IMV 3021、甲基单胞菌 *Methylomonas* sp. GYJ3 细胞迅速加到铜离子浓度为 30μmol/L 的 NMS 培养基中，同时添加从甲基弯菌 *Methylosinus trichosporium* IMV 3011 菌株获得的 Mb 培养 96h，观察 4 种甲烷氧化菌表达 pMMO 的情况。研究发现从甲基弯菌 *Methylosinus trichosporium* IMV 3011 菌株获得的 Mb 能够促进 4 种甲烷氧化菌 pMMO 表达，说明甲基弯菌 *Methylosinus trichosporium* IMV 3011 的 Mb 可以促进 4 种甲烷氧化菌铜的吸收；在培养 96h 后，添加的 Mb 的作用逐渐减小，说明细菌细胞自身分泌的 Mb 发挥了作用；另外，在培养 96h 后，4 种甲烷氧化菌均检测不到 sMMO 活性，说明甲烷氧化菌吸收了介质中的铜进而完全关闭了 sMMO 表达[23]。

分别将无铜介质中培养的甲基弯菌 *Methylosinus trichosporium* IMV 3011、甲基弯菌 *Methylosinus trichosporium* OB3b、甲基球菌 *Methylococcus capsulatus* IMV 3021、甲基单胞菌 *Methylomonas* sp. GYJ3 细胞迅速加到铜离子浓度为 30μmol/L 的 NMS 培养基中，同时添加从甲基弯菌 *Methylosinus trichosporium* IMV 3011 菌株获得的 Mb 进行培养，应用 MATLAB7.1 程序的 logistic 模型对其生长曲线进行分析，发现铜离子浓度忽然升高能抑制甲烷氧化菌的生长。这与甲烷氧化菌由无铜介质转入含铜介质中关闭 sMMO 表达而启动 pMMO 表达有关。Mb 的加入加快了甲烷氧化菌捕获铜表达 pMMO 的速度，有利于甲烷氧化菌的生长。从甲基弯菌 *Methylosinus trichosporium* IMV 3011 获得的 Mb 能够明显缩短 4 种甲烷氧化菌培养基铜浓度迅速升高时的生长延滞期，提高其最大生长速率。从该结果可以推测甲基弯菌 *Methylosinus trichosporium* IMV 3011 的 Mb 在周围环境铜离子浓度迅速升高时，可以捕获铜并被其他 3 种甲烷氧化菌识别吸收，用于细胞内 pMMO 表达和构建，说明其他几种甲烷氧化菌同样能够吸收来自于甲基弯菌 *Methylosinus trichosporium* IMV3011 的 Mb 捕获的铜，这又提示上述几种甲烷氧化菌菌属之间可能不具有 Mb 结构的菌属专一性。

其他学者采用铜开关试验也显示，一些菌属的甲烷氧化菌可以吸收另外一些菌属的甲烷氧化菌产生的 Mb[24,25]。由此推断，在自然界中某些可以代谢多种底物而细胞内还原力强的甲烷氧化菌可能会分泌大量 Mb 捕获周围环境中的铜供另外一些甲烷氧化菌表达 pMMO 使用。当然，从结构的角度来判断某些甲烷氧化菌的 Mb 或其降解片断是否具有结构的多样性和菌属间的通用性可能会给出更令人信服的结论。

4.3 甲烷氧化菌素的组成结构

早期对于甲烷氧化菌分泌的 Mb 的结构表征因为其极易降解而很难进行。随着分离纯化技术的进步，这个问题终于得到了解决，2004 年，Kim 等在前人工作基础上获得了 Mb 的结构数据。这种被重新命名为 Mb 的铜结合物，分子式为 $C_{45}N_{12}O_{14}H_{62}Cu$。1.1Å 分辨率的晶体结构研究发现该化合物由 7 个氨基酸和 1 个包含硫酰咪唑生色团的特殊部分组成。2 个可结合铜的 4-亚硫酰-5-羟基咪唑基团，通过 2 个咪唑 N 和 2 个硫酰 S 与铜络合[11,26]。分子链的初步次序是 *N*-2-异丙酯-(4-硫酰-5-羟基咪唑)-甘氨酸 ^{1}-丝氨酸 ^{2}-半胱氨酸 ^{3}-色氨酸 ^{4}-吡啶-(4-羟基-5-硫酰咪唑)-丝氨酸 ^{5}-半胱氨酸 ^{6}-甲硫氨酸 ^{7}(图 4-3)[20]。Mb 中两个半胱氨酸的巯基可以随着细胞内环境变化和分离纯化过程被氧化成二硫键，但 Mb 的生物活性不受影响[27]。Mb 由一个非常紧密的三角锥形和位于三角锥底但没被埋没的金属螯合物基底构成，如图 4-4 所示。Mb 的晶体结构像一座金字塔，与 2 个 S 和 2 个 N 原子配位的铜离子位于金字塔的底部[11]。在这个模型结构中 S 作为一个硫酰配体 C═S—Cu，而不是更为常见的 C—S—Cu，C═S 键长为 1.68Å(硫酰基咪唑衍生物 A 中)和 1.67Å(硫酰基咪唑衍生物 B 中)。2 个 Cu—N 键长分别为 2.00Å 和 2.05Å，2 个 Cu—S 键长分别为 2.38Å 和 2.39Å。2008 年，Behling 等[20]又对 Mb 结构进行了修正，将羟基咪唑改为唑酮，异丙酯改为甲基丁酰。2010 年，通过菌株 *Methylocystis* SB2 的不完整 Mb 结构研究发现，Mb 结构中可以同时含有一个羟基咪唑环和一个氧唑酮环[21]。这是首次发现的与甲基弯菌 *Methylosinus trichosporium* OB3b 中 Mb 结构明显不同的 Mb 结构，如图 4-5 所示。随着更多甲烷氧化菌菌株的 Mb 被分离纯化出来，越来越多的证据表明 Mb 的结构可能具有菌属多样性，但不同菌属的甲烷氧化菌的 Mb 结构信息仍然十分有限。

目前，几种甲烷氧化菌的晶体或核磁共振(NMR)结构被测定出来，共同的保守结构是其中羧基端的第一个环结构氧唑酮环通过 2～5 个氨基酸与氨基端的第二个环结构连接，第二个环结构随着菌属的差异可以是氧唑环、吡嗪酮环或咪唑环，每个环都与硫酰基团相连。5 种 Mb 的结构如图 4-6 所示。目前，已经分离纯化到的 Mb 分为两类，一类是以甲基弯菌 *Methylosinus trichosporium* OB3b、*Methylosinus trichosporium* IMV 3011 和 *Methylosinus* sp. LW4 为代表的 Mb，结构中含有 2 个硫

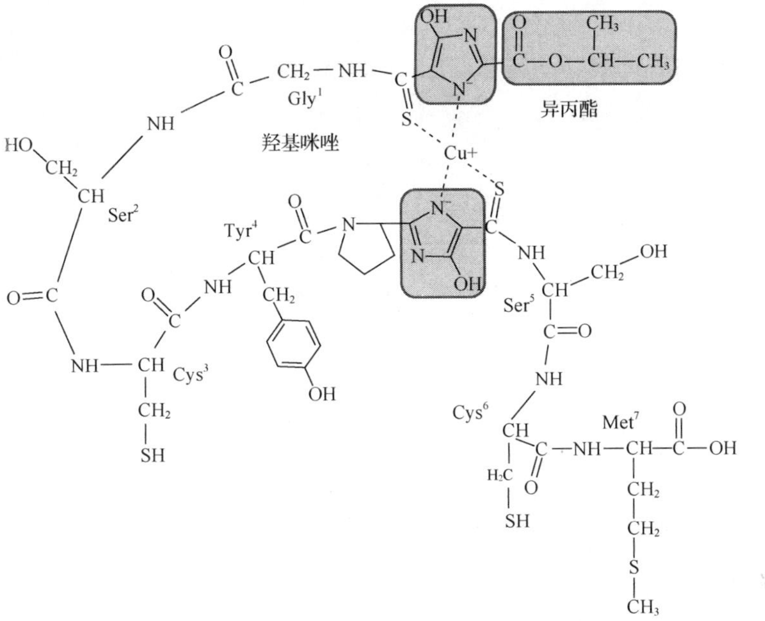

(a) 2008年Behling等修正的Mb结构

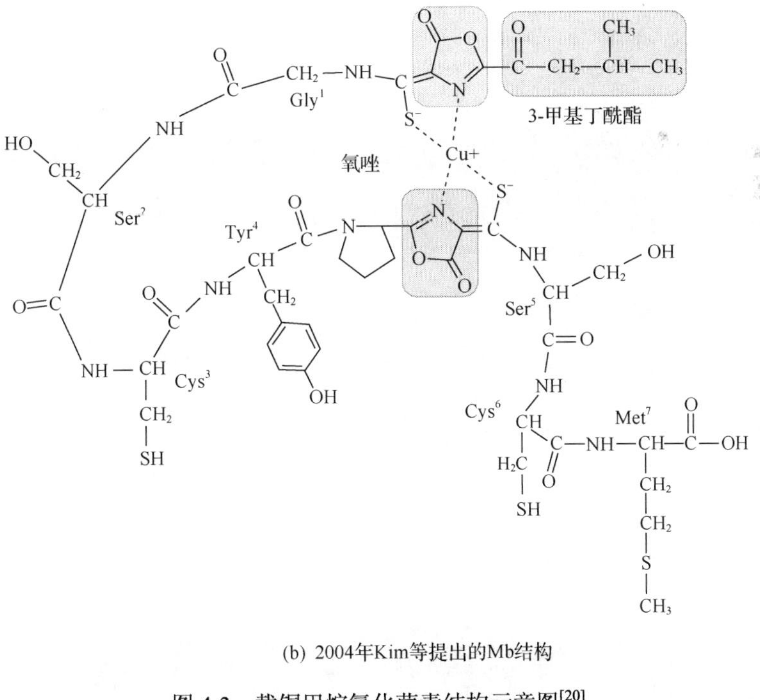

(b) 2004年Kim等提出的Mb结构

图 4-3　载铜甲烷氧化菌素结构示意图[20]

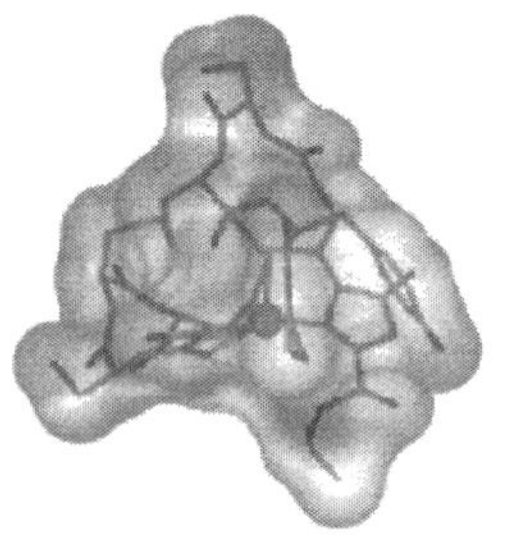

图 4-4　载铜甲烷氧化菌素晶体结构球棍模型[20]

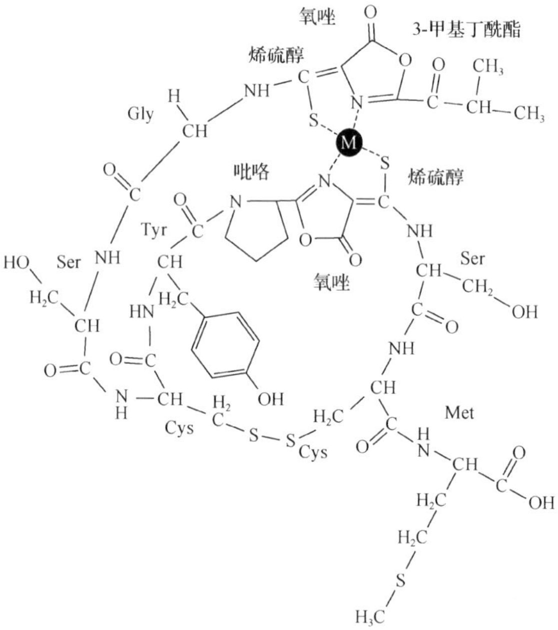

(a) *Methylococcus trichosporium* OB3b

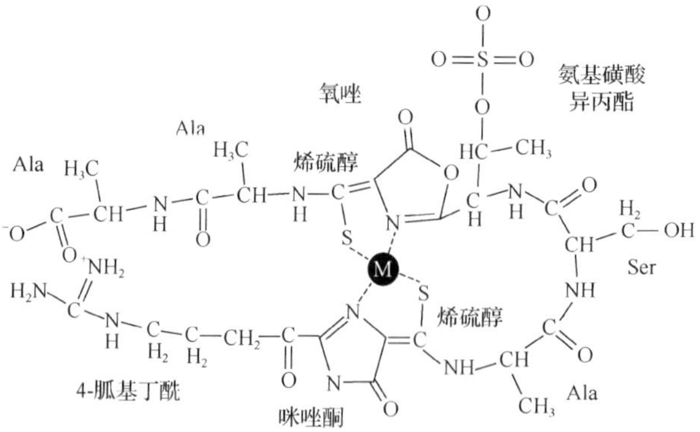

(b) *Methylocystis* strain SB2

图 4-5　甲烷氧化菌素化学结构[29]

“M”表示与硫酰氧唑基团结合的金属

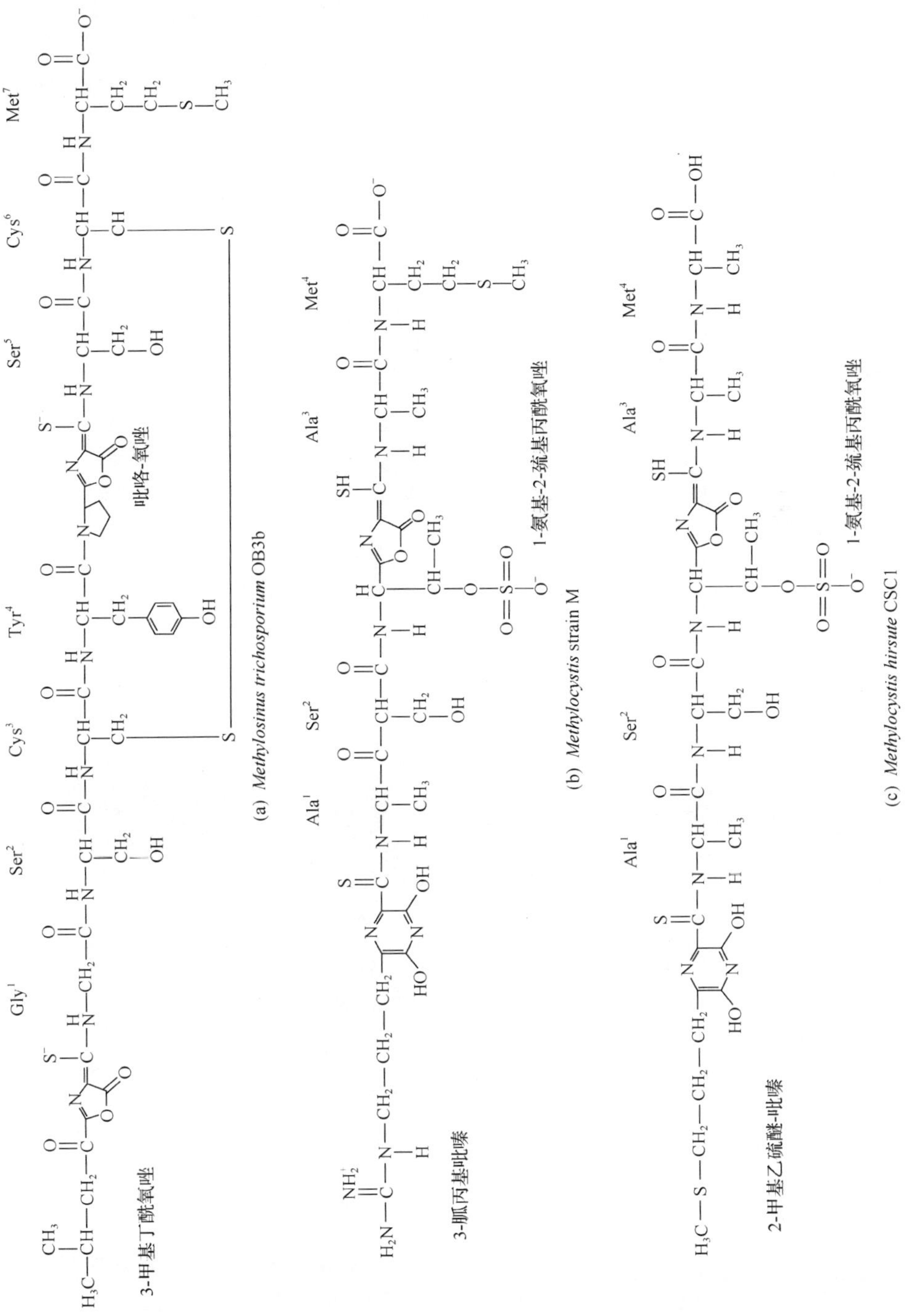

3-甲基丁酰氧唑　吡咯-氧唑

Gly[1]　Ser[2]　Cys[3]　Tyr[4]　Ser[5]　Cys[6]　Met[7]

(a) *Methylosinus trichosporium* OB3b

3-胍丙基吡嗪　1-氨基-2-巯基丙酰氧唑

Ala[1]　Ser[2]　Ala[3]　Met[4]

(b) *Methylocystis* strain M

2-甲基乙硫醚-吡嗪　1-氨基-2-巯基丙酰氧唑

Ala[1]　Ser[2]　Ala[3]　Met[4]

(c) *Methylocystis hirsute* CSC1

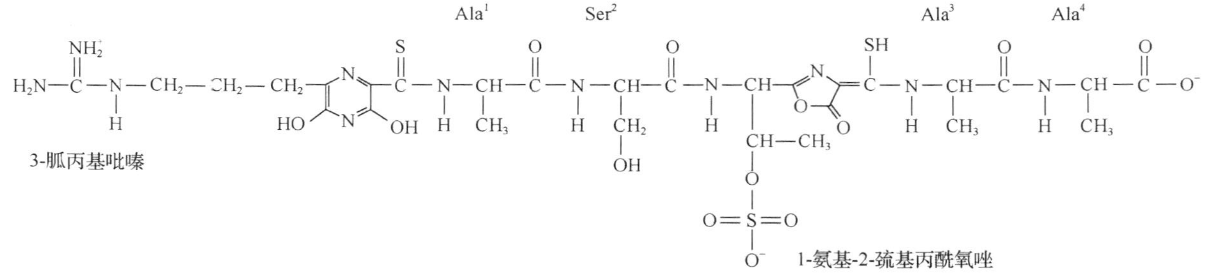

Ala[1]　Ser[2]　Ala[3]　Ala[4]

3-胍丙基吡嗪

1-氨基-2-巯基丙酰氧唑

(d) *Methylocystis rosea*

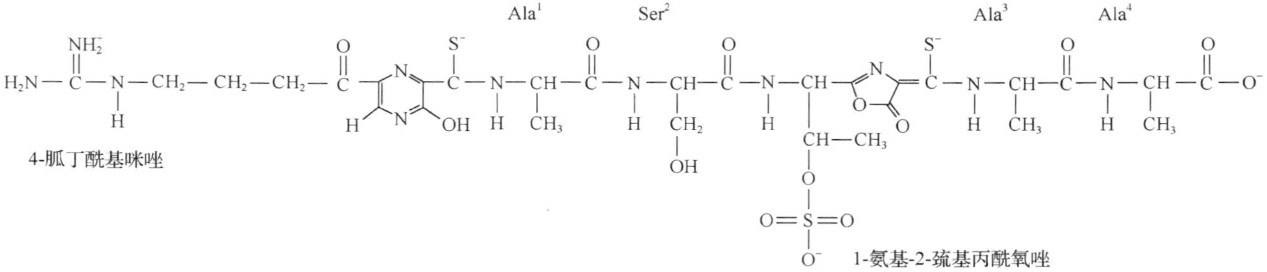

Ala[1]　Ser[2]　Ala[3]　Ala[4]

4-胍丁酰基咪唑

1-氨基-2-巯基丙酰氧唑

(e) *Methylocystis* strain SB2

图4-6　不同菌株来源的甲烷氧化菌素的结构[22]

酰氧唑酮环[28]。2 个硫酰氧唑酮环中 2 个氧唑 N 和 2 个硫酰 S 与铜配位络合形成一个扭曲的四面体结构。这类 Mb 同时含有 2 个半胱氨酸，可以形成稳定的二硫键结构[11,22,28]。另一类是以 4 种甲基孢囊菌为代表的 Mb，这类 Mb 不含有半胱氨酸，无法形成二硫键，但在第二个氧唑环前面含有 1 个与丝氨酸或苏氨酸结合的磺酸基，可以形成更加多变的发卡结构，Mb 分子也较第一类小[21,22]。

两类 Mb 的铜配位方式相似，但结构的差异直接体现为生物化学性质的不同。例如，甲基弯菌 *Methylosinus trichosporium* OB3b 的 Mb 二硫键的还原和甲基孢囊菌 *Methylocystis hirsute* CSC1 的磺酸基消去都会引起铜亲和性的下降[22]，但水解羧基端的几个氨基酸残基并不影响 Mb 的三维结构及铜亲和能力[22,27]。尽管上述两类 Mb 结构不尽相同，但与铜都具有高度的亲和性。值得注意的是分离到的 I 型甲烷氧化菌 *Methylococcus capsulatus* Bath 的 Mb[30,31]，尽管其确切结构还没有被阐明，但其与 II 型甲烷氧化菌 Mb 明显不同的谱学特性提示两者结构间可能存在很大差异，由此推断 I 型和 II 型甲烷氧化菌间的铜捕获能力可能存在差异。

4.4　铜在甲烷氧化菌素中的氧化态

Mb 与 Cu(II)和 Cu(I)都具有亲和性且与 Cu(I)亲和性更高，亲和力高达 10^{21}L/mol。Mb 和铜离子混合物的 X 射线光电子能谱(XPS)分析显示，与 Mb 结合的铜离子的最初氧化态主要以 Cu(I)形式存在，当暴露到空气中一段时间后才会产生 Cu(II)。但这并不是典型的生理条件下反映出来的真实状况，因此铜的氧化态只能是 Cu(I)形式。该结果也通过 X 射线吸收谱(XAS)和(EPR)光谱研究得到了证实，目前国内外学者都认同与 Mb 结合的铜主要是以 Cu(I)形式存在的[32]。

Choi 等证实，如果将 Cu(II)添加到纯化的 Mb 中，Cu(II)的 EPR 波谱信号将在 10min 内消失。这说明 Mb 能够结合 Cu(II)并将其还原为 Cu(I)，但确切的还原机理还不清楚[33]。2006 年 Choi 通过光谱、动力学和热动力学研究发现，甲基弯菌 *Methylosinus trichosporium* OB3b 的 Mb 在低 Cu(II)浓度时与 Cu 离子配位形成的配合物与 Mb-Cu 的晶体结构完全不同，当铜离子和 Mb 比例由低到高变化时，1 个 Cu(II)离子可以分别和 4 个、2 个、1 个 Mb 通过其五元杂环中的 N 和邻近的 S 配位形成 Mb 的四聚体、二聚体和单体配位化合物。如图 4-7 所示，Cu(II)最初可能是与 4 个 Mb 通过 Mb 分子中 4-硫酰-5-羟基咪唑(THI)或 4-羟基-5-硫酰咪唑(HTI)的 S 配位以 Mb_4-Cu 形式结合[Cu(THI)$_4$、Cu(THI)$_3$(HTI)、Cu(THI)$_2$(HTI)$_2$、Cu(THI)(HTI)$_3$、Cu(HTI)$_4$]，然后与 2 个 Mb 同时通过 Mb 分子中 THI 和 HTI 的 S 配位以 Mb_2-Cu 形式结合，最后通过 1 个 Mb 分子中 THI 和 HTI 部分的 S 和 N 形成配位键以 Mb-Cu 形式结合[33,34]。

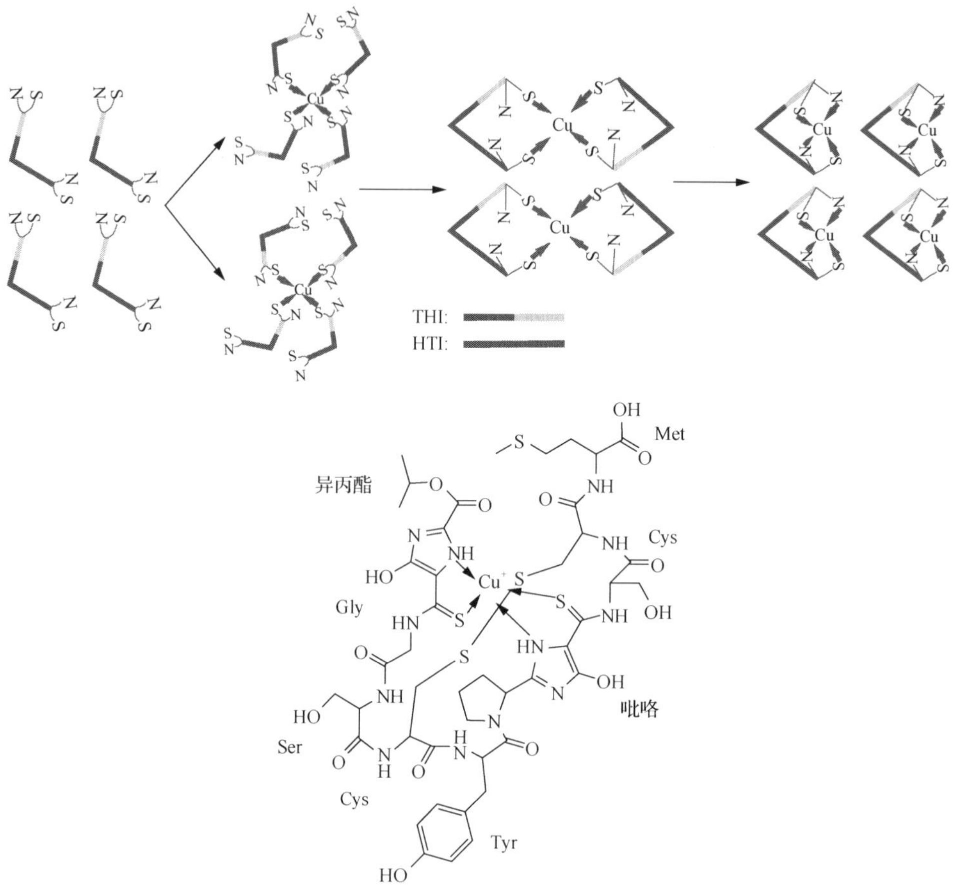

THI:
HTI:

图 4-7　甲烷氧化菌素与铜比例的变化对其配位方式的影响

光谱学和动力学数据表明，二聚物 Mb 可能先以 4-羟基-5-亚硫酰基咪唑盐和酪氨酸配位络合 Cu(Ⅱ)，随后将其还原成 Cu(Ⅰ)，并以 4-亚硫酰基-5-羟基咪唑盐配合 Cu(Ⅰ)[33]。对 Mb-Cu 中的铜离子进行分析，质谱图显示两个重要的分子质量均为 62Da 的离子。[M-H]的 m/z 为 1153 的峰归结为去质子化合物分子的离子，而最强的 m/z 为 1215 的峰应归结为相应的铜离子化合物[$M^{-}2H^{+}\,{}^{63}Cu^{+}$][32]。目前普遍认为，Mb 中络合的铜可能是以 Cu(Ⅰ)形式存在或先以 Cu(Ⅱ)形式结合，然后被还原为 Cu(Ⅰ)。

4.5　甲烷氧化菌素对颗粒性甲烷单加氧酶的作用

除了在甲烷氧化菌对铜的捕获中发挥重要作用外，Mb 对甲烷氧化菌的生长及 MMO 活性也会产生影响。已有研究的数据表明，Mb-Cu 可能是运输铜离子给金属活性中心的化合物。Mb-Cu 同时还表现出超氧化物歧化酶、还原剂依赖的过氧化氢还原酶、过氧化氢酶和过氧化物酶活性，从而可以使得 pMMO 维持其特殊的氧化还原状态，保护 pMMO 使其不被氧化物破坏[32]。更为重要的是 Mb-Cu 可能直接和 pMMO 相互作用，电子顺磁共振波谱数据表明，Mb 结合的铜离子超过 70%是 Cu(Ⅰ)，移除 pMMO 复合物中的 Mb，pMMO 活性发生不可逆的降低；相反，pMMO 活性会随着介质中 Mb-Cu 添加浓度的增加而增加。Mb 不仅是 pMMO 活性所必需的，而且是甲烷代谢途径中不可或缺的一部分[12,13]。如前所述，与 pMMO 结合的铜结合物被怀疑是甲烷氧化菌分泌出细胞携带铜后又进入细胞的 Mb 或其分解的产物。如果这样，Mb 似乎参与了 pMMO 的构建并有可能参与了 pMMO 对甲烷的氧化。这种可能性在一些电子顺磁共振波谱中已经得到证明[12]。目前普遍认为，Mb-Cu 可能就是 pMMO 的辅助因子胞内铜结合物。在 pMMO 的结构模型中，pMMO 由三个组分构成(pmoA、pmoB 和 pmoC)，1 个羟化酶附加 5～8 个 Mb-Cu[12]。随后的研究发现，在没有 Mb-Cu 结合的情况下，pMMO 所具有的活性仅为有 Mb-Cu 的 2%～25%[30]。

除了对纯化 pMMO 活性有影响，Mb-Cu 还显示出和内膜系统中未纯化的 pMMO 有相互联系。例如，向表达 pMMO 的甲基球菌 *Methylococcus capsulatus* Bath 的细胞或膜组分中加入甲基弯菌 *Methylosinus trichosporium* OB3b 的 Mb-Cu，其 pMMO 的活性增强了约 35%，而单独加入铜离子则只能增加约 20%[12]。Choi 等发现，Mb 可以增加流向 pMMO 羟化酶中心 Cu(Ⅱ)的电子量，Mb-Cu 能够催化 O_2 还原为 $O_2^-\cdot$，并且具有催化 $O_2^-\cdot$为 H_2O_2 的超氧化物歧化酶活性和催化 H_2O_2 还原为 H_2O 的过氧化氢还原酶活性，表明 Mb 在 pMMO 催化甲烷氧化中起到催化电子由 NADH 等电子供体向 pMMO 传递的作用，同时可以清除底物不足时 pMMO 过度活化 O_2 产生的 $O_2^-\cdot$和 H_2O_2，Mb-Cu 可能参与了 pMMO 对甲烷的催化氧化[12]。为了验证该生物学功能，Choi 等采用 3 种不同的甲烷氧化菌在有氧和缺氧的条件下对其氧化和催化特性进行了研究，通过测定 Mb 的氧化酶、超氧化物歧化酶、过氧化氢还原酶和过氧化物酶的活性，考察了 Mb 对 pMMO 羟化酶的作用，证实 Mb 可能存在稳定 pMMO 羟化酶或帮助电子流向 pMMO 羟化酶的作用，据此提出了 Mb-Cu 帮助电子从呼吸链流向 pMMO 的示意图[12]。

除了维持特定的氧化还原状态，研究发现，Mb 对 pMMO 的表达调控也起着一定的作用。在铜离子浓度低于 0.7μmol/L 的甲基弯菌 *Methylosinus trichosporium* OB3b 细胞培养基中发现了 Mb 的累积；当铜离子浓度提高至 0.7～1.0μmol/L 时，Mb-Cu 迅速被细胞吸收，同时伴随对 sMMO 表达的抑制和对 pMMO 表达的促进作用[33]。

4.6 自然环境中甲烷氧化菌素的作用

研究数据已表明甲烷氧化菌生长对铜有明显的依赖性。因此可以假定，培养介质中铜浓度会影响其 sMMO 和 pMMO 活性的表达以及 Mb 的分泌。2007 年，Knapp 等通过试验进一步研究了自然环境中是否会有同样结果发生。他们在试验中使用了氯化铜、氧化铁铜和铜硼硅玻璃(copper borosilicate glass，Cu-silicate) 3 种含铜底物作为环境系统模拟物，发现当铜以可溶性的氯化铜形式存在时，Mb 对 pMMO 的表达并没有影响，但添加 Mb 对氧化铁铜和铜硼硅玻璃中铜释放有促进作用。他们收集了 2 种氧化土(热带地区高度风化和淋溶的土壤)和 1 种硅酸盐矿石[$Na,KAlSi_3O_8$]，进一步研究 Mb 对自然环境中铜释放的影响，结果也都显示 Mb 可明显促进铜的释放。该结果更加使人相信 Mb 的确起到为甲烷氧化菌从环境中捕获并吸收铜的作用，pMMO 和 sMMO 的表达主要受 Mb 的调控和自然环境中固相铜的地球化学性质的影响，Mb 在甲烷氧化菌对铜的捕获，尤其是在自然环境中对铜的捕获，以及对其氧化甲烷的活性方面确实发挥了重要的作用。研究还发现，Mb 并非是铜专一性的，Mb 对除 Zn(Ⅱ)、Ba(Ⅱ)、Cr(Ⅵ)、La(Ⅲ)、Mg(Ⅱ)、Sr(Ⅱ)外的许多金属都表现出了不同的亲和性。Choi 等发现在无铜环境条件下，Mb 能够结合 Ag(Ⅰ)、Au(Ⅲ)、Cd(Ⅱ)、Co(Ⅱ)、Fe(Ⅲ)、Hg(Ⅱ)、Mn(Ⅱ)、Ni(Ⅱ)、Pb(Ⅱ)、U(Ⅵ)。添加铜后，铜可以置换除 Ag(Ⅰ)、Hg(Ⅱ)和 Au(Ⅲ)外的其他金属[33]。来自甲基弯菌 *Methylosinus trichosporium* OB3b 的 Mb 结合金属离子由强到弱的顺序为：Hg(Ⅱ)、Au(Ⅲ)、Zn(Ⅱ)、Cd(Ⅱ)、Co(Ⅱ)、Fe(Ⅲ)、Mn(Ⅱ)、Ni(Ⅱ)[34]。目前已经发现，以甲基弯菌 *Methylosinus trichosporium* OB3b 为代表的第一类 Mb 和以甲基孢囊菌 *Methylocystis* strain SB2 为代表的第二类 Mb 都具有这样的金属螯合特性。

由于每一种金属与 Mb 结合都具有独一无二的热动力学和谱学(吸收光谱、电子顺磁共振波谱、荧光光谱和圆二色光谱)性质，在多种金属离子共同存在下很容易检测到 Mb 与某种金属离子的结合和金属离子间的相互竞争[29,33,34]。

环境中 pH 的变化和铜浓度也会影响 Mb 对铜的亲和性，低 pH 条件下 Mb 对铜的亲和性下降[27]。等温量热分析发现[33]，甲基弯菌 *Methylosinus trichosporium* OB3b 的 Mb 在铜离子浓度较小时[Cu(Ⅱ)与 Mb 之比小于 0.2]可形成 Mb_4-Cu 四聚体，结合常数为 $3.3\times10^{34}\pm3.0\times10^{11}$，比 Mb 与其他金属的结合常数高出了 17～19 个数量级；当 Cu(Ⅱ)与 Mb 之比在 0.2～0.45 之间时，可形成 Mb_2-Cu 二聚体，结合常数降为 $(2.6\pm0.46)\times10^8$；当 Cu(Ⅱ)与 Mb 之比在 0.45～0.85 之间时，可形成 Mb-Cu 单聚体，结合常数降为 $(1.4\pm0.2)\times10^6$。

环境中铜含量非常低，甲烷氧化菌进化出一套 Mb 参与的从环境中捕获和富集铜的系统。但目前 Mb 在甲烷氧化菌捕获铜过程中扮演的角色并不是十分清楚，特别是需要在以下三个方面进一步深入研究。

(1) 目前还不知道甲烷氧化菌是如何感知环境中铜浓度变化以及如何调控 sMMO 和 pMMO 表达的。虽然已知 pMMO 晶体结构数据，但还没有确切知道金属存在物种和浓度以及活性中心如何工作。目前在甲烷氧化菌细胞中还未发现铜结合能力与 Mb 相当的金属伴侣蛋白，一个可能的机理是通过酶降解 Mb 释放铜，Mb 如何将铜转移给 pMMO 需要进一步研究。

(2) 尽管 Mb 已被公认是铜结合物，但研究显示，Mb 还能够结合其他金属。因此，甲烷氧化菌在自然条件下从环境中获得其他金属元素过程中 Mb 是否发挥作用还需要进一步阐明，Mb 与不同金属结合的关系究竟如何、其他金属的存在是否对 Mb 释放捕获铜产生影响等还有待探究。由于在自然环境中还存在其他可与铜结合的化合物，Mb 与这些化合物之间是否存在对铜的竞争关系，也有待进一步的研究。另外，Mb 将 Cu(Ⅱ)还原为 Cu(Ⅰ)的机理还不清楚。Mb 在高铜浓度下的解毒作用也引起了人们的兴趣。

(3) 为了解 Mb 在自然环境中的角色，必须在接近自然环境的条件下对 Mb 行为进行研究。目前大多数研究仅集中于铜捕获系统中 Mb 的研究，并不知道其与环境中其他铜结合物的竞争能力如何。环境中铜含量及形态的差异对甲烷氧化菌生态分布及其活性的影响可能需要更多的原位试验来进行探讨。

参 考 文 献

[1] Lawton T J, Rosenzweig A C. Methane-oxidizing enzymes: An upstream problem in biological gas-to-liquids conversion[J]. Journal of the American Chemical Society, 2016, 138(30): 9327-9340.

[2] Sirajuddin S, Rosenzweig A C. Enzymatic oxidation of methane[J]. Biochemistry, 2015, 54(14): 2283-2294.

[3] Sazinsky M H, Lippard S J. Methane monooxygenase: functionalizing methane at iron and copper//Kroneck P M H, Torres M E S. Sustaining Life on Planet Earth: Metalloenzymes Mastering Dioxygen and Other Chewy Gases[M]. Switzerland: Springer International Publishing. 2015: 205-256.

[4] 辛嘉英, 阎明飞, 周琦琼, 等. 甲烷氧化细菌的铜捕获机理[J]. 分子催化, 2009, 23(5): 470-476.

[5] Dispirito A A, Semrau J D, Murrell J C, et al. Methanobactin and the link between copper and bacterial methane oxidation[J]. Microbiology and Molecular Biology Reviews, 2016, 80(2): 387-409.

[6] Luo M, Fadeev E A, Groves J T. Mycobactin-mediated iron acquisition within macrophages[J]. Nature Chemical Biology, 2005, 1(3): 149-153.

[7] Fitch M W, Graham D W, Arnold R G, et al. Phenotypic characterization of copper-resistant mutants of *Methylosinus trichosporium* OB3b[J]. Applied and Environmental Microbiology, 1993, 59(9): 2771-2776.

[8] Dispirito A A, Zahn J A, Graham D W, et al. Copper-binding compounds from *Methylosinus trichosporium* OB3b[J]. Journal of Bacteriology, 1998, 180(14): 3606-3613.

[9] Téllez C M, Gaus K P, Graham D W, et al. Isolation of copper biochelates from *Methylosinus trichosporium* OB3b and soluble methane monooxygenase mutants[J]. Applied and Environmental Microbiology, 1998, 64(3): 1115-1122.

[10] Zahn J A, Dispirito A A. Membrane-associated methane monooxygenase from *Methylococcus capsulatus* (Bath) [J]. Journal of Bacteriology, 1996, 178 (4): 1018-1029.

[11] Kim H J. Methanobactin, a copper-acquisition compound from methane-oxidizing bacteria[J]. Science, 2004, 305 (5690): 1612-1615.

[12] Choi D W. Effect of methanobactin on the activity and electron paramagnetic resonance spectra of the membrane-associated methane monooxygenase in *Methylococcus capsulatus* Bath[J]. Microbiology, 2005, 151 (10): 3417-3426.

[13] Choi D W, Kunz R C, Boyd E S, et al. The membrane-associated methane monooxygenase (pMMO) and pMMO-NADH: Quinone oxidoreductase complex from *Methylococcus capsulatus* Bath[J]. Journal of Bacteriology, 2003, 185 (19): 5755-5764.

[14] Xin J Y, Cui J R, Hu X X, et al. Particulate methane monooxygenase from *Methylosinus trichosporium* is a copper-containing enzyme[J]. Biochemical and Biophysical Research Communications, 2002, 295 (1): 182-186.

[15] Lieberman R L, Rosenzweig A C. Biological methane oxidation: Regulation, biochemistry, and active site structure of particulate methane monooxygenase[J]. Critical Reviews in Biochemistry and Molecular Biology, 2004, 39 (3): 147-164.

[16] Balasubramanian R, Rosenzweig A C. Copper methanobactin: A molecule whose time has come[J]. Current Opinion in Chemical Biology, 2008, 12 (2): 245-249.

[17] Balasubramanian R, Rosenzweig A C. Structural and mechanistic insights into methane oxidation by particulate methane monooxygenase[J]. Accounts of Chemical Research, 2007, 40 (7): 573-580.

[18] Kenney G E, Rosenzweig A C. Chemistry and biology of the copper chelator methanobactin[J]. ACS Chemical Biology, 2012, 7 (2): 260-268.

[19] Balasubramanian R, Kenney G E, Rosenzweig A C. Dual pathways for copper uptake by Methanotrophic bacteria[J]. Journal of Biological Chemistry, 2011, 286 (43): 37313-37319.

[20] Behling L A, Hartsel S C, Lewis D E, et al. NMR, mass spectrometry and chemical evidence reveal a different chemical structure for methanobactin that contains oxazolone rings[J]. Journal of the American Chemical Society, 2011, 130 (38): 12604-12605.

[21] Krentz B D, Mulheron H J, Semrau J D, et al. A comparison of methanobactins from *Methylosinus trichosporium* OB3b and *Methylocystis* strain SB2 predicts methanobactins are synthesized from diverse peptide precursors modified to create a common core for binding and reducing copper ions[J]. Biochemistry, 2010, 49 (47): 10117-10130.

[22] El Ghazouani A, Basle A, Gray J, et al. Variations in methanobactin structure influences copper utilization by methane-oxidizing bacteria[J]. Proceedings of the National Academy of Sciences, 2012, 109 (22): 8400-8404.

[23] 辛嘉英, 董静, 闫超泽, 等. 甲烷氧化菌素的产生和铜捕获作用[J]. 中国生物工程杂志, 2011, 31 (8): 40-46.

[24] Farhan U M, Kalidass B, Vorobev A, et al. Methanobactin from *Methylocystis* sp. strain SB2 affects gene expression and methane monooxygenase activity in *Methylosinus trichosporium* OB3b[J]. Applied and Environmental Microbiology, 2015, 81 (7): 2466-2473.

[25] Semrau J D, Jagadevan S, Dispirito A A, et al. Methanobactin and MmoD work in concert to act as the 'copper-switch' in methanotrophs[J]. Environmental Microbiology, 2013, 15 (11): 3077-3086.

[26] Kim H J, Galeva N, Larive C K, et al. Purification and physical-chemical properties of methanobactin: A chalkophore from *Methylosinus trichosporium* OB3b[J]. Biochemistry, 2005, 44 (13): 5140-5148.

[27] El Ghazouani A, Baslé A, Firbank S J, et al. Copper-binding properties and structures of methanobactins from *Methylosinus trichosporium* OB3b[J]. Inorganic Chemistry, 2011, 50 (4): 1378-1391.

[28] Kenney G E, Goering A W, Ross M O, et al. Characterization of methanobactin from *Methylosinus* sp. LW4[J]. Journal of the American Chemical Society, 2016, 138(35): 11124-11127.

[29] Baral B S, Bandow N L, Vorobev A, et al. Mercury binding by methanobactin from *Methylocystis* strain SB2[J]. Journal of Inorganic Biochemistry, 2014, 141: 161-169.

[30] Choi D W, Semrau J D, Antholine W E, et al. Oxidase, superoxide dismutase, and hydrogen peroxide reductase activities of methanobactin from types Ⅰ and Ⅱ methanotrophs[J]. Journal of Inorganic Biochemistry, 2008, 102(8): 1571-1580.

[31] Bandow N L, Gallagher W H, Behling L, et al. Isolation of methanobactin from the spent media of methane-oxidizing bacteria[J]. Methods in Enzymology, 2011, 495: 259-269.

[32] Hakemian A S, Tinberg C E, Kondapalli K C, et al. The copper chelator methanobactin from *Methylosinus trichosporium* OB3b binds copper(Ⅰ)[J]. Journal of the American Chemical Society, 2005, 127(49): 17142-17143.

[33] Choi D W, Zea C J, Do Y S, et al. Spectral, kinetic, and thermodynamic properties of Cu（Ⅰ）and Cu（Ⅱ）binding by methanobactin from *Methylosinus trichosporium* OB3b[J]. Biochemistry, 2006, 45(5): 1442-1453.

[34] Choi D W, Do Y S, Zea C J, et al. Spectral and thermodynamic properties of Ag（Ⅰ), Au（Ⅲ), Cd（Ⅱ), Co（Ⅱ), Fe（Ⅲ), Hg（Ⅱ), Mn（Ⅱ), Ni（Ⅱ), Pb（Ⅱ), U（Ⅳ), and Zn（Ⅱ）binding by methanobactin from *Methylosinus trichosporium* OB3b[J]. Journal of Inorganic Biochemistry, 2006, 100(12): 2150-2161.

第5章　甲烷氧化菌素的生物活性研究及其应用

作者曾在《生物技术通讯》、《分子催化》、《农产品加工》和《分析测试技术与仪器》对甲烷氧化菌素的生物活性研究进展、铬天青 S(CAS)分光光度法测定甲烷氧化菌素的研究、甲烷氧化菌素抗氧化活性的研究和甲烷氧化菌的铜捕获机理进行了详细综述[1-4]。在此基础上，本章进一步补充了近几年新发表的文献，从9个方面，分别对甲烷氧化菌素的生物活性研究及其应用进行介绍。

5.1　铬天青S分光光度法测定甲烷氧化菌素铜合活性

2005年，Hakemian等[5]在研究Mb和铜的配位形式时，发现Mb中结合的铜可能以Cu(Ⅰ)形式存在。除此之外，Mb可能会直接结合环境中的Cu(Ⅰ)，也可能先结合Cu(Ⅱ)，然后将Cu(Ⅱ)还原为Cu(Ⅰ)。而2007年，Zook等[6]发现Mb结合Cu(Ⅱ)的能力非常强，能从不溶性的含Cu(Ⅱ)的氧化物和矿物质(如黝铜矿和孔雀石)中专一性溶出并结合Cu(Ⅱ)。随后，大量文献报道了利用CAS比色法测定包括铜在内的微量金属离子的方法。CAS在十六烷基三甲基溴化铵(HDTMA)存在条件下能与Cu(Ⅱ)产生蓝紫色的络合物，EDTA和Mb均能夺取Cu(Ⅱ)致使溶液颜色发生变化，CAS与铜的螯合能力(铜螯合物形成常数 $\lg K$=13.2)和Mb与铜的螯合能力($\lg K$＞16)相比较更弱，CAS结合的Cu(Ⅱ)就会被Mb所夺取，所以CAS铜螯合物中的Cu(Ⅱ)被Mb夺取后会产生明显的由蓝紫到橙黄的颜色改变，另外EDTA同样可以夺取络合物CAS-Cu中的铜离子而产生相应的颜色变化，最后经紫外光谱扫描测定波长确定为605nm。闫超泽等[7]采用分光光度法考察EDTA在CAS-Cu络合体系中夺取Cu(Ⅱ)的能力，并得出回归方程 $y=-3.5x+0.00536$，其中，y 为吸光度，x 为EDTA的浓度(μmol/mL)。另外，此方法须加入磷酸盐缓冲液，而甲烷氧化菌的培养基中含有大量的金属离子，如 Fe^{3+}、Fe^{2+}、Mn^{2+}、Ca^{2+}、Mo^{6+}、Mg^{2+}和 Zn^{2+}等，CAS对这些离子可能均具有络合作用。但研究结果显示发酵液中金属离子、磷酸盐等对检测结果均无较大影响。同时，样品分析结果表明，此法的加标回收率为86%～99%，相对标准偏差小于4.1%，精密度较好，说明该实验方法目前可用于甲烷氧化菌发酵产Mb的研究，线性相关性以及产物的回收和重现性较好，但仍有待提高。故采用CAS比色法测定Mb的含量，具有操作简单、快速准确、实用性强、重现性好等特点，是一种实用的检测Mb的方法，为发酵生产Mb提供依据。在实际应用中，该法可降低检测成本，提高研究工作的效率。

5.2　几种甲烷氧化菌产甲烷氧化菌素和铜捕获作用比较

为了对比几种甲烷氧化菌产 Mb 和铜捕获作用的差异，闫超泽等将接种有 *Methylosinus trichosporium* IMV 3011、*Methylosinus trichosporium* OB3b、*Methylococcus capsulatus* IMV 3021 和 *Methylomonas* sp. GYJ3 四种甲烷氧化菌的平板置于密闭的干燥容器中于 28℃下培养，采用抽真空法置换入新鲜的甲烷：空气(体积比 1：1)的混合气，每 24h 换一次气，定期观察。

劈半平板法试验结果证明，四种甲烷氧化菌均能在限铜的情况下向细胞外分泌 Mb，进而夺取 CAS-Cu(Ⅱ)络合体系中 Cu(Ⅱ)，使平板的蓝紫色褪色[7]，如图 5-1 所示。因此可以确定 Mb 具有螯合铜的能力，且胞外的 Mb 同样具有生物活性，而在 *Methylosinus trichosporium* IMV 3011、*Methylosinus trichosporium* OB3b、*Methylococcus capsulatus* IMV 3021 和 *Methylomonas* sp. GYJ3 四种甲烷氧化菌中，*Methylosinus trichosporium* IMV 3011 褪色最明显，故产生 Mb 能力最强。所以通过对比几种甲烷氧化菌产 Mb 和铜捕获作用的差异，为进一步开发利用 Mb 提供了理论依据。

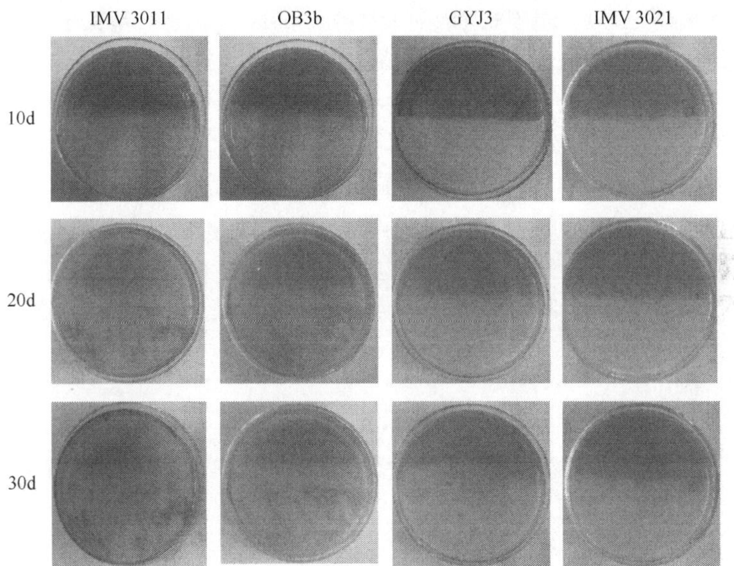

图 5-1　四种甲烷氧化菌产甲烷氧化菌素劈半平板不同时期变化[8]

彩图请扫本书封底二维码

5.3　铜对甲烷氧化菌素生产的影响

铜在甲烷氧化菌中扮演着重要的生物学角色。铜不仅对甲烷氧化菌表达何种类型的 MMO 起调控作用，同时还参与了 pMMO 活性中心和内膜系统的构建[9]。只有当细胞内含有一定量的铜离子后[铜离子浓度超过 1μmol/g(细胞干重)]，pMMO 基因才表达并表现活性，同时 sMMO 基因关闭。甲烷氧化菌满足其高铜需求的一种方法是合成并向胞外释放对铜具有高亲和性的 Mb，已研究的结果表明，Mb 可能是将铜离子运输至 pMMO 金属活性中心的化合物，并且胞外纯化的 Mb 基本是不含铜离子的，而胞内纯化的 Mb 则是含铜离子的[10]。

铜离子对 Mb 产生的影响可以通过萘酚法检测 sMMO 的活性获得。该检测基于 sMMO 在甲烷氧化菌中仅能催化萘反应生成 1-萘酚、2-萘酚。萘酚通过与固蓝 B 反应，形成紫色的萘酚重氮基复合物，并且萘酚重氮基复合物在 530nm 时可以测量。Zhang 等[11]采用紫外分光光度计在 530nm 下测定该反应液吸光度的大小并与产生萘酚的含量建立相应的线性关系(图 5-2)。吸光度越大，萘酚产量越高，说明 sMMO 活性越强，反之越低。甲烷氧化菌 MMO 的表达受 Cu^{2+}浓度的调控，当低 Cu^{2+}浓度(＜0.8μmol/L)时，sMMO 基因开始表达；在高 Cu^{2+}浓度(≥4μmol/L)时，sMMO 基因的表达关闭，pMMO 基因表达。高 Cu^{2+}浓度会致使 sMMO 的 mRNA 减少，这说明 sMMO 的转录受 Cu^{2+}的抑制。张帅等研究发现，随着 Cu^{2+}浓度的升高，吸光度随之下降，说明造成吸光度下降的原因是萘酚重氮基复合物产量的降低。而只有 sMMO 能氧化萘反应生成 1-萘酚、2-萘酚，pMMO 不能氧化萘生成萘酚。首先 EDTA 等螯合剂会螯合培养基中的 Cu^{2+}，使甲烷氧化菌释放到细胞外的 Mb 无法与 Cu^{2+}吸附而诱导 sMMO 转化为 pMMO，从而使胞外 Mb 不断积累。此时，sMMO 活性最高，可催化萘生成萘酚。随着 Cu^{2+}浓度的升高，甲烷氧化菌不断释放到细胞外的大量 Mb 会与 Cu^{2+}吸附而诱导 sMMO 转化为 pMMO。此时，

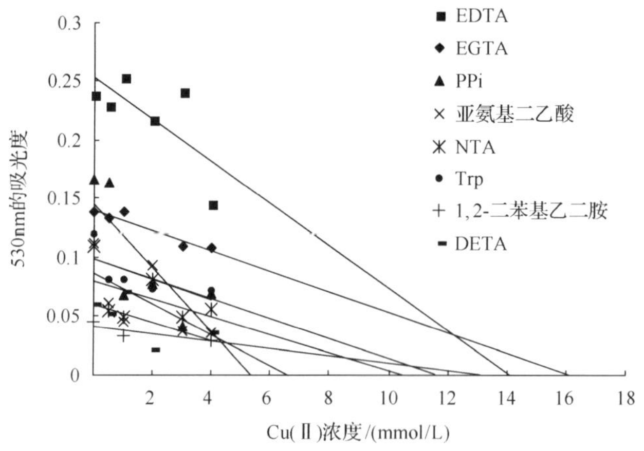

图 5-2　8 种螯合剂对不同 Cu(Ⅱ)浓度下甲烷氧化菌 *Methylosinus trichosporium* IMV 3011 sMMO 活性的影响[11]

sMMO 含量开始逐渐减少，催化萘生成萘酚量减少。当 Cu^{2+}为一定浓度，即 sMMO 活性为 0μmol/L 时，EDTA 等螯合剂中结合的 Cu^{2+}完全被 Mb 夺去，此时螯合常数即为 EDTA 对应 Mb 的螯合常数。

根据以上试验可以得出，以甲烷为碳源的情况下培养 *Methylosinus trichosporium* IMV 3011，在 Cu^{2+}的浓度由 0μmol/L 渐变到 1.5μmol/L 的过程中，细胞 Mb 浓度不断升高，MMO 活性变大，但细胞向环境中分泌的 Mb 反而减少。这是由于 Mb-Cu 复合物是 MMO 活性中心的构建物质，Cu^{2+}浓度的升高说明 Mb-Cu 复合物的浓度也会相应变大，所以 MMO 的活性也就必然升高。MMO 是氧化甲烷成为甲醇的关键酶，此反应也是甲烷氧化菌大部分新陈代谢反应的第一步，这步反应速率的加快必然使整个菌体的新陈代谢速度加快，所以细胞生长速度必然增加。但是随着铜含量的升高，与铜结合的 Mb 会迅速被细胞识别而进入内膜系统，使胞外 Mb 难以大量积累，这就是为什么细胞外 Mb 的含量减少的原因。

5.4 甲烷氧化菌素的分离纯化

5.4.1 HP-20 大孔树脂法

Mb 是甲烷氧化菌向周围环境中释放的一种可以捕获铜的小肽，Mb 与铜结合后，会被甲烷氧化菌再次识别吸收并将铜富集在细胞内供 pMMO 表达需要，因此利用此点原理可有效分离提取 Mb。有文献通过低温离心、动态吸附法和大孔树脂 HP-20 纯化 Mb[12]。

HP-20 树脂含有少量未聚合的单体、交联剂和致孔剂，以及其他有害杂质。使用之前须对 HP-20 树脂进行预处理。先将 HP-20 置于 95%的乙醇中进行隔夜浸泡，将浮于乙醇上的细小 HP-20 碎片除去。之后使用蒸馏水将 HP-20 中的乙醇洗净，将树脂 HP-20 上小柱进行酸碱处理。

酸洗：使用 2% HCl 溶液流经小柱进行处理，并浸泡树脂 6～8h，然后用蒸馏水以同样流速洗至出水 pH 中性。

碱洗：使用 2% NaOH 溶液流经小柱处理，并浸泡树脂 6～8h，然后用蒸馏水以同样流速洗至出水 pH 中性。

HP-20 大孔树脂对 Mb 有较强的吸附作用，所以可以使用 HP-20 树脂对 Mb 进行分离纯化。将经过预处理的 HP-20 树脂 10mL 装入 500mL 的三角瓶中，然后将离心好的上清液 1L 装入两个各盛有 10mL HP-20 树脂的层析柱中，处理 10h，以使 HP-20 树脂能将 Mb 吸附上，再将经 HP-20 树脂处理的上清液去除，收集 HP-20 树脂，加入 150～200mL 60%的乙醇在 100r/min、28℃进行洗脱 1.5h，除去 HP-20 树脂，获得 Mb 浓缩液。由于处理后的 Mb 浓缩液中含有乙醇，使用旋转蒸发器将乙醇除去，旋转蒸发条件为 30℃、150r/min，3～5h。但是，该方法在纯化过程中会产生 Mb 的碎片，这些碎片给纯化工作带来了极大的困难。

5.4.2 固相萃取法

外文文献中也有利用固相萃取(SPE)法纯化 Mb 的方案。Hyung[13]利用固相萃取法纯化甲基弯菌 *Methylosinus trichosporium* OB3b 发酵液中的 Mb。固相萃取被认为是一种非常有效的样品处理方法，这种方法通常用于液体样品的制备或不易挥发样品的萃取，它适用于样品的萃取、浓缩和净化，并有多种吸附剂类型及不同规格的产品可供选择。C_{18} 固相萃取小柱为反相填料，具有很强的耐酸碱性，对非极性化合物有较高的容量。反相填料萃取适合于非极性到中等极性的化合物，它包括一个极性或中等极性的样品基质(流动相)和一个非极性的固定相。例如，烷基或芳香基键合的硅胶(C_{18}、C_8、C_4 和 Phenyl)等几种固相萃取填料均属于反相类型。其基本原理是：首先，样品流过固相萃取小柱，包括目标化合物和杂质等化合物被吸附保留在填料上；然后，选择一种恰好能洗脱杂质而不能洗脱目标产物的溶剂来洗脱，从而起到除杂的作用；最后，通过适当的洗脱剂来收集被吸附的目标化合物。

闫超泽等[8]将 1L 发酵液 4℃条件下 9000r/min 离心取上清液，上清液静置 5h 后采用动态吸附法，使用活化的 HP-20 大孔径树脂进行吸附，分别用 2 倍柱体积的双蒸水和 30%乙醇洗涤除去未被吸附的杂质，再用 60%乙醇洗脱吸附的 Mb，洗脱液经透析除乙醇后上 C_{18} 固相萃取柱，经 10 倍柱体积去离子水洗涤除去未被吸附的杂质后，用 60%乙腈洗出产物，60℃旋转蒸发后真空冷冻干燥得淡黄色粉末状 Mb。最终从纯化提取量、旋转蒸发时间及温度等因素考虑，选取乙腈-水为洗脱体系，洗脱梯度为 60%；当上样速度小于 1mL/min 时，提取量较大，但是处理样品时间过长导致 Mb 易失活，故根据试验要求选择样品流速为 2mL/min，上样量为 200mL。

5.4.3 MCI-GEL 小粒径树脂法

MCI-GEL 是指中压色谱分离凝胶，是 middle chromatogram isolated gel 的缩写，一般是这类聚合物基材的小粒径色谱填料(chromatogram polymer)，通称为 MCI-GEL CHP 填料，广泛应用于天然产物和发酵产物、有机小分子的分离。常用的 MCI-GEL 树脂有聚苯乙烯/二乙烯基苯型和苯烯酸酯型两种聚合物类型的填料。化学结构支配着合成吸附剂的疏水性，吸附剂的疏水性是根据目标物化学性质来选择吸附剂类型的重要依据。一般而言，聚苯乙烯/二乙烯基苯聚合物填料适合分离中等疏水性的化合物，由于具有苯环结构，所以与其他的反向填料相比，具有不同的分离选择性，聚甲基苯烯酸酯具有较强亲水性，适合分离具有一定极性的物质。这类聚合物材料的优点是在 pH 1～14 范围均可使用，相对于硅胶性质的 C_{18} 填料，这类填料具有更强的疏水性，与硅胶基材反相填料具有不同的分离选择性。聚合物基材可以在极端的酸碱溶液和有机溶剂中保持球体结构和性能的稳定，有利于开发工艺和优化分离条件，从而达到高分辨率和高产品回收率。聚合物基材填料可以制成不同粒径供选择，小粒径的填料可制成高压柱，50μm 粒径左右的填料可以在常压下使用，借助中低压层析系统，分离效果更佳，极大地提高了科研和生产用户的分离效率。张帅等针对 Mb 分离纯化过程中提取率低的问题，对 Mb 的分离纯化方法进行改进，采用小粒径色谱填料 MCI-GEL 树脂分离。MCI-GEL 树脂孔径比大孔树脂小，吸附的杂质较少，并且 MCI-GEL 树脂具有反相吸附能力，所以 MCI-GEL 树脂的分离纯化效果理论上优于大孔树脂，可以作为分离纯化 Mb 的新方法。利用甲基弯菌 *Methylosinus trichosporium* IMV 3011 作为试验菌种进行发酵培养，分别采用 HP-20 大孔树脂和 CHP20P 型 MCI-GEL 树脂对甲烷氧化菌发酵液中的 Mb 进行分离纯化，利用紫外可见光光谱分析、荧光光谱分析和红外光谱分析比较大孔树脂和 MCI-GEL 树脂对 Mb 的吸附效果。同时，探究前处理方式、过柱方式、不同洗脱液、洗脱液浓度等因素对 CHP20P 型 MCI-GEL 树脂分离效果的影响，找到分离纯化 Mb 更有效的方法。研究发现，从提取率上看，CHP20P 型 MCI-GEL 树脂比 HP-20 大孔树脂吸附 Mb 的能力更好；同时采用乙醇前处理 MCI-GEL 树脂后对 Mb 的吸附能力较好；通过加压方式过柱效率高于常压方式；在洗脱液选择上，采用 80%甲醇洗脱吸附 Mb 的树脂洗脱效果较好。

5.4.4　固定金属亲和层析法

1975 年，Porath 首次利用固定金属亲和层析(immobilized metal affinity chromatography，IMAC)分离蛋白质，将金属离子作为一种亲和配基使用，一般是 Cu^{2+}、Ni^{2+}、Fe^{2+}、Zn^{2+}、Co^{2+}等过渡金属离子，他还指出固定金属亲和层析是基于蛋白质和特异结合的金属离子之间相互作用的过程，它受到静电作用力、配位键和强共价键的影响。金属离子配基属于通用型配基，具有价廉、螯合方便、容量大、可在高盐浓度下操作、稳定和容易再生等特点。当蛋白质与金属离子特异结合后，加入能与螯合的蛋白质产生更强特异性结合的配体，能特异性地将不同的蛋白质分别置换下来，这类反向配体包括含—NH_2、—COOH 及—SH 等基团的物质和咪唑等取代剂。除此之外，利用亚氨基二乙酸(IDA)琼脂糖亲和层析柱进行金属螯合亲和层析，也可得到纯度较高的 Mb。结合半透膜和金属螯合亲和柱层析介质的特点，在发酵甲烷氧化菌过程中对发酵液进行实时的分离纯化。其中，半透膜能够确保菌体、杂质等大分子被截留；螯合 Cu^{2+}的金属螯合亲和柱层析介质确保 Mb 与 Cu^{2+}结合，发酵期间不断吸附发酵液中的 Mb，从而解决 Mb 发酵过程中的不稳定性问题。分离纯化的 Mb 具有 Cu 结合能力，可作为天然的金属配合物使用。具体操作为：将 25.0mL 金属螯合亲和柱层析介质填装入半透膜(截留分子质量 10kDa)，如图 5-3 所示，密封完全后，放于装有 1.0L 发酵液的发酵罐中。用此方法的优势：高效；膜分离与金属螯合亲和层析相结合；发酵培养与分离纯化相结合。此法中影响 Mb 富集量的因素：透析袋与金属螯合亲和层析填料的比表面；洗脱液的选择；洗脱方式的选择。

图 5-3 发酵过程中分离纯化 Mb 所用的透析袋与金属螯合亲和柱层析结合示意图

5.5 抗氧化活性

20 世纪 90 年代末，在对 pMMO 活性及催化特性研究的过程中，Zahn 和 Dispirito[14] 发现了一种可以使 pMMO 维持特殊的氧化还原状态并防止其被 O_2^-·氧化的物质（即 Mb），Mb 具有清除 O_2^-·的作用，从而推测 Mb 可能具有与 SOD 类似的活性，同时通过 Mb 的结构表征也说明了该物质可能具有此活性。2003 年，Choi 等[15] 采用抑制 NBT 还原法来测定 SOD 的活性，进而验证 Mb 的上述活性。通过吩嗪硫酸甲酯（phenazine methosulfate，PMS）和 NADH 反应可以产生 O_2^-·，而 NBT 会被 O_2^-·还原生成甲腙，甲腙在 560nm 处有最大吸收峰，反应后的液体呈蓝色。将 Mb 加入其中，如果反应后的液体蓝色变浅，说明 Mb 的加入抑制了甲腙的形成，还原 NBT 的 O_2^-·被 Mb 夺取。因此颜色越深，酶活性越低，颜色越浅，酶活性越高，进而说明 Mb 具有 SOD 活性。Bath 进行研究发现，只有 Mb-Cu 才能表现出 SOD 的活性，并且 Mb 的加入量越多，其与铜结合后显示的 SOD 的活性越大，同时还发现 Mb 本身并不具有 SOD 活性。2007 年，Knapp 等还发现在发酵液中的 Mb 和铜都对甲烷氧化菌表达 pMMO 起着非常重要的作用。2008 年，Choi 等[16] 在研究中又考察了 Mb 对 pMMO 活性的促进或抑制等作用，说明了 Mb 的氧化还原特性，同时也得出了 Mb-Cu 具有 SOD 活性，并进一步发现 Mb-Cu 将被 O_2^-·夺取的电子传递给 pMMO。2008 年，Choi 等[17]在研究中发现了与 Cu 结合的 Mb 具有过氧化氢还原酶（hydrogen peroxide reductase，HPR）活性（图 5-4）。并且，他们观察到来自 I 型的两种甲烷氧化菌 *Methylococcus capsulatus* Bath 和 *Methylomicrobium album* BG8 具有依赖铜的 HPR 活性；而 II 型菌 *Methylosinus trichosporium* OB3b 的 Mb 的 HPR 活性在 Cu 和 Mb 比率小于或远远大于 0.5 时能达到最高。此外还发现，无还原剂的情况下，在包含 Mb-Cu 和 H_2O_2 的反应液中无氧气产生；而还原剂存在的情况下，Mb-Cu 可以氧化 H_2O_2 产生氧气。

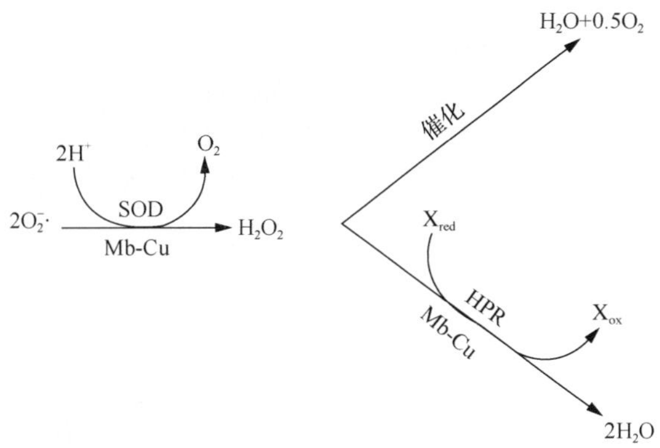

图 5-4　Mb-Cu 还原 O_2^-·完整的反应机理，包括 Mb-Cu 的 SOD 活性和 HPR 的活性的作用机理[10]

5.6　金属螯合性

20 世纪 90 年代，甲烷氧化菌培养液中发现有与铜结合的化合物存在，而这种化合物正是 Mb，这也初步证明了 Mb 的金属螯合性。2004 年，Kim 等[17]在研究 Mb 结合铜的机理时发现，当铜浓度很低时，能促进发酵液中 Mb 的积累。而提供大量的铜会促使 Mb 进入细胞中，与 pMMO 结合在细胞内膜上。另外，在 Mb∶Cu=1∶1 时，Mb 能够促进菌体的生长。而富集得到的 Mb 和 pMMO 的混合物，一旦夺去 Mb 会导致 pMMO 失活。从以上特征分析，甲烷氧化菌极有可能采用类似于其他细菌分泌铁载体捕获铁的机制来捕获铜。从上一章可知，铜在甲烷氧化菌细胞内起着重要作用[5]。Mb 可能会直接结合环境中的 Cu(Ⅰ)，也可能先以 Cu(Ⅱ)形式结合，然后再被还原为 Cu(Ⅰ)。除此之外，Mb 结合 Cu(Ⅱ)的能力非常强，进一步证实了 Mb 的金属螯合性。

另外，Zook 等[6]研究还发现 Mb 并非是铜专一性的，还可以和许多金属螯合。Choi 等发现在无铜条件下，Mb 能够结合 Ag(Ⅰ)、Au(Ⅲ)、Cd(Ⅱ)、Co(Ⅱ)、Fe(Ⅲ)、Hg(Ⅱ)、Mn(Ⅱ)、Ni(Ⅱ)、Pb(Ⅱ)、U(Ⅵ)，但不能结合 Zn(Ⅱ)、Ba(Ⅱ)、Cr(Ⅵ)、La(Ⅲ)、Mg(Ⅱ)和 Sr(Ⅱ)，添加铜后，铜可以取代除 Ag(Ⅰ)和 Au(Ⅲ)外的其他金属。

5.7　抗菌性(抗菌机理，与其他防腐剂复配抑菌活性)

在确定 Mb 结构的基础上，2004 年，Kim[17]发现 Mb 中的 Gly 和 Ser 的硫代氨基结构与在具有抗菌性的含硫环状多肽和链霉菌产的硫链丝菌素中发现的结构相同。同时还发现这种特殊的结构在产甲烷古细菌含镍的甲基辅酶还原酶中也存在。由此说明 Mb 可能具备抗革兰氏阳性菌的特性。

2006 年，Dispirito 等[18]也发现了 Mb 具有抗菌性。他们研究了金黄色葡萄球菌 X920 系中抗万古霉素类、杆状菌和粪肠球菌等革兰氏阳性菌和其他类致病菌，发现 Mb 具有抗革兰氏阳性菌的作用。如果和 EDTA 等金属螯合剂并用，Mb 对革兰氏阴性菌也具有此特性。同时还发现 Mb 的结构中，含有的 S 来自硫(硫醇)基团，而 N 来自咪唑基团，这种 N、S 的配位系统之前在自然界还没有发现过。而其合成的相似物因具有药理学性质而应用于医药领域，例如，抗溃疡类药物甲腈咪唑就具有这样的结构。这说明 Mb 也可能具有多种抗感染活性，可抗细菌和导致肺结核病的病毒等。

5.8 甲烷氧化菌素在食品中的应用

作者曾在《食品科学》[19]和《分子催化》[20]上对纳米金在食品安全检测中的应用和负载型纳米金催化葡萄糖氧化研究进展进行详细综述。在此基础上，本节进一步补充了近几年新发表的文献，从食品添加剂等 10 个方面，对甲烷氧化菌素在食品中的应用进行介绍。

5.8.1 食品添加剂

食品添加剂是食品加工行业不可或缺的一部分。人们都希望食品添加剂除能够保持食品新鲜、维持储藏过程的食品品质外，还能够天然又有营养。与化学合成法相比，生物合成法能生产更绿色安全的食品添加剂。而食品抗氧化剂是其中一种较为重要的添加剂，它能够起到食品保鲜和防止氧化的作用。一直以来，食品加工多使用一些化学人工合成的抗氧化剂，已经有研究表明这些添加剂对人体的肝、脾、肺均有不利影响，甚至会诱发恶性肿瘤等诸多副作用。而天然抗氧化剂由于具有高效、安全、无副作用等特点，成为食品科学研究中最为活跃的课题之一。

SOD 可通过清除超氧化物自由基而达到抗氧化效果。目前，SOD 已允许作为食品添加剂使用，主要添加到罐头食品、果汁等食品中，起到防止过氧化酶引起的食品腐败现象。但是 SOD 作为一种蛋白酶，在溶液中很不稳定，在受到外界各种物理化学因素的影响时，也会像其他酶蛋白分子那样发生亚基的解聚、变性或其他方面的构象变化，从而导致酶活性的下降或丧失，且膜透过性较差。此外，SOD 产品主要是从动物血液、植物细胞中提取，提取量非常小且受血源的限制，如果作为食品添加剂价格过于昂贵。而采用化学合成法生产的 SOD 模拟酶虽然能提高其稳定性，但往往活性小、非天然，甚至可能还具有毒性等。微生物具有生长快、易培养、易大规模工业化生产、不受季节与自然条件限制等优越性，已经广泛应用于食品加工行业，因此利用微生物生产天然抗氧化剂的技术具有很好的应用前景。目前研究微生物产 SOD 菌株主要为酵母菌、霉菌、细菌、放线菌，还有基因重组菌，然而均未获得较好的研究成果。问题主要集中在四个方面：菌体稳定性差，竞争力强的优良菌株较少，制剂类型少，微生态制剂作用机理研究不够深入，质量标准不健全，难以应用于实际。

相对 SOD 而言，Mb-Cu 同样具有 SOD 的活性，可以通过微生物培养获得，易大规模工业化生产，生产成本低，同时不受季节与自然条件限制，相较于 SOD 具有更好的应用前景。而且 Mb 是小分子肽，分子质量较酶分子更小，结构更稳定，更易于机体的消化吸收，故可替代 SOD 作为食品添加剂应用于食品领域。此外，在作为抗氧化剂方面，Mb 除了能清除超氧阴离子，还具有过氧化氢还原酶的活性，能够清除羟自由基，故可以应用于延缓衰老类的功能性食品中。目前，可应用的抗氧化剂主要为维生素 C 和维生素 E。维生素 C 易溶于水，但也易于排出体外，而维生素 E 具有脂溶性，不溶于水，高浓度具有毒性。而 Mb 较易溶于水，相较而言作为抗氧化剂可能也具有一定的应用前景。依赖于这些优势推断，具有过氧化物酶样活性的模拟酶 Mb-Cu 以及与金纳米粒子相结合的 Cu-Mb-AuNPs 除用于食品添加剂外，还可以广泛应用于食品中重金属离子检测、有机污染物的降解及农药残留的检测，甚至应用于生物医学领域的检测分析、病原微生物抑制及肿瘤的治疗等领域。

5.8.2　葡萄糖测定

葡萄糖氧化酶(Gox)能够氧化葡萄糖生成葡萄糖酸和过氧化氢，过氧化物酶样活性的模拟酶能够催化过氧化氢产生羟自由基，进一步氧化底物，使其颜色及荧光特性发生变化或者化学发光。例如，2,2′-联氮-双(3-乙基苯并噻唑-6-磺酸)(ABTS)被氧化为绿色水溶性物质；3,3,5,5-四甲基联苯胺(TMB)被氧化为蓝色化合物并且在酸作用下可以转变为黄色；邻苯二胺(OPD)被氧化为橘黄色产物；3,3′-二氨基联苯胺(DAB)被氧化得到棕色产物；过氧化物和过氧化酶荧光探针(AUR)及 3-(4-二羟基苯基)丙酸(HPPA)被氧化为具有荧光的产物；鲁米诺被氧化发生化学发光反应等。这些氧化产物由于具有特殊颜色及荧光特性或发光特性，因而能够通过简便低廉的比色法甚至裸眼进行分辨，这就极大地提高了检测灵敏度。将葡萄糖氧化酶与具有过氧化物酶样活性的模拟酶偶联，若待测样品中葡萄糖含量低，本身不能或少量生成葡萄糖酸和过氧化氢，则过氧化物活性的模拟酶很难将变色发光的底物氧化，故颜色变化、化学发光反应等均不明显。反之，伴随 H_2O_2 生成会发生明显变化。故可以通过测定 H_2O_2 的含量间接测定待测物中葡萄糖的含量。以硅量子点偶联葡萄糖氧化酶用于葡萄糖含量测定为例，如图 5-5 所示。根据相似的原理，目前甚至已经开发出大量检测葡萄糖的纳米酶系统，包括金、银、铂、铜、碲化镍、金属盐、二硫化钼、富勒烯、硅量子点、硫化镉、硫化铜、硫化钨、锰、硒、普鲁士蓝、三氧化二铁、四氧化三铁、碳量子点、石墨烯、氮化碳、铁钴合金、铁酸钴、铁酸锌、四氧化三钴、氧化镍、二氧化铈、氧化铜。不同的纳米酶检测系统具有各自的特点，如有的检测限低至 10nmol/L，有的则具有很宽的线性检测范围(10μmol/L～10mmol/L)，适用于不同要求的检测分析。由于葡萄糖氧化酶的催化特异性，即使在检测样品中添加了其他糖类，如果糖、麦芽糖和乳糖等，其浓度甚至达到葡萄糖的 5 倍也对检测系统干扰不大。目前，部分纳米酶检测系统已经初步应用于食品中的果汁类产品以及血液样品、尿液样品等实际样品的分析。

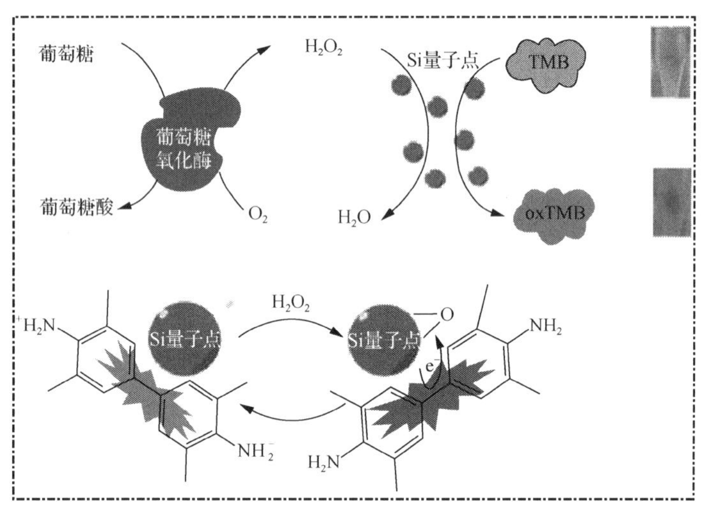

图 5-5 硅量子点偶联葡萄糖氧化酶用于葡萄糖含量测定的示意图[21]

5.8.3 胆固醇测定

胆固醇是脂类物质中固醇类化合物，既是构成哺乳动物细胞膜的重要组成部分，也是维生素 D_3、胆汁酸盐及类固醇激素的重要来源。在血液中胆固醇会与脂蛋白结合，低密度脂蛋白可以携带胆固醇进行运输，但容易在心脏和大脑的动脉内壁发生沉积，使动脉管径缩小且失去弹性，如果大量胆固醇脂质沉积于动脉内皮下基质，被平滑肌、巨噬细胞等吞噬形成泡沫细胞，就会造成动脉粥样硬化，进而减少氧气和各种营养物质的输送，从而诱发心脏病以及中风。此外，胆固醇水平异常往往也与肝脏疾病、肾脏疾病、糖尿病、甲状腺机能衰退等疾病相关，因此测定血液中胆固醇含量受到越来越多的关注。同葡萄糖的测定原理相类似，通过偶联胆固醇氧化酶和具有过氧化物酶样活性的纳米酶构成检测系统，即可以应用于胆固醇的测定。吴晓春等利用金铂纳米棒偶联胆固醇氧化酶成功构建了胆固醇检测系统，检测限为 30μmol/L，线性检测范围为 45～300μmol/L，该检测体系具备一定抗干扰能力，异丙醇以及去垢剂 Triton X-100 对胆固醇的测定没有干扰。林新华等[22]利用氧化铜纳米颗粒偶联胆固醇氧化酶组成胆固醇检测系统，检测限低至 0.17μmol/L，线性检测范围为 0.625～12.5μmol/L，该检测体系抗干扰能力较强，并成功应用于牛奶以及血液样品的分析，测定结果与经典的胆固醇氧化酶终点法基本一致，证明了该系统的可靠性。

5.8.4　乙酰胆碱/胆碱测定

胆碱是乙酰胆碱的前体，也是细胞膜中磷脂的重要组成成分。乙酰胆碱是自主神经系统中重要的神经递质，在调节肌肉收缩及影响学习、睡眠、注意力等方面具有重要作用，尤其对婴幼儿的大脑发育具有重要影响。目前研究已经发现胆碱及乙酰胆碱代谢异常与神经退行性疾病(如帕金森病、阿尔茨海默症等)关系密切。胆碱可以依靠人体自身合成，同时食物也是人体新陈代谢所需胆碱的重要来源。因此在食品工业以及临床生化分析中，胆碱以及乙酰胆碱的定量测定也非常重要。乙酰胆碱可被乙酰胆碱酯酶(AChE)催化水解为胆碱和乙酸，产生的胆碱又可以被胆碱氧化酶(Choline oxidase)催化氧化生成 H_2O_2，Au@Ag 纳米颗粒的过氧化物酶催化 H_2O_2 氧化 AUR 生成带有荧光信号的产物。所以通过偶联乙酰胆碱酯酶-胆碱氧化酶或者胆碱氧化酶，利用纳米酶的过氧化物酶样活性，可以相应检测食品以及体液中乙酰胆碱和胆碱的含量变化，如图 5-6 所示。荧光强度与乙酰胆碱的浓度在 1～100nmol/L 范围内成正比。利用类似的思路，四氧化三铁纳米颗粒、还原性氧化石墨烯纳米复合材料检测系统检测乙酰胆碱可以低至 39nmol/L，线性检测范围为 0.1～(1×10^4) μmol/L；壳聚糖修饰的四氧化三铁纳米颗粒检测系统测定胆碱的检测限为 0.1nmol/L，线性检测范围为 1～(1×10^4) μmol/L；这些检测体系也初步应用于血液样品以及婴幼儿配方奶粉中乙酰胆碱以及胆碱含量的检测。

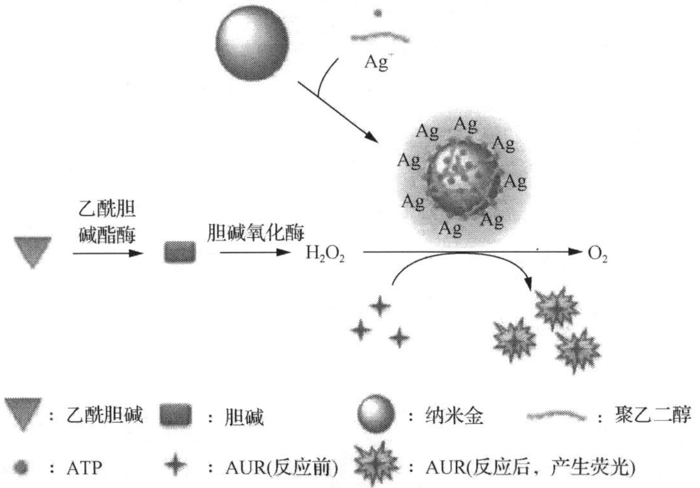

图 5-6　Au@Ag 纳米颗粒偶联乙酰胆碱酯酶和胆碱氧化酶检测乙酰胆碱的示意图[23]

5.8.5 重金属盐的测定

重金属广泛分布于工农业生产实践、医药废料、生活垃圾等环境中。砷、铬、铅、镉、汞等对人体有严重毒副作用的重金属已被国家严格控制。汞毒性会诱发口腔炎症、精神失常、睡眠障碍、肾功能受损等，铅毒性会诱发腹痛、厌食、恶心、便秘、头痛、关节和肌肉疼痛、注意力和记忆力下降、睡眠障碍、贫血、周围神经病变和肾脏损伤等。精确、简便测定重金属盐的方法对于食品中重金属残留、环境保护以及疾病预测和诊断极为重要。汞离子可以与纳米材料相互作用从而抑制纳米酶的活性，基于此原理所制备的金属纳米颗粒的汞离子检测系统检测限都低于 10nmol/L，且初步应用于饮用水、生活用水源头（自来水、江河、湖泊）、化妆品等汞含量的检测。单链 DNA 片段中的胸腺嘧啶会静电吸附于纳米颗粒表面，降低纳米颗粒的过氧化物酶活性，该单链 DNA 片段又可以与汞离子特异性结合，使 DNA 片段从纳米颗粒表面脱离，底物颜色的变化与汞离子含量成正比，因此该检测系统能够用于汞离子含量的定量检测。另外，铅离子结合到$(GGGT)_4$序列寡核苷酸修饰的金纳米颗粒上会形成金-铅合金以及铅-寡核苷酸复合物，从而增强金纳米颗粒的过氧化物酶样活性。张焕宗等利用该特性建立了铅离子检测体系，其检测限低至 0.1nmol/L，并应用于血液样品中铅含量的检测。利用类似的原理，林泱蔚等[24]将茶多酚修饰的金纳米颗粒检测系统用于湖泊、池塘、尿液中铅含量的测定。

5.8.6 病原微生物测定及抑制

病原微生物引起的感染性疾病与食物中毒也是最常见的疾病之一。黏附在医疗器械、食物容器表面的细菌极易形成含大量细菌及其代谢物的细菌膜。利用纳米酶的过氧化物酶样活性，催化 H_2O_2 产生的强氧化性羟基自由基能够直接杀死病原微生物，破坏细菌膜，达到除污和预防疾病的作用；如果结合相应的底物（如 TMB 等），纳米酶也可以用于食物及饮用水中微生物污染状况的检测。Su 等将 4-巯基苯硼酸修饰的 Au@Pt 纳米颗粒结合在大肠杆菌 O157：H7 表面，利用 Au@Pt 纳米颗粒的过氧化物酶活性催化 TMB 氧化生成带有颜色的底物，通过裸眼即可观察溶液颜色变化，研究发现溶液在 652nm 处的吸光度与大肠杆菌 O157：H7 的浓度在 7～(6×10^6) CFU/mL 范围内成正比。

5.8.7 农药残留/污染检测

现代农业生产过程为了提高产量，降低劳动强度，往往大量使用杀虫剂、杀菌剂、除草剂、植物生长调节剂等。有机磷农药是最主要的杀虫剂品种之一，能够不可逆抑制乙酰胆碱酯酶活性，造成乙酰胆碱在神经元中持续性积累。其对机体的毒性作用类似于神经毒剂沙林，故对人体健康、生态系统和国土安全都构成重大威胁。阎锡蕴等利用有机磷农药抑制乙酰胆碱酯酶活性的特性，通过偶联乙酰胆碱酯酶-胆碱氧化酶，建立了以四氧化三铁纳米颗粒为核心的有机磷农药测定系统，成功实现了对乙酰甲胺磷、甲基对氧磷以及沙林的测定，检测限分别是5μmol/L、10nmol/L、1nmol/L。张忠平等[25]用该检测系统测定绿茶中的灭线磷时发现乙醇会猝灭四氧化三铁纳米颗粒催化的鲁米诺化学发光，而有机磷农药与四氧化三铁纳米颗粒结合能够抑制乙醇的猝灭作用，不同有机磷农药对不同表面修饰的四氧化三铁纳米颗粒催化鲁米诺化学发光的增强效应也不一样。

5.8.8　谷胱甘肽测定

谷胱甘肽(GSH)含有巯基，具有调节氧化应激、降低氧化损伤的功能，其含量水平下降往往与多种疾病的发生和进展有关。因此谷胱甘肽含量水平测定在生物医学研究领域及临床检验分析中非常重要。利用 GSH 能够还原 H_2O_2 的特点，具有过氧化物酶样活性的纳米酶被用于 GSH 含量测定，检测限低至 0.5μmol/L，线性检测限最高能达到 150μmol/L。该方法简便灵敏、重现性好，并初步应用于含谷胱甘肽细胞样品的分析。

5.8.9　三聚氰胺测定

2008 年中国奶制品行业曝光了奶制品中非法添加三聚氰胺的事件。三聚氰胺的摄入量超过安全限度(美国和联合国规定为 2.5mg/L，中国规定婴儿配方奶粉为 1mg/L)会导致婴儿和宠物肾衰竭甚至死亡。高效液相色谱法(HPLC)、气相色谱-质谱联用法(GC-MS)、液相色谱-质谱/质谱法(LC-MS/MS)三种方法已被美国食品和药品监督管理局(FDA)采用，这 3 种检测方法灵敏度高、可靠性强、重现性好，但也具有一定的局限性，如样品预处理较为烦琐，且易造成二次污染，仪器设备成本高，费用消耗大。毛细管电泳法是最新建立的一种检测方法，其优点是样品前处理简单、环保、设备运行成本低，适用于快速初筛检测大量牛奶和奶粉样品中的三聚氰胺，特异性强，重现性好。酶联免疫吸附法、显色光电比色、浊度法虽然检测快速、成本低、对技术人员的要求低，但是精确度也较低，还会出现假阳性结果，适合快速筛选使用。李壮等利用三聚氰胺能够增强金纳米颗粒过氧化物酶样活性的特点，建立了奶粉以及原料奶中三聚氰胺的检测系统。张兰轩等[26]研究发现三聚氰胺对 Mb 催化 Au(III)起到抑制作用，这种对纳米金合成的抑制作用会引起颜色变化，从而利用对纳米金形成的阻断作用实现可视化检测。该方法可进行肉眼识别，灵敏度高，专一性强，解决了现有的采用纳米金测定三聚氰胺方法需要复杂的纳米金制备、修饰和纯化的技术问题。而且三聚氰胺浓度在 0.7ppm 时可通过肉眼定性检测，在 0.05～0.5ppm 之间通过紫外可见光分光光度计进行定量检测，检测到的三聚氰胺浓度远远低于国家标准。在室温条件下，当 pH=5.3、Mb∶Au(Ⅲ)=0.7∶1，HQ∶Au(Ⅲ)=0.25∶1 时可以成功地检测出奶粉中 0.7ppm 的三聚氰胺，三聚氰胺浓度达到 0.7ppm 时即可实现可视化定性检测，三聚氰胺浓度在 0.05～0.5ppm 之间可通过紫外可见光分光光度计实现定量检测。另外，研究还发现奶粉中的多数物质对检测没有影响，稍有影响的维生素 C 和维生素 B_{12} 可在今后的检测过程中预先从奶粉里除去。经计算，该实验检测三聚氰胺的方法检出限为 0.03ppm；三聚氰胺的加标回收率在 97%～103%之间；可检测到的浓度远远低于国家标准，该方法具有潜在的应用价值。

5.8.10 其他测定

抗坏血酸是人体健康的重要辅助因子，能够增强机体免疫力。抗坏血酸摄入严重不足易引起坏血病以及胆固醇增多。汪莉等利用抗坏血酸还原 H_2O_2 的性质，建立了以铜纳米颗粒为核心的抗坏血酸检测系统。

亚硫酸盐可以抑制细菌的生长，是一种广泛应用的食品添加剂，然而过量的亚硫酸盐对人体健康构成巨大威胁。利用铁酸钴纳米颗粒及四氧化三钴纳米颗粒内在的氧化酶样活性，结合化学发光及比色法技术，可以用于食品中亚硫酸亚含量的检测。

5.9 甲烷氧化菌素在医药领域的应用

依据抗菌特性，Mb 可以作为抗生素类药物，治疗一些细菌引起感染类的疾病，如结肠炎、骨关节炎、败血症、痢疾、心内膜炎、肺炎、髓膜炎、医源性感染、牙周炎等等。另外，治疗革兰氏阴性菌时需要结合其他螯合剂使用，如 EDTA，用药时 EDTA 和 Mb 的比例控制在(1∶1)～(1∶5)之间。Mb 由于具有 SOD 活性，也可以替代 SOD 治疗一些疾病，在癌症、放射性疾病的治疗上也具有很好的前景。而根据 Mb 亲和金属的特性，可以合成新型的螯合疗法药物，治疗一些金属代谢异常引起的疾病，如肝豆状核变性(hepatolenticular degeneration，HLD)。

5.10 甲烷氧化菌素在铜代谢异常肝豆状核变性治疗中的应用

肝豆状核变性又称为威尔逊氏症(Wilson disease，WD)，是一种常染色体隐性遗传的先天性铜代谢障碍性肝硬化和脑变性疾病，由于位于常染色体 13q14.3 的致病基因 *ATP7B* 突变，产生铜在体内各脏器尤其在脑与肝脏内缓慢进行大量沉积，其铜含量可超过正常人的 10 倍。人体铜可经胆汁、肠道、汗液及尿液排出，由于铜沉积在全身多脏器和组织中，导致铜毒性对受累脏器的损伤，从而引起相应脏器和组织的功能障碍，出现脑和肝脏等多种临床症状。

肝豆状核变性的主要原因可能是患者体内胆汁中铜排泄障碍，造成铜在肝细胞内大量增加，肝铜达饱和以后铜从肝脏释放至血中，致使血中与白蛋白或其他蛋白结合的铜含量增加；而血浆内呈游离状态的铜增加，铜由血循环再转移到体内各种组织中，逐渐沉积在脑、肾、角膜，引起以肝、脑为主的全身病变。病理学上，肝豆状核变性与由肝脏线粒体中的肝特异性铜转运 ATP 酶转运蛋白 ATP7B 突变造成的大量铜超载有关。肝特异性铜转运 ATP 酶转运蛋白 ATP7B 的功能缺陷影响了胆汁中铜的排泄，导致肝脏过多地积累铜和患急性重型肝炎。肝豆状核变性临床上以不同程度的肝细胞损害、脑退行性病变、角膜边缘铜盐沉着环、急性血管内溶血、肾脏损伤、骨关节病、震颤、肌僵直及扭转痉挛等为主要临床特征。肝豆状核变性病的发病率约为 1/300000，以儿童和青少年发病为主，是常见的遗传性肝病之一。儿童期肝豆状核变性，以肝病发病最多，但临床上以神经系统症状发病者也并不少见，甚至每个系统都有作为首发症状的报道。

1912 年，Wilson 最早系统地描述此病为进行性中枢系统退行性病变，家族遗传性神经系统疾病伴肝硬化的综合病征，描述了 4 例其随访的同类疾病，以及 8 例在文献中发现的相似病例。1913 年，Rumpel 研究认为肝豆状核变性的病因是肝脏铜负荷的增加。1921 年，Hall 将此病定名为肝豆状核变性，认为其可能是一种常染色体隐性遗传病。1948 年，Mandelbrote 等临床报告发现肝豆状核变性患者尿铜排出量增加。同年，Cumings[27]发现肝豆状核变性患者脑内铜大量沉积，特别是在豆状核和丘脑。1951 年，Cumings 试使用二巯基丙醇(又称 British anti-Lewsite，BAL)治疗肝豆状核变性，因此 BAL 是第一种治疗肝豆状核变性的药物，至今仍作为三线用药在很小范围内应用。1952 年，Scheinberg 等[28]的研究发现肝豆状核变性患者的铜蓝蛋白(ceruloplasmin，CP)降低，是肝豆状核变性最重要的血生化改变之一。1956 年，Walshe[29]发现青霉胺可增加肝豆状核变性患者尿铜的排出，从而改善临床症状，并开始应用青霉胺治疗肝豆状核变性。1968 年，Steinlieb 等[30]通过深入研究认为青霉胺可以阻止肝豆状核变性患者的神经系统和肝脏损伤。1961 年，Schouwink 发现锌剂可阻止铜在肠道内的吸收，可能对治疗有效，遗憾的是论文没有公开发表。1973 年，Walshe 最早使用曲恩汀治疗肝豆状核变性，并于 1982 年提出曲恩汀可作为青霉胺不耐受的替代药物，随着对曲恩汀治疗经验的不断丰富，曲恩汀目前已成为以肝病为主要症状患者的首选药物。1985 年，Frydman 等[31]首先将肝豆状核变性基因定位于 13q。1986 年，Walshe[32]发现连四硫代钼酸铵可使血清游离铜下降，增加尿铜排泄，迅速改变患者症状，近年来作为以神经症状为主要表现患者的首选药物。随着对肝豆状核变性基因研究的逐步深入，肝豆状核变性基因 *ATP7B* 在 20 世纪 90 年代初被最终定位在

13q14—q21。1993 年，*ATP7B* 基因被世界上 3 个不同的研究小组几乎同时克隆，肝豆状核变性的研究进入基因时代。肝豆状核变性的基因突变，具有地域性和种属依赖性。14 号外显子的 His1069Gln 和 18 号外显子的 Gly1266Arg 为欧洲人肝豆状核变性基因突变热点，而中国和东亚地区的突变热点是 8 号外显子的 Arg778Leu/Gln 突变。

不能消耗肝脏线粒体中积累的大量铜就无法对肝豆状核变性患者进行有效的治疗，临床上经常使用铜的螯合剂来达到治疗目的。但这只能是缓慢地消耗铜，对慢性肝豆状核变性患者没有很好的作用效果，甚至无助于急性的肝炎和突发性肝功能衰竭。目前，对于该病的治疗包括饮食控制、药物治疗和肝脏移植，具体包括限制饮食中铜的摄入、阻碍铜在肠道内的吸收以及使用驱铜剂以增加尿液和粪便排铜，造成机体的铜负平衡状态，以逐渐降低体内铜的蓄积和铜对机体的毒性作用。在发病初期，采用常规铜结合的早期症状检测和螯合疗法，患者能获得长期临床缓解；药物治疗主要是青霉胺、曲恩汀、二巯基丙醇、二巯丙磺酸钠、二巯基丁二钠、连四硫代钼酸铵、锌剂等，包括驱铜药、阻止肠道对铜吸收药与促进排铜药；大多数螯合治疗有效，但往往临床上会出现严重不良反应，表现为骨髓、肾脏和肝脏毒性，以及因其过敏症状等免疫系统的疾病。另外，肝豆状核变性患者铜代谢障碍无法彻底治疗，仅通过阻断铜沉积病理过程，使神经系统体征可得到一定程度改善。目前美国食品和药品监督管理局与欧洲药品管理局批准的药物治疗通常无法恢复肝豆状核变性患者的铜稳态，而这些患者最终发展为急性肝衰竭，只能留下肝移植作为唯一可行的治疗方案，所以研发高效低毒的驱铜新药势在必行。

甲烷氧化菌素是一种由甲烷氧化菌 *Methylosinus trichosporium* OB3b 产生的具有极高铜亲和力的蛋白活性肽。这种蛋白肽对铜的亲和力较高，当其被诱导生成后，不仅可阻止机体对外源性铜的吸收，而且能与从组织进入肠黏膜的内源铜结合，然后随肠黏膜脱落将铜排出体外，使粪铜排出量增加，起到排铜作用。同时，大量稳定的甲烷氧化菌素作为生物驱铜剂可以进入肝脏线粒体中不断消耗线粒体内大量积累的铜，对于肝豆状核变性患者进行有效的治疗具有重要的理论与现实意义。

通过试验[33]证明 *ATP7B* 缺陷型大鼠重现肝豆状核变性相关表型，包括肝铜积聚、肝脏损伤和线粒体损伤。与未处理的 *ATP7B* 缺陷型大鼠相比，这些大鼠的甲烷氧化菌素短期治疗有效逆转了肝铜积累急性期线粒体损伤和肝损伤。这种有益的作用与肝细胞线粒体铜的消耗有关。此外，甲烷氧化菌素治疗预防了肝细胞死亡，随后的肝衰竭才造成啮齿动物模型的死亡。这些结果表明甲烷氧化菌素具有治疗急性肝豆状核变性的潜力。

参 考 文 献

[1] 周琦琼, 辛嘉英, 张颖鑫, 等. 甲烷氧化菌素的生物活性研究进展[J]. 生物技术通讯, 2009, 5: 723-725.

[2] 辛嘉英, 阎明飞, 周琦琼, 等. 甲烷氧化细菌的铜捕获机理[J]. 分子催化, 2009, 23(5): 470-476.

[3] 梁洪野, 乔君, 陈林林, 等. 甲烷氧化菌素抗氧化活性的研究[J]. 农产品加工, 2010, 9: 20-24.

[4] 闫超泽, 张帅, 辛嘉英, 等. 铬天青 S 分光光度法测定甲烷氧化菌素的研究[J]. 分析测试技术与仪器, 2011, 17(2): 69-73.

[5] Hakemian A S, Tinberg C E, Kondapalli K C, et al. The copper chelator methanobactin from *Methylosinus trichosporium* OB3b binds Cu(Ⅰ)[J]. Journal of the American Chemical Society, 2005, 127: 17142-17143.

[6] Zook J, Behling L, Hartsel S, et al. Mobilization of insoluble copper salts and minerals by methanobactin[J]. The FASEB Journal, 2007, 21(6): A998.

[7] Balasubramanian R, Rosenzweig A C. Copper methanobactin: A molecule whose time has come[J]. Current Opinion in Chemical Bioloy, 2008, 12(2): 245-249.

[8] 闫超泽. 甲烷氧化菌素检测、生物合成及结构表征[D]. 哈尔滨: 哈尔滨商业大学, 2012.

[9] Murrell J C, McDonald I R, Gilbert B. Regulation of expression of methane monooxygenases by copper ions[J]. Trends in Microbiology, 2000, 8(5): 221-225.

[10] Choi D W, Semrau J D, Antholine W E, et al. Oxidase, superoxide dismutase, and hydrogen peroxide reductase activities of methanobactin from types Ⅰ and Ⅱ methanotrophs[J]. Journal of Inorganic Biochemistry, 2008, 102(8): 1571-1580.

[11] Zhang S, Xin J Y, Jiang J L. Bioavailability of methanobactin to copper by *Methylosinus trichosporium* 3011[J]. Applied Mechanics and Mechatronics Automation, 2012, 185-188: 182-183.

[12] Choi D W, Nathan L, Bandow T, et al. Spectral and thermodynamic properties of methanobactin from *γ*-proteobacterial methane oxidizing bacteria: A case for copper competition on a molecular level[J]. Journal of Inorganic Biochemistry, 2010, 104(12): 1240-1247.

[13] Hyung J K, Nadezhda G, Lative C K, et al. Purification and physical-chemical properties of methanobactin: a chalkophore from *Methylosinus Trichosporium* OB3b[J]. Biochemistry, 2005, 44(13): 5140-5148.

[14] Zahn J A, Alan A D. MeMbrane-associated methane monooxygenase from *Methylococcus Capsulatus* (Bath)[J]. Journal of Bacteriology, 1995, 178(4): 1018-1029.

[15] Choi D W, Kunz R C, Boyd E S, et al. The meMbrane-associated methane monooxygenase(pMMO) and pMMO-NADH: Quinone oxidoreductase complex from *Methylococcus Capsulatus* Bath[J]. Journal of Bacteriology, 2003, 185(9): 5755-5764.

[16] Knapp C W, Fowle D A, Kulczycki E, et al. Methane monooxygenase gene expression mediated by methanobactin in the presence of mineral copper sources[J]. Proceedings of the National Academy of Sciences of the United States of America, 2007, 104(29): 12040-12045.

[17] Kim H J, Graham D W, DiSpirito A A, et al. Methanobactin, a copper-acquisition compound from methane-oxidizing bacteria[J]. Science, 2004, 305(10): 1612-1615.

[18] DiSpirito A A, Zahn J A, Graham D W, et al. Methanobactin: A copper-binding compound having antibiotic and antioxidant activity isolated from methanotrophic bacteria[P]: US20040171519 A1.

[19] 陈丹丹, 辛嘉英, 张兰轩, 等. 纳米金在食品安全检测中的应用[J]. 食品科学, 2014, 7: 247-251.

[20] 林凯, 辛嘉英, 陈丹丹, 等. 负载型纳米金催化葡萄糖氧化研究进展[J]. 分子催化, 2014, 28(1): 7, 89-95.

[21] Chen Q, Liu M, Zhao J, et al. Water-dispersible silicon dots as a peroxidase mimetic for the highly-sensitive colorimetric detection of glucose[J]. Chemical Communications, 2014, 50: 6771-6774.

[22] Hong L, Liu A, Li G, et al. Chemiluminescent cholesterol sensor based on peroxidase-like activity of cupric oxide nanoparticles[J]. Biosens Bioelectron, 2013, 43: 1-5.

[23] Wang C, Chen W, Chang H. Enzyme mimics of Au/Ag nanoparticles for fluorescent detection of acetylcholine[J]. Analytical Chemistry, 2012, 84: 9706-9712.

[24] Wu Y, Huang F, Lin Y W. Fluorescent detection of lead in environmental water and urine samples using enzyme mimics of catechin-synthesized Au nanoparticles[J]. ACS Applied Materials & Interfaces, 2013, 5: 1503-1509.

[25] Guan G, Yang L, Mei Q, et al. Chemiluminescence switching on peroxidase-like Fe_3O_4 nanoparticles for selective detection and simultaneous determination of various pesticides[J]. Analytical Chemistry, 2012, 84: 9492-9497.

[26] 张兰轩. 甲烷氧化菌素介导纳米金合成可视化检测奶粉中三聚氰胺[D]. 哈尔滨: 哈尔滨商业大学, 2014.

[27] Cumings J N. The copper and iron content of brain and liver in the normal and in hepato-lenticular degeneration[J]. Brain, 1948, 71 (4): 410-415.

[28] Scheinberg I H, Gitlin D. Deficiency of ceruloplasmin in patients with hepatolenticular degeneration (Wilson's disease) [J]. Science, 1952, 116: 484-485.

[29] Walshe J M. Penicillamine, a new oral therapy for Wilson's disease[J]. The American Journal of Meclicine, 1956, 21: 487-495.

[30] Sternlieb I, Scheinberg I H. Prevention of Wilson's disease in asymptomatic patients[J]. The New England Journal of Medicine, 1968, 278: 352-359.

[31] Frydman M, Bonné-Tamir B, Farrer L A, et al. Assignment of the gene for Wilson disease to chromosome 13: Linkage to the esterase D locus[J]. Proceedings of the National Academy of Sciences of the United States of America, 1985, 82: 1819-1821.

[32] Walshe J M. Tetrathiomolybdate (MOS4) as an Anti-copper Agent in Man//Pryde D C, Palmer M J. Orphan Disease and Orphan Drugs. Machester: University Press, 1986: 76-88.

[33] Lichtmannegger J, Leitzinger C, Wimmer R, et al. Methanobactin reverses acute liver failure in a rat model of Wilson disease[J]. The Journal of Clinical Investigation, 2016, 126 (7): 2721-2735.

第6章　甲烷氧化菌催化烯烃环氧化

烯烃环氧化生成环氧化合物是有机合成中间体一个重要的反应，其环氧化合物在精细化工领域具有重要的经济价值。环氧化合物现已广泛应用于石油化工、制药、香料等各种行业。环氧基团中电荷的极化和张力的存在，使得其具有很高的反应活性，可以通过选择开环或官能团转换来合成人们所需要的多种物质。同时环氧基团也容易与含有活泼氢原子的基团(如氨基、酚羟基、羧基、羟基、酰胺基等)发生反应。筛选和设计性能优良且操作比较简单的合成技术和催化反应体系，是烯烃环氧化技术努力的主要方向。目前工业上大多使用传统环氧化方法，主要有卤醇法、空气/氧气环氧化法、过氧酸法。环氧乙烷和环氧丙烷的工业生产主要以卤醇法为主，环氧氯丙烷的工业生产主要以卤醇法和烯丙醇法为主，另外也有以过氧酸法、钛硅分子筛催化的过氧化氢氧化法的工业化生产报道。甲烷单加氧酶(MMO)能够把气态烯烃直接氧化为相应的环氧化物，其中丙烯环氧化制取环氧丙烷的反应引起了工业界的巨大兴趣。环氧丙烷是重要的精细化工原料，由于烯丙基的活泼性，迄今还无法采用分子氧作为氧化剂，以多相催化的方法高选择性地直接从丙烯合成该化合物。目前工业上主要采用过酸、过氧化物或氯醇法制备环氧丙烷。采用产 MMO 的甲烷氧化菌生物催化丙烯环氧化制取环氧丙烷的方法与化学法相比有许多优点，如反应条件温和、能够在常温常压下直接用空气作氧化剂、无污染且腐蚀性小等，因而显示出巨大的应用潜力。用酶催化的方法制备环氧丙烷存在两个主要问题，一是辅酶 NADH 的再生，二是产物抑制作用。

目前研究主要是以连续培养和半连续培养的方式，通过反应器的设计解决以上两个问题。例如，采用在气-固反应器中交替通入丙烯和甲烷的方法，间歇式地合成环氧丙烷，可以解决 NADH 的再生问题；通过两段式生物反应器的设计，将丙烯环氧化反应与辅酶 NADH 的甲烷再生分开进行环氧丙烷的半连续生物合成，既解决了 NADH 再生问题，又克服了底物甲烷对丙烯的竞争性反应抑制。同时通过循环气态的反应底物对产物环氧丙烷进行连续抽提，克服了产物抑制。虽然通过半连续培养的方式可以很好地解决 NADH 的再生和产物抑制等主要问题，但底物甲烷对丙烯环氧化的竞争性抑制作用，使得甲烷氧化菌生物催化丙烯环氧化制取环氧丙烷无法连续进行，这对工业生产是不利的。因此，在半连续合成的研究基础上，又开发出甲烷氧化菌吸附膜流化床反应器和丙烯-甲烷共氧化连续合成环氧丙烷，解决了连续培养中 NADH 再生的问题。采用丙烯-甲烷共氧化的方法，

由甲烷深度氧化成 CO_2 时产生的辅酶 NADH 来维持丙烯环氧化反应的连续进行。但是，甲烷与丙烯竞争同 MMO 催化活性中心结合，造成丙烯环氧化反应速率降低的问题仍然存在。用甲醇蒸气驯化的甲基弯菌 *Methylosinus trichosporium* IMV 3011 作为催化剂，通过甲醇的深度氧化驱动环氧化反应的连续进行，避免了甲烷对环氧化反应的竞争性抑制，并且催化活性和稳定性均较高。

在研究者关注 MMO 催化丙烯生成环氧乙烷的时候，忽略了 MMO 对其他烯烃的氧化作用，如乙烯。同样地，在分子氧的参与下，MMO 可以催化乙烯生成环氧乙烷，由于环氧乙烷极易溶于水，因此，最终会生成乙二醇。基于此，将甲烷氧化菌富集并附着在适当的载体上制成生物乙烯清除剂，可以用于清除果蔬在储藏过程中释放的乙烯，达到延长果蔬储藏期、保证果蔬新鲜度和食用品质的目的。

本章在作者多年工作积累的基础上，对近些年发表的文献进行总结分析，从甲烷氧化菌催化环氧丙烷半连续合成、丙烯-甲烷共培养甲烷氧化菌催化环氧丙烷的连续合成、甲醇驱动下甲烷氧化菌催化环氧丙烷的连续合成、甲烷氧化菌催化乙烯环氧化、生物乙烯清除剂及环氧乙烷食品熏蒸剂的制备与应用 5 个方面，对实现甲烷氧化菌催化烯烃环氧化的高效连续化及其在食品储藏领域的应用进行介绍。

6.1 甲基单胞菌 GYJ3 催化环氧丙烷的半连续合成

MMO 是由甲烷氧化菌分泌的能催化丙烯氧化反应生成环氧丙烷的单加氧酶。甲烷氧化菌是一类能以甲烷为碳源和能源进行生长的微生物，且具有宽底物专一性。它分泌的 MMO 催化丙烯氧化反应生成环氧丙烷，具有反应条件温和(常温、常压下直接以空气为氧化剂)、无污染、腐蚀性小及产物具有光学活性等优点[1-4]。但辅酶 NADH 的耗尽是甲烷氧化菌催化丙烯环氧化反应难以持续的主要原因之一[5]。甲烷作为甲烷氧化菌的生长底物，其 70%用于细胞的生长，30%将被深度氧化成 CO_2，以产生供 MMO 催化第一步反应进行所需的还原当量(NADH)[4]。因此采用丙烯和甲烷共氧化的方法，通过甲烷深度氧化成 CO_2 时产生的 NADH 可以维持丙烯环氧化反应的连续进行。但甲烷和丙烯竞争性与 MMO 催化活性中心结合，从而甲烷的引入会大大降低丙烯环氧化速度。因此，共氧化须在两段式生物反应器中进行，才能有效避免底物甲烷的抑制作用。若直接进行批式反应，反应进行到 6h 后，细胞内的 NADH 基本耗尽，环氧化反应消失，且细胞回收再生两次活性基本消失。

两段式生物反应器中环氧丙烷的半连续合成反应装置如图 6-1 所示。用于环氧丙烷半连续合成的两段式生物反应器由三个基本单元组成，在 I 中，利用甲烷氧化菌细胞进行丙烯的环氧化反应，其工作体积为 10mL，反应温度分别为 32℃、

35℃和 40℃。在Ⅱ中进行甲烷氧化菌细胞的再生，工作体积为 40mL，反应温度为 32℃。Ⅲ用于收集产物环氧丙烷和储存循环使用的反应气体，气体容量为 500mL，其中含有 60mL 蒸馏水，温度为 0～4℃。开始工作前先关闭螺旋夹以阻断Ⅰ和Ⅱ，用真空泵将丙烯-空气混合气充入Ⅲ、将甲烷-空气混合气充入Ⅱ和Ⅰ后再开启螺旋夹。蠕动泵 1 的流速为 2mL/h，控制细胞液在Ⅰ和Ⅱ中的停留时间分别为 5h 和 20h，蠕动泵 2 以 1200mL/h 的流速使反应气体循环抽提产物环氧丙烷。在Ⅲ的蒸馏水中环氧丙烷的浓度超过 2.93mmol/L 之前，收集产物并加入新的蒸馏水继续反应。

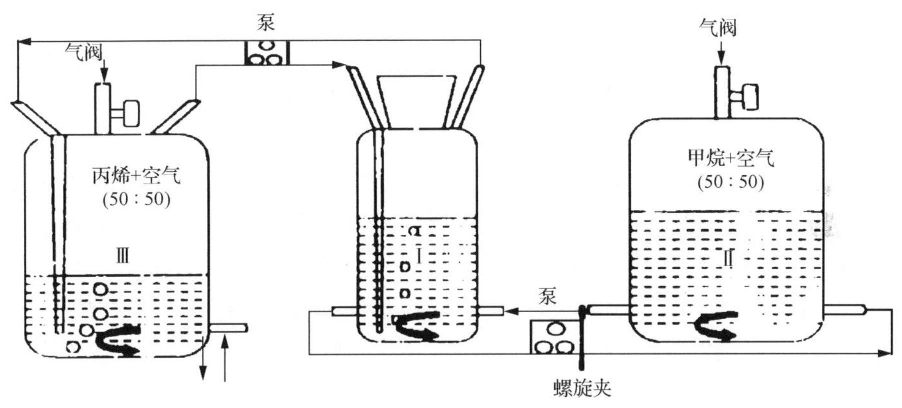

图 6-1　环氧丙烷半连续合成的两段式反应器示意图[6]

两段式生物反应器是将丙烯环氧化和甲烷再生分开进行的生物反应器，并采用循环反应气体连续抽提产物环氧丙烷。虽然在批式反应中甲基单胞菌 GYJ3 细胞催化丙烯环氧化的最适反应温度为 35℃，但在两段式反应器中相同反应时间下，40℃时从Ⅲ的蒸馏水中收集到的环氧丙烷量最大。这主要是由于在 40℃时更有利于从反应液中抽提环氧丙烷(环氧丙烷的沸点为 35℃)。当Ⅲ的蒸馏水中环氧丙烷浓度超过 2.93mmol/L 时，气态环氧丙烷在Ⅰ与Ⅱ间的流动速度将趋于一致，在此之前应收集产物环氧丙烷的水溶液并加入新的蒸馏水继续反应。该半连续反应在不同的温度下共进行 70h，产生环氧丙烷 438mmol/L。考虑到Ⅰ和Ⅱ的总工作体积，该两段式反应器的平均总体积产率为 0.125mmol/(L·h)。细胞悬浮液的初始环氧化活性为 5.83nmol/(min·mg 细胞干重)，反应 70h 后细胞悬浮液的环氧化活性为 4.17nmol/(min·mg 细胞干重)。根据酶失活的一级反应动力学关系式：ln(操作时间 t 时酶的活性/酶的初始活性)=$-k_d t$，细胞悬浮液中环氧化活性的失效速度常数 k_d 为 0.0048h^{-1}，半衰期 $t_{1/2}$ 为 144h。从该两段式反应器Ⅰ部分的细胞悬浮液入口和出口处分别取样，出口处细胞悬浮液经 10h 甲烷再生后，具有与入口处细胞悬浮液相同的环氧化活性，证实了可通过循环气态的反应底物对产物环氧丙烷进行连续抽提，克服了产物抑制。

6.2 丙烯-甲烷共培养甲烷氧化菌催化环氧丙烷的连续合成

虽然通过半连续培养的方式可以很好地解决 NADH 的再生和产物抑制等主要问题，但由于底物甲烷对丙烯环氧化的竞争性抑制作用，使得甲烷氧化菌生物催化丙烯环氧化制取环氧丙烷无法连续进行，这对工业生产是不利的。因此，在半连续合成的研究基础上，通过对两段式生物反应器的改造和甲烷氧化菌吸附膜流化床反应器的设计，实现了丙烯-甲烷共氧化合成环氧丙烷的连续化转化，并均具有良好的操作稳定性。

环氧丙烷连续合成反应器如图 6-2 所示。带有气体循环抽提装置的连续反应器由两个基本单元构成。反应器 A 是一个 50mL 的三角烧瓶，采用恒温水浴将其温度控制在 35℃，磁力搅拌器转速为 50～150r/min。C 是吸收瓶组，由三个 50mL 充满蒸馏水的烧瓶串联而成，用冰水浴将其温度控制在 0～4℃。取 25～30mL 的细胞悬浮液置于反应器 A 中，用真空泵将丙烯-甲烷-氧气混合气(体积比为 1∶115∶215)置换入 A，然后将 A 与含有该混合气的体积为 2L 的气袋 B 连接并启动反应。用蠕动泵 D 将循环反应气体的流速控制在 1200mL/h。随着循环气体的流动，A 中生成的环氧丙烷被抽提出来，当循环气体经过吸收瓶组时，环氧丙烷被吸收，其余反应气体循环进入 A 中继续反应。定期移出吸收瓶组中的第 1 个吸收瓶，并在第 3 个瓶后补加新的吸收瓶，连续收集产物。由于丙烯、甲烷和氧气的消耗速度不同，每隔 24h 更换气袋以保证各气体分压基本保持不变。

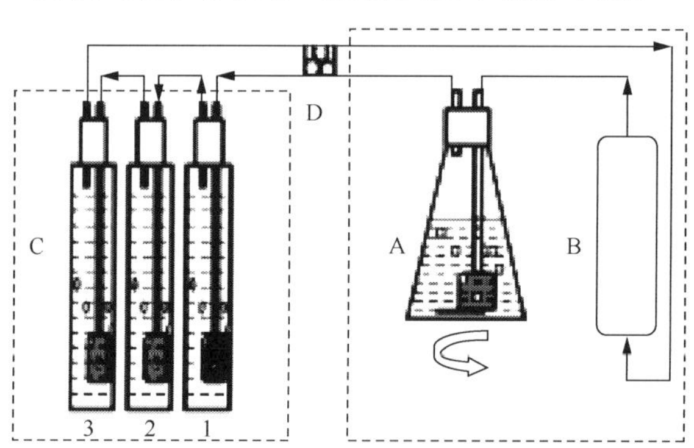

图 6-2　环氧丙烷连续合成的两段式反应器示意图[7]

在连续的环氧化反应过程中，甲基单胞菌 GYJ3 细胞的活性及生理学特性均未发生明显变化。当气相中的甲烷含量为 30%时，反应第 1d 环氧丙烷的产量为 268μmol，连续操作 12d 后，甲烷氧化菌细胞还保留着 96%的环氧化活性。该连续反应器的设计原理与两段式生物反应器半连续培养进行丙烯-甲烷共氧化生产环氧丙烷是一致的，都是采用甲烷氧化菌的天然底物甲烷作为产生还原当量的辅底物进行辅酶再生和依靠气体循环抽提装置排除产物抑制作用。但连续反应器通过将两段式生物反应器的环氧丙烷收集和气体回收系统分割为构成及功能相同的三个部分，形成一个吸收瓶组，解决了持续反应中产物抑制的瓶颈问题。同时，通过以合适的流速持续通入适宜比例的丙烯-甲烷-氧气混合气体，既保证了的甲烷氧化菌的具体生长，又解决了辅酶 NADH 的再生问题。

采用生物催化法连续制取环氧丙烷，细菌长期保持高活性是关键。甲烷氧化菌吸附膜流化床(methanotrophic attached-film fluidized-bed，MAFFB)反应器的设计解决了这一关键问题。通过甲烷氧化菌活细胞在载体表面的群体高密度附着和不断更新，达到长期保持固定化细胞高催化活性的目的。同样采用丙烯-甲烷共氧化方法解决 NADH 再生问题，依靠循环气体抽提装置解决产物抑制问题。

用于构建甲烷氧化菌吸附膜及进行环氧丙烷生物合成的带有循环气体抽提装置的流化床反应器如图 6-3 所示。A 是体积为 300mL 的流化床，其中充满培养液并含有 30g 硅藻土，温度控制在 32℃。B 是体积为 30mL 的用于沉降固定化细胞的分离管。循环反应气体通过蠕动泵 G-1 以 1200mL/h 的速度从 A 底部泵入，提供底物并抽提产物环氧丙烷。从 A 顶端排出的气体经吸附瓶 C 收集产物环氧丙烷后循环回 A 中继续使用。消耗掉的气体可由气袋 D 补充。由于丙烯、甲烷和氧气的消耗速度不同，每隔 24h 更换气袋以保证丙烯-氧气-甲烷分压基本保持不变。C 是体积为 150mL 充满蒸馏水的烧瓶，由冰水浴将温度控制在 0～4℃，定期从 C 中收集产物环氧丙烷的水溶液。蠕动泵 G-2 以 2mL/h 的速度从 A 底部泵入新鲜培养液 E，蠕动泵 G-3 以 10mL/h 的速度循环培养液并回收沉降的固定化细胞。含有脱附细胞的流出液 F 从 B 顶端排出。

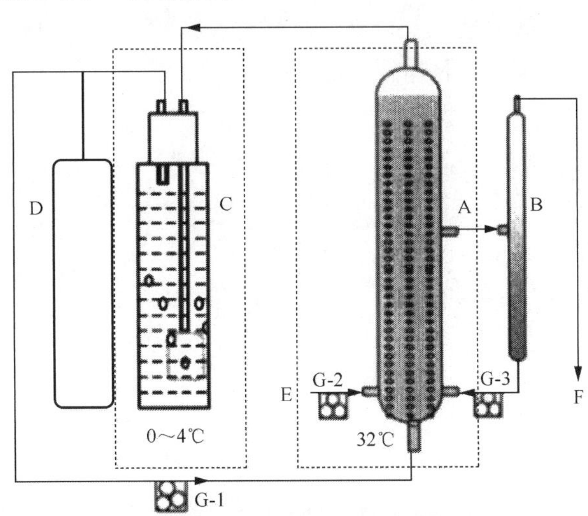

图 6-3　MAFFB 反应器系统示意图[8]

甲烷氧化菌吸附膜的形成是通过将三种甲烷氧化菌(*Methylococcus capsulatus* IMV 3021、*Methylosinus trichosporium* IMV 3011、*Methylomonas* sp. GYJ3)各以5%的接种量混合接入上述反应器的流化床A中，生长气体(甲烷∶氧气=1∶1，体积比)以1200mL/h的速度从A底部循环泵入。前5d以批式培养方式进行，第6d起开启蠕动泵G-2和G-3进行连续培养。定期从流化床A和流出液F中取样测定硅藻土表面和流出液中MMO活性及生物量。

在MAFFB反应器中将甲烷氧化菌与硅藻土共培养64d，便会形成吸附有甲烷氧化菌生物膜的硅藻土。如图6-4所示，在MAFFB反应器中经过64d连续培养，硅藻土颗粒表面固定有一层甲烷氧化菌的吸附生物膜。环氧丙烷的生物合成是在已形成了吸附膜的MAFFB反应器中分别以不同的气体比例进行了5个批次(每批3d)的环氧丙烷合成反应，每个批次间均通入生长气体(甲烷∶氧气=1∶1，体积比，通气时间为2d)使吸附膜中细胞恢复，最后持续通入反应气体进行环氧丙烷的连续生物合成。批式反应是通过取20～25mL细胞悬浮液置于100mL反应瓶中，用橡皮垫封口，抽取空气并置换入不同量的丙烯、甲烷和氧气，在35℃、150r/min下反应不同时间取样，气相色谱法测定环氧丙烷含量。并且硅藻土表面生物膜形态未发生明显变化。三种甲烷氧化菌活细胞固定化过程分为延迟期和MMO活性的快速增长期。延迟期是吸附膜的最初形成阶段，甲烷氧化菌逐渐从液相向载体表面吸附。快速增长期是甲烷氧化菌在载体表面不断生长繁殖。由于在气流和水力的冲刷下，不断会有附着力差的衰老细胞剥落，新生细胞生长，MAFFB反应器中的MMO活性和生物量最终达到一个稳定状态。此时分别测定硅藻土和流出液中MMO活性及生物量，发现流化床中90%以上的MMO活性存在于硅藻土中，甲烷氧化菌主要以吸附形式存在，甲烷氧化菌吸附膜中活细胞浓度为313～317mg/g(以菌体干重/吸附膜干重计)。

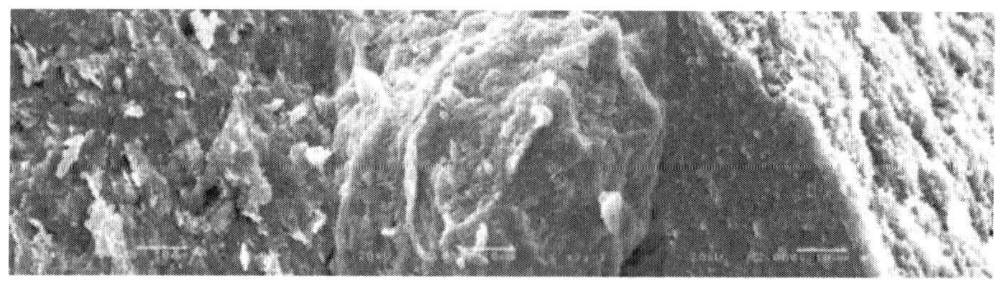

(a) 裸露的硅藻土颗粒　(b) 生物膜覆盖的硅藻土颗粒　(c) 环氧化反应51d后的生物膜覆盖硅藻土颗粒

图6-4　固定在硅藻土上的甲烷氧化菌吸附生物膜的扫描电镜显微照片[8]

在MAFFB反应器中，采用丙烯-甲烷共氧化进行环氧丙烷的连续合成时，甲烷和丙烯的添加均会影响丙烯环氧化的进行。甲烷可以从为MMO提供催化单加氧化反应所需要的还原当量(NADH)和与丙烯竞争结合 MMO 催化活性中心两方面影响丙烯的环氧化反应。低浓度甲烷引入可提高 *Methylomonas* sp. GYJ3 细胞催化丙烯环氧化的能力，说明此时辅酶(NADH)生成是丙烯环氧化反应的控速步骤。当气相中甲烷含量达到 30%时，丙烯环氧化达到最大反应速率。继续增加气相中甲烷含量，*Methylomonas* sp. GYJ3 细胞催化丙烯环氧化的能力下降，此时大量甲烷和丙烯竞争与 MMO 催化活性中心结合，抑制了丙烯环氧化反应。丙烯、甲烷代谢途径及辅酶再生如图 6-5 所示。采用 *Methylococcus capsulatus* IMV 3021 和 *Methylosinus trichosporium* IMV 3011 细胞时，也发现了同样的结果。

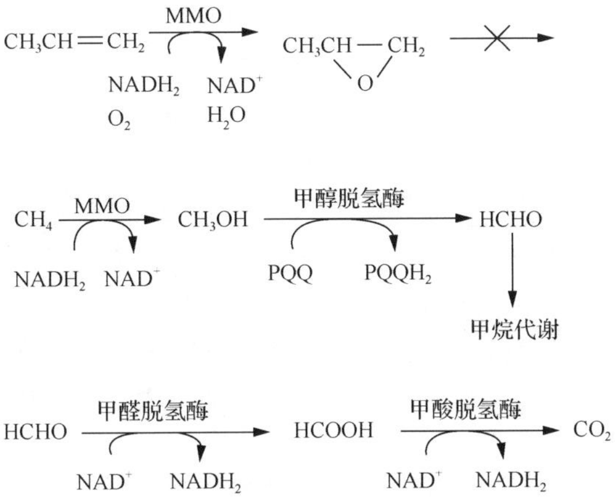

$CH_3CH{=}CH_2$ —MMO ($NADH_2$, O_2 → NAD^+, H_2O)→ $CH_3CH{-}CH_2$ (环氧, O) —✕→

CH_4 —MMO ($NADH_2$ → NAD^+)→ CH_3OH —甲醇脱氢酶 (PQQ → $PQQH_2$)→ HCHO → 甲烷代谢

HCHO —甲醛脱氢酶 (NAD^+ → $NADH_2$)→ HCOOH —甲酸脱氢酶 (NAD^+ → $NADH_2$)→ CO_2

图 6-5　丙烯、甲烷代谢途径及辅酶再生[8]

如果单独加入丙烯，丙烯的氧化产物环氧丙烷无法继续代谢，不能被甲烷氧化菌利用。同时丙烯还会与甲烷竞争 MMO 的催化位点，消耗还原型辅酶 NADH。因此大量添加丙烯会妨碍甲烷氧化菌的生长。但当丙烯分压保持 20%不变，添加的甲烷分压达到 35%以上时，丙烯对甲烷氧化菌生长的影响已很小，基本与在甲烷：氧气(1：1，体积比)生长情况相同。这可能是因为天然底物甲烷较丙烯更容易与 MMO 结合。

因此，在 MAFFB 反应器中应持续通入甲烷、丙烯、氧气分压分别为 35kPa、20kPa、45kPa 的混合反应气体进行环氧丙烷的连续生物合成，并且应及时更换吸收瓶中环氧丙烷的水溶液，如此连续操作 25d，环氧丙烷生产能力基本保持在 110～150μmol/d。

6.3　甲醇驱动下甲烷氧化菌催化环氧丙烷的连续合成

采用丙烯-甲烷共氧化的方法，由甲烷深度氧化成 CO_2 时产生的辅酶 NADH 可以维持丙烯环氧化反应的连续进行，反应表现出良好的稳定性[9]。然而，甲烷可以与丙烯竞争同 MMO 催化活性中心结合，甲烷的引入往往会导致丙烯环氧化反应速率降低。而采用甲醇深度氧化时产生的 NADH 来驱动丙烯环氧化反应，可以避免甲烷对环氧化反应的竞争性抑制。但是，甲烷氧化菌对甲醇的耐受性差，少量的甲醇往往会造成多数甲烷氧化菌迅速失活。因此，获得具有高耐受甲醇能力的菌株，是通过甲醇深度氧化驱动环氧化反应连续进行的关键。

经过甲醇蒸气驯化的甲基弯菌 *Methylosinus trichosporium* IMV 3011 可以在甲醇(浓度为 1%)中进行生长，且细胞的 MMO 活性基本可以保持在 510～515nmol/(min·mg)，为采用甲醇驱动环氧化反应连续进行提供了保证。甲醇驯化后的甲基弯菌 *Methylosinus trichosporium* IMV 3011 不仅能以甲醇为碳源进行生长，也能以甲烷为碳源进行生长，且甲醇中生长的细胞量比在甲烷中生长的细胞量多。这主要是由于甲烷在水中的溶解度较低，无法满足细胞大量生长的需要。以甲醇为碳源培养的细胞的 MMO 活性[1.3nmol/(min·mg)]比以甲烷为碳源培养的细胞的 MMO 活性[510～515nmol/(min·mg)]低，但向甲醇培养液中通入甲烷 30h 后，它们的 MMO 活性基本可以达到同样的水平。MMO 是不依赖甲烷进行表达的组成型酶，MMO 的表观米氏常数和最大表观反应速率会随甲烷浓度的减小而降低。可以判断，甲醇培养细胞的 MMO 活性低不是由于 MMO 不表达，而是由 MMO 的最大表观反应速率降低造成的。因此，当通入甲烷后，最大表观反应速率增大可以导致细胞的 MMO 活性在短时间内迅速达到正常水平。还可以看出，在甲烷-甲醇中共同培养的细胞量多于以甲烷或甲醇单独培养的细胞量。在甲烷-甲醇中共同培养有利于细胞生长，这可能有以下两种解释：一是甲醇深度氧化产生的 NADH 促进了甲烷氧化菌对甲烷的氧化吸收；二是将电子转移给氧的 MMO 催化的单加氧化反应能够使甲醇深度氧化反应连续进行。

在甲基弯菌 *Methylosinus trichosporium* IMV 3011 催化丙烯环氧化制备环氧丙烷批式反应过程中，不添加甲醇时，随着反应的进行，由于细胞内的还原型辅酶 NADH 不断转化为氧化型辅酶 NAD^+，批式反应进行到每批 6h 时因 NADH 耗尽而基本停止。甲醇作为甲烷氧化菌的代谢产物，在甲醇脱氢酶作用下生成甲醛，一部分甲醛用于细胞的生长，另一部分甲醛在甲醛脱氢酶和甲酸脱氢酶的作用下可转化为 CO_2 和 H_2O，同时再产生 NADH 供 MMO 催化反应的需要。反应液中添加甲醇浓度为 3mmol/L 时，批式反应进行到第 5 批时基本停止。这可能是此时细胞内产生还原型辅酶 NADH 的速率低于环氧化反应消耗还原型辅酶 NADH 的速率，导致 NADH 耗尽而使环氧化反应停止。虽然细胞内甲醇深度氧化产生的还原型辅酶 NADH 基本可以维持环氧化反应的连续进行，但 MMO 催化的丙烯环氧化反应是在有辅酶 NADH 存在时完成的，该过程同甲烷氧化成甲醇的过程相同，环氧丙烷不能继续代谢而在细胞外积累。高浓度的环氧丙烷可明显抑制甲烷氧化菌催化丙烯环氧化反应的活性。因此，在批式反应中，产物环氧丙烷的抑制作用成为反应停止的主要原因。

为解决底物抑制的影响，在 MAFFB 反应器中进行甲醇驱动的环氧丙烷连续合成。在 MAFFB 反应器中，气体流速在 600～1200mL/h 变化时对流出液中环氧丙烷和甲醇的浓度影响不大。最佳液体流速应该控制在 6mL/h 左右。连续操作 192h，流出液中环氧丙烷的浓度仍约为 1135mmol/L，表现出较好的稳定性。因此，在 MAFFB 反应器中，甲醇深度氧化成 CO_2 时产生的 NADH 可保证丙烯环氧化反应所需还原当量的补给，产物环氧丙烷的连续抽出也降低了其对环氧化反应的抑制作用，从而使环氧化反应连续进行。

6.4　甲烷氧化菌催化乙烯环氧化

利用甲烷氧化菌分泌的 MMO 在分子氧的作用下可以催化烯烃环氧化反应这一特性，不仅合成了许多制药工业的重要中间体，在环境污染的控制中也具有潜在的应用价值。例如，甲烷氧化菌中的 MMO 可以催化三氯乙烯生成三氯乙醛，进而被甲烷氧化菌氧化成酸性产物，达到降解三氯乙烯消除环境污染的目的。目前对于 MMO 催化烯烃环氧化的研究更多还是集中在 MMO 催化丙烯生成环氧丙烷。若以乙烯作为反应底物进行环氧化反应，其催化反应速率要比催化丙烯快 10 倍。然而甲烷氧化菌虽然可以催化乙烯氧化，但不能利用乙烯进行生长。

6.4.1　甲烷单加氧酶催化乙烯环氧化反应的影响因素

MMO 催化乙烯环氧化反应的催化能力主要受三个方面的影响：第一个方面是 MMO 的催化活性。良好的培养基组成不仅可以促进菌体的生长，利于高浓度细胞的积累，还可以提高 MMO 的催化活性。第二个方面是 MMO 催化乙烯环氧化反应持续进行所需的还原能当量。由于代谢过程不会再生辅酶，MMO 催化乙烯环氧化反应随着辅酶的消耗而停止。维持反应持续进行，还原动力是必不可少的因素之一。因此，可再生出辅酶的物质(如甲烷代谢途径上的某些产物)作为外源电子供体，可以维持催化反应持续进行，进而提高 MMO 催化能力。第三个方面是产物抑制作用。影响 MMO 催化乙烯环氧化反应持续进行的因素，除了还原动力 NADH 的耗尽外，产物环氧乙烷的不断积累有可能对 MMO 催化乙烯环氧化反应存在阻碍，因此，确定环氧乙烷对 MMO 催化能力是否有抑制作用显得尤为重要。

在利用 *Methylosinus trichosporium* IMV 3011 催化乙烯环氧化的培养过程中，反应菌体细胞的生长与菌体 MMO 活性随培养时间的变化规律不同。甲烷氧化菌细胞内的 MMO 存在 sMMO 和 pMMO 两种形式，Cu^{2+}调控两者的表达也对 sMMO 和 pMMO 的催化活性有影响。在无机盐液体培养基的基础上，加入 Cu^{2+}会提高

MMO 活性，当 Cu^{2+}浓度为 20μmol/L 时，MMO 催化乙烯环氧化的活力最大为 5.3nmol/(min·mg)。此时甲烷氧化菌仅表达 pMMO，说明 Cu^{2+}浓度的增加提高了 pMMO 活性，而 pMMO 活性与甲烷氧化菌催化乙烯环氧化呈正相关。另外，在 *Methylosinus trichosporium* IMV 3011 催化乙烯环氧化的过程中，辅酶作为 MMO 催化反应的还原动力，不仅能维持反应持续进行，还可以提高 MMO 的催化活性。在反应体系内直接添加辅酶价格昂贵，根据 MMO 在甲烷代谢过程中可再生辅酶的特点，外源电子供体的添加经济可行，有利于再生辅酶。在乙烯环氧化反应体系中分别加入甲烷、甲醇和甲酸钠作为外源电子供体，可以再生辅酶 NADH，三者的加入都能提高 MMO 的催化活性。甲烷体积比例为 10%时，MMO 的催化活性提高 1.3 倍；甲醇浓度为 3mmol/L 时，MMO 催化活性提高 2.5 倍；甲酸钠添加量为 20mmol/L 时，MMO 催化活性提高 8.1 倍。此外，同甲烷氧化菌催化丙烯环氧化一样，催化乙烯环氧化过程中，产物环氧乙烷对 MMO 活性存在抑制作用。因此，要想实现乙烯环氧化反应连续进行，产物环氧乙烷及时排出反应体系十分必要。

6.4.2 甲烷单加氧酶催化乙烯环氧化的动力学研究

甲烷单加氧酶的两种形式 sMMO 和 pMMO 具有不同的活性中心结构，两者催化反应的动力学性质也不同。阐明其催化反应动力学是其应用的理论基础。但由于 sMMO 和 pMMO 纯酶稳定性差、催化反应时还需要辅酶参与，因此，以纯酶形式单独比较两者催化乙烯环氧化反应的动力学性质很难实现。甲烷氧化菌的发酵培养基中，不同浓度的 Cu^{2+}可以调节不同形式 MMO 表达，高浓度 Cu^{2+}调节甲烷氧化菌表达 pMMO，低浓度 Cu^{2+}调节甲烷氧化菌表达 sMMO。因此，调节培养基中 Cu^{2+}浓度使甲烷氧化菌细胞内不同形式 MMO 表达，通过完整细胞的催化试验可以反映细胞内 sMMO 和 pMMO 催化以乙烯为底物的环氧化反应的动力学性质。生物乙烯清除剂上的甲烷氧化菌不仅应具有良好的催化能力，还应具备在痕量乙烯浓度下即可发生催化反应、易于与乙烯结合、可快速消耗乙烯的特点。因此，在提高甲烷氧化菌细胞催化能力的基础上，研究其催化动力学，进一步优化适用于制备生物乙烯清除剂的甲烷氧化菌培养基组成，特别是培养基中 Cu^{2+}浓度，具有十分重要的意义。

酶催化反应动力学研究主要针对单底物反应，MMO 催化乙烯的环氧化反应必须在有氧分子存在的条件下进行，因此该反应可视为双底物反应。Cleland 提出双底物反应的反应机制有三种，有序顺序反应机制(compulsory-ordered mechanism)、随机顺序反应机制(random-order mechanism)、乒乓反应机制(Ping-Pong mechanism)[10]。无论上述哪种反应机制，酶催化的双底物反应都符合 $A+B \longrightarrow P+Q$，其动力学方程为：

$$\frac{V}{V'_{\max}}=\frac{[S]}{K'+[S]} \tag{6-1}$$

式中，K' 和 $V'_{\max}$ 分别为表观米氏常数和表观最大反应速率；V 表示反应速率；[S] 表示底物浓度。

将该方程应用于 MMO 催化乙烯氧化反应的动力学研究中，前提是该反应为稳态反应且不考虑底物抑制作用。当底物 B 浓度保持不变，另一个底物 A 浓度变化，对式(6-1)进行转换，可得到式(6-2)：

$$\frac{1}{V}=\frac{K'}{V'_{\max}}\frac{1}{[A]}+\frac{1}{V'_{\max}} \tag{6-2}$$

$$K'=\frac{K_m^A[B]}{K_m^B+[B]} \tag{6-3}$$

$$V'_{\max}=\frac{[B]V_{\max}}{K_m^B+[B]} \tag{6-4}$$

对式(6-4)进行转换，可得到式(6-5)：

$$\frac{1}{V'_{\max}}=\frac{K_m^B}{V_{\max}^B}\frac{1}{[B]}+\frac{1}{V_{\max}^B} \tag{6-5}$$

以 1/[B]为横坐标、以 $1/V'_{\max}$ 为纵坐标绘制曲线，可以计算以 B 为底物 MMO 的米氏常数(K_m)和最大反应速率($V_{\max}$)，同理，可以计算出以 A 为底物 MMO 的 K_m 和 $V_{\max}$。

通过改变培养基中的 Cu^{2+}浓度使甲烷氧化菌细胞内不同形式的 MMO 表达，分别催化乙烯的环氧化反应，测定相应底物浓度和产物浓度。当培养基中 Cu^{2+}浓度为 0μmol/L，甲烷氧化菌细胞内 sMMO 表达，催化乙烯环氧化反应，计算分别以氧气、乙烯为底物时 sMMO 的 K_m 和 $V_{\max}$；当培养基中 Cu^{2+}浓度为 20μmol/L，甲烷氧化菌细胞内 pMMO 表达，催化乙烯环氧化反应，计算分别以氧气、乙烯为底物时 pMMO 的 K_m 和 $V_{\max}$；对比 sMMO、pMMO 的动力学常数，研究两者的催化特性。但采用的菌种种类不同、实验的具体条件不同、底物的种类不同、MMO 是否为纯酶都会影响 sMMO 和 pMMO 的动力学常数。例如，*Methylococcus trichosporium* OB3b 中的 sMMO 纯酶催化乙烯环氧化的 K_m 为 32μmol/L[11]；*Methylococcus capsulatus* 细胞中的 sMMO 纯酶催化丙烯环氧化的 K_m 为 0.94μmol/L[12]；II 型甲烷氧化菌细胞内的 pMMO 催化甲烷氧化的 K_m 为 1μmol/L[13]；硝化细菌 *Nitrosomonas europaea* 细胞催化乙烯形成环氧乙烷的 K_m 为 80μmol/L。

然而同一菌株中的 pMMO 和 sMMO 催化乙烯环氧化的反应动力学参数也不同，通过调节培养基中 Cu^{2+}浓度使 *Methylosinus trichosporium* IMV 3011 只表达 sMMO(0μmol/L)或 pMMO(20μmol/L)，分别催化乙烯环氧化反应，pMMO 的 K_m 和 V_{max} 分别为 5.82μmol/L 和 31.25μmol/(h·L)，而 sMMO 的 K_m 和 V_{max} 则分别为 2.25μmol/L 和 5.84μmol/(h·L)。这说明 *Methylosinus trichosporium* IMV 3011 的 pMMO 和 sMMO 中，前者更易与乙烯结合，后者对乙烯的环氧化速率更快。因此，利用甲烷氧化菌细胞催化乙烯环氧化反应高效进行，甲烷氧化菌应适当表达 sMMO 和 pMMO。Cu^{2+}浓度的改变可以调节甲烷氧化菌 MMO 的表达，不同 Cu^{2+}浓度的培养基培养甲烷氧化菌催化乙烯环氧化反应，其动力学常数如表 6-1 所示。

表 6-1 不同 Cu^{2+}浓度培养甲烷氧化菌催化乙烯环氧化反应动力学常数[14]

Cu^{2+}浓度/(μmol/L)	sMMO 活性/[nmol/(min·mg 细胞干重)]	K_m/(μmol/L)	V_{max}/[μmol/(h·L)]
0	11.2	3.8	10.2
1	1.1	4.5	140.3
5	—	43.1	168.2
10	—	25.7	96.4
15	—	8.7	48.7
20	—	6.3	43.5

注：此表格中测得的试验结果是在氧气过量、假设乙烯为单一底物条件下根据米氏方程计算获得的；“—”表示未测定出结果。

从表 6-1 中可以看出，培养基中 Cu^{2+}浓度为 0μmol/L，甲烷氧化菌表达 sMMO，其催化乙烯环氧化反应，乙烯为底物的 K_m 值最小为 3.8μmol/L，V_{max} 值最小为 10.2μmol/(h·L)；当 Cu^{2+}浓度为 5～20μmol/L，甲烷氧化菌表达 pMMO，催化乙烯环氧化反应，乙烯为底物的 K_m 值均大于 sMMO 的 K_m 值，V_{max} 值均大于 sMMO 的 V_{max} 值，Cu^{2+}浓度不断增加，以乙烯为底物的 K_m 值和 V_{max} 值都减小；当 Cu^{2+}浓度为 1μmol/L，甲烷氧化菌同时表达 sMMO 和 pMMO，甲烷氧化菌催化乙烯环氧化反应，以乙烯为底物的 K_m 值仅大于 sMMO 的 K_m 值，V_{max} 值仅小于 Cu^{2+}浓度为 5μmol/L 的 V_{max} 值。因此，甲烷氧化菌催化乙烯环氧化反应，应具备较小的 K_m 值，以易于与乙烯结合，启动乙烯环氧化反应，还应具备较大的 V_{max} 值，催化速率快且反应易持续进行。

6.5 生物乙烯清除剂及环氧乙烷食品熏蒸剂的制备与应用初探

果蔬是人们日常食品的重要组成部分，可以为人体提供维生素和膳食纤维。消费者对果蔬需求量增加的同时，对果蔬新鲜度的要求越来越高。采摘后的果蔬在运输、储藏、销售过程中仍然存在呼吸作用，不断释放乙烯气体。乙烯作为植物催熟激素，低浓度时可以促进果蔬成熟，高浓度时加快果蔬衰老，导致果蔬软烂甚至失去商品价值。因此，果蔬采后对乙烯浓度的严格控制对保证果蔬新鲜度、延长储藏期具有重要的作用。目前，控制乙烯气体浓度的方法之一是加入乙烯清除剂，常见的乙烯清除剂有高锰酸钾、溴化物，但是由于用量不易控制、易造成果蔬污染、无法循环使用等问题，因此，需要一种高效、长效、简便、安全无毒的生物乙烯清除剂。MMO 是甲烷氧化菌代谢过程中的重要酶系，作为高效的生物催化剂，对乙烯敏感，在氧气的作用下催化乙烯发生环氧化反应。利用物理吸附法将甲烷氧化菌细胞固定在载体上，制成生物乙烯清除剂，通过环氧化反应不断消耗乙烯气体，且可以再生循环使用，经济环保，具有广泛的应用前景和潜力。

6.5.1　生物乙烯清除剂的制备及其催化特性研究

甲烷氧化菌游离细胞在实际应用时机械操作稳定性和储藏稳定性差，使其应用受到限制。将甲烷氧化菌细胞吸附在固定化载体上，制备成生物乙烯清除剂，在果蔬保鲜过程中应用可以解决上述问题。用于制备生物乙烯清除剂的载体，要具有稳定性好、易吸附菌体细胞、易吸收乙烯气体、不易吸附环氧乙烷的特点。活性炭、硅藻土、大孔树脂三种载体都具有大孔径，可以吸附甲烷氧化菌细胞。不同载体对甲烷氧化菌的吸附能力不同，活性炭对甲烷氧化菌细胞的吸附率最大，其次是大孔树脂，但是两者的吸附率并无明显差异，硅藻土的吸附率最小。活性炭、硅藻土、大孔树脂与菌体细胞的吸附力属于范德瓦耳斯力，菌体细胞吸附后存在脱附情况，三者的脱附率接近，均不超过 10%，可以满足生物乙烯清除剂在日后实际生产中的应用[15]。

虽然菌体细胞吸附到载体上，可以提高操作稳定性，但载体的空间屏障、细胞微环境的变化、底物和产物的扩散作用等因素，导致固定化细胞即生物乙烯清除剂与游离细胞在催化性能方面存在差异，主要体现在催化性能、动力学参数等方面。甲烷氧化菌被硅藻土、大孔树脂吸附后其催化活性较游离细胞下降。虽然活性炭与大孔树脂对菌体的吸附量相近，但是活性炭吸附菌体后其催化活性大于大孔树脂，可能是因为大孔树脂载体表面或内部的基团与细胞壁作用，对吸附的菌体细胞所处的微环境产生影响，影响到细胞的代谢进而影响催化活性。具体到催化乙烯环氧化反应生成环氧乙烷的浓度，活性炭最大，其次是游离细胞、大孔树脂和硅藻土。环氧乙烷的生成与几个方面有关：菌体的催化活性，催化活性是决定乙烯清除量的重要因素；此外，菌体细胞被载体吸附后，会在菌体周围形成微环境，非极性的乙烯和氧气易于被非极性的活性炭吸附，使微环境内底物乙烯和氧气的浓度增加，生成的极性产物环氧乙烷容易从非极性载体表面离开，进而减少其对细胞催化活性的抑制，这个特点对于生物乙烯清除剂在水果保鲜中的应用是有益的。当用活性炭作为载体吸附甲烷氧化菌细胞时，主要作用力是范德瓦耳斯力，因此易于吸附在孔洞周围和内部，如图 6-6 所示。综合吸附率、催化活性、脱附率和乙烯清除量四项指标的结果，活性炭作为生物乙烯清除剂的载体最合适，其吸附量为 2.5mg 干重细胞/g 活性炭，催化活性为 2.7nmol/(min·mg)，乙烯清除量为 30.0nmol/mg。

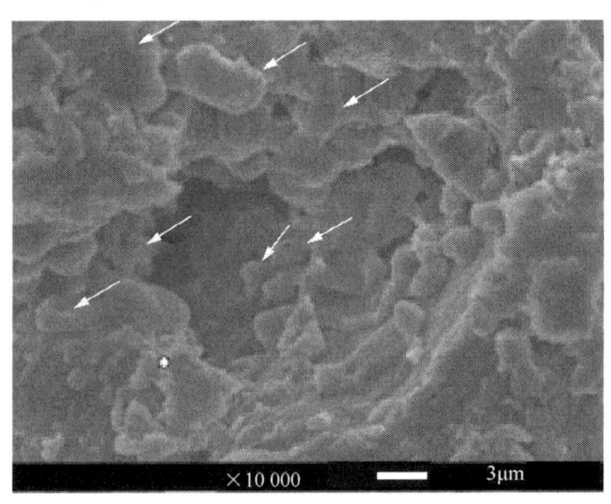

图 6-6　载体活性炭对细胞吸附的扫描电镜照片[14]

制备乙烯清除剂，除了确定载体，还需要确定细胞浓度、吸附时间和吸附温度。随着甲烷氧化菌菌悬液细胞浓度的增加，活性炭的吸附率和催化活性都随之增加，但是吸附过多的细胞会造成底物扩散阻碍，催化活性降低，而活性炭的吸附达到饱和后，吸附率也不再增加。吸附时间过长同样会造成细胞内 MMO 的催化活性减小。吸附温度也不易过高，在一定范围内吸附温度升高促进细胞扩散，吸附率增加，催化活性随之增加，但温度过高，超过甲烷氧化菌的耐受温度，且解吸附作用增强，吸附率和催化活性的数值明显下降。因此，制备乙烯清除剂的适宜条件应为菌悬液中细胞浓度为 1.5～2.5mg/mL，吸附时间为 12～16h，吸附温度为 30～35℃。

在相同条件下与游离细胞相比，活性炭固载制备的乙烯清除剂催化乙烯环氧化反应的能力更高，为 142.7nmol/mg，且可以重复使用 10 个批次。而游离细胞的催化能力为 89.2nmol/mg 且重复使用 7 个批次后乙烯清除能力完全消失[16,17]。对于生物乙烯清除剂，乙烯气体在液相中先扩散至载体周围的液膜，再扩散至载体吸附的细胞表面，生物乙烯清除剂的载体活性炭对非极性的乙烯有良好的吸附作用，导致活性炭吸附的细胞周围微环境中聚集乙烯气体，利于底物浓度的提高。另外，活性炭作为载体吸附了甲烷氧化菌细胞，减小细胞受环境的影响程度，因此，生物乙烯清除剂比游离细胞对温度的耐受性增强，敏感度减小，最适反应温度升高[18]。游离细胞催化活性最适温度为 30℃，而生物乙烯清除剂催化活性的最适温度为 40℃。但对于游离细胞和生物乙烯清除剂的反应活化能，游离细胞催化乙烯环氧化反应的活化能（E_a=15.02kJ/mol）低于生物乙烯清除剂的活化能（E_a=22.58kJ/mol）。这说明其游离细胞催化活性比生物乙烯清除剂好，但两者的催化活性相差并不明显。而生物乙烯清除剂的 K_m=3.9μmol/L 小于游离细胞的 K_m=142μmol/L。这说明生物乙烯清除剂与乙烯的亲和程度更好。因此，活性炭固载后甲烷氧化菌清除乙烯能力提高的主要原因在于，其操作稳定性及适应性提高，以及其具有在细胞周围富集底物乙烯的能力。

6.5.2　生物乙烯清除剂的再生

用 250mL 磷酸盐缓冲液（20mmol/L、pH 7.0，含 5mmol/L $MgCl_2$）将一定量的生物乙烯清除剂（吸附的细胞干重共 12.5mg）悬浮于 3L 反应器中，反应器密封后抽真空，置换一定比例的乙烯与氧气的混合气体，30℃、150r/min 振荡反应。在此条件下，生物乙烯清除剂半衰期为 18.4h。提供还原能量的辅酶再生可以推动乙烯环氧化反应的持续进行[19]。直接加入外源物质可以再生辅酶。但外源电子供体与酶的亲和能力不同，再生辅酶的能力不同[5]。催化乙烯环氧化反应中加入甲烷混合气体（氧气 50%、乙烯 20%、甲烷 10%、氮气 20%）、3mmol/L 甲醇、20mmol/L 甲酸钠，生物乙烯清除剂和游离细胞的催化活性如表 6-2 所示。

表 6-2　外源电子供体对催化活性的影响[14]

催化剂	催化活性/[nmol/(min·mg)]			
	空白	甲烷	甲醇	甲酸钠
游离细胞	3.90±0.20[a]	5.07±0.26[b]	9.75±0.40[c]	31.59±0.71[d]
生物乙烯清除剂	4.0±0.31[a]	4.2±0.32[a]	10.42±0.30[b]	32.88±0.55[c]

注：不同字母表示差异显著。

甲烷、甲醇和甲酸钠的加入提高了游离细胞的 MMO 活性，分别为空白组的 1.3 倍、2.5 倍和 8.1 倍。加入甲醇和甲酸钠后，生物乙烯清除剂的催化活性分别为空白组的 2.6 倍和 8.2 倍，催化活性的提高程度与游离细胞相近，原因是甲醇和甲酸钠的水溶性良好，不受载体的阻碍。加入甲烷后，生物乙烯清除剂的催化活性与空白组基本一致。物理吸附的吸附力主要是范德瓦耳斯力，气体的相对分子质量越大，则范德瓦耳斯力越大，吸附能力越强，催化过程中活性炭对乙烯的吸附力大于甲烷，因此，直接充入甲烷对生物乙烯清除剂催化活性的提高效果不明显。

外源物质的一次性加入不能满足日后连续化工业生产的需要。因此，循环培养再生辅酶是有益的尝试。每批次循环后游离细胞和生物乙烯清除剂催化活性保留率结果如图 6-7 所示。

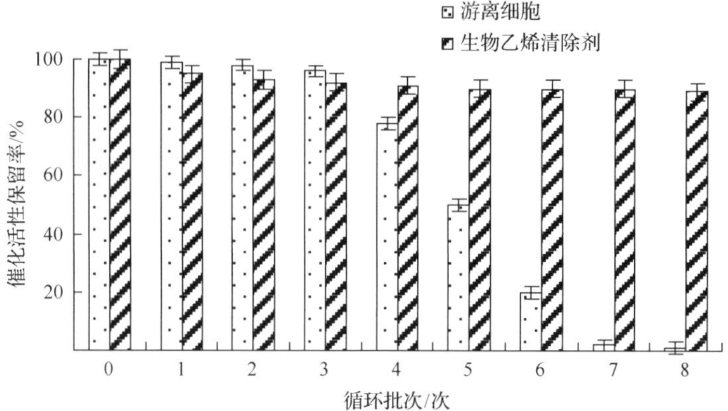

图 6-7　每批次循环后游离细胞和生物乙烯清除剂催化活性的保留率[19]

每批次催化反应结束后分别对游离细胞和生物乙烯清除剂再次培养，培养过程中甲烷羟基化的过程再生出辅酶，储存在细胞内，为之后催化乙烯环氧化反应提供还原能量。由于自身的不稳定性，游离细胞循环培养 4 次后，催化活性不断降低，循环培养到第 8 次，催化活性接近零。对于生物乙烯清除剂，活性炭表面吸附不牢固的细胞部分脱落[5]，导致前 2 次循环催化活性下降，但下降程度较小，之后的循环培养批次中催化活性基本不变，循环 8 次后催化活性仍保留 89%，这体现了催化后再培养的作用以及生物乙烯清除剂良好的操作稳定性。

6.5.3　生物乙烯清除剂催化乙烯环氧化反应的动力学研究

甲基弯菌游离细胞催化乙烯环氧化反应的体系由气液两相构成；生物乙烯清除剂由活性炭为载体吸附甲基弯菌制成。采用生物乙烯清除剂催化乙烯环氧化反应，活性炭的介入使反应体系变为气液固三相。底物气体从液相先扩散至活性炭颗粒表面，再扩散到颗粒内部，最后扩散到吸附的甲基弯菌细胞内，反应产生的环氧乙烷沿着反途径扩散至反应体系的液相中，如图 6-8 所示。

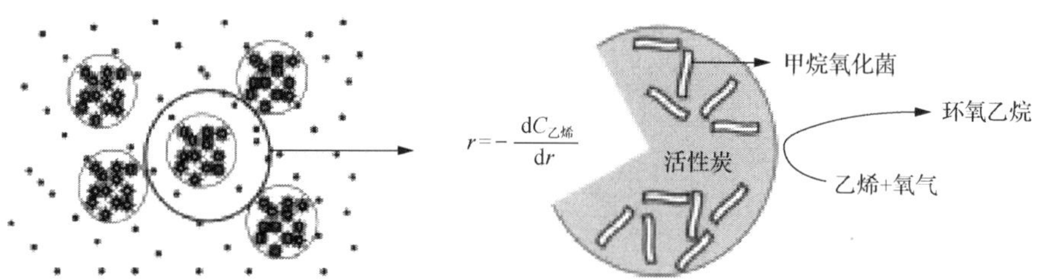

图 6-8　生物乙烯清除剂催化乙烯环氧化反应过程图[14]

底物气体在扩散的过程中，活性炭颗粒表面液膜阻碍底物向颗粒表面扩散，产生外扩散阻力，活性炭颗粒内部的孔洞结构阻碍底物向颗粒内部扩散，产生内扩散阻力。生物乙烯清除剂催化乙烯环氧化速率受到外扩散和内扩散的影响，如果忽略外扩散和内扩散的影响，生物乙烯清除剂催化乙烯环氧化反应速率近似于甲基弯菌细胞内 MMO 催化乙烯环氧化反应速率。

固定化甲基弯菌催化的动力学研究一般以甲烷、丙烯为底物，米氏方程分析单一底物对反应速率的影响。幂指数速率方程的建立，通过方程中各因素反应级数的数值，可以推断各反应物初始浓度与初始环氧化速率的正负相关性及影响程度。对于生物乙烯清除剂催化乙烯环氧化反应，针对该反应的传质阻力和动力学模型从以下两个方面开展研究。

1. 内外扩散作用对反应速率的影响

在底物氧气充足的前提下，研究底物乙烯气体在传质过程中的外扩散阻力和内扩散阻力对反应速率的影响，确定是否可以忽略内外扩散阻力对反应速率的影响。

生物乙烯清除剂催化乙烯环氧化反应的搅拌过程中，在吸附甲基弯菌的活性炭颗粒表面形成了液膜，液膜阻碍了底物和产物在活性炭表面的扩散，产生传质阻力。

假设活性炭颗粒为球形，颗粒表面液膜的厚度均一，液膜内的底物和产物扩散只有分子扩散，则传质速率为常数，满足式(6-6)：

$$V = 4\pi r^2 N \tag{6-6}$$

式中，V 表示传质速率，mol/s；N 表示传质通量，mol/(m·s)；r 表示活性炭颗粒半径，m。

由于液膜内的扩散为分子扩散，则传质通量与浓度梯度的关系符合 Fick 第一定律，满足式(6-7)：

$$N = -D\frac{\mathrm{d}S_r}{\mathrm{d}r} \tag{6-7}$$

式中，D 表示底物在液膜中的扩散系数，m^2/s；S_r 表示半径为 r 处的底物浓度，mol/L；负号表示扩散方向与浓度梯度方向相反，即分子扩散向浓度梯度降低的方向进行。

将式(6-6)代入式(6-7)中，设定 $r=R$，解微分方程，最终得到传质通量：

$$-N\Big|_{r=R} = \frac{D}{\delta R/(\delta + R)}(S - S_s) \tag{6-8}$$

式中，δ 表示液膜厚度，m；S_s 表示活性炭颗粒表面的底物浓度，mol/L；S 表示液膜表面的底物浓度，mol/L；R 表示活性炭颗粒的半径，m。

由于液膜的厚度远远小于活性炭颗粒半径，因此，$\delta+R\approx R$。式(6-8)可以简化为：

$$-N\Big|_{r=R}=\frac{D}{\delta}(S-S_{\mathrm{s}}) \tag{6-9}$$

当$k_{\mathrm{F}}=\dfrac{D}{\delta}$时，式中$k_{\mathrm{F}}$表示外扩散传质系数(m/s)，将$k_{\mathrm{F}}$代入式(6-9)中，得到式(6-10)：

$$-N\Big|_{r=R}=k_{\mathrm{F}}(S-S_{\mathrm{s}}) \tag{6-10}$$

液膜厚度越小，则外扩散传质系数越大，传质通量越大，由式(6-6)可知，传质速率就越大，即外扩散对反应的影响越小。液相的振荡转速决定液膜厚度，当振荡转速＞200r/min，扩散速率非常快，可以完全忽略外扩散阻力对反应速率的影响。

在外扩散阻力忽略不计的前提下，生物乙烯清除剂催化乙烯环氧化反应体系中，底物透过液膜到达活性炭颗粒表面，由表面继续向颗粒内部的微孔扩散时产生的内扩散阻力也会对反应速率产生影响。

假设活性炭颗粒为球形，且吸附的甲基弯菌细胞在球形颗粒内部分布均匀，底物为单一物质，在此假设前提下，内部传质的影响因子满足式(6-11)：

$$\eta_i=\frac{V}{\left(\dfrac{V_{\mathrm{m}}S_{\mathrm{s}}}{K_{\mathrm{m}}+S_{\mathrm{s}}}\right)} \tag{6-11}$$

式中，η_i表示内部传质影响因子；V表示反应速率；V_{m}表示最大反应速率；S_{s}表示活性炭颗粒表面的底物浓度。

当振荡转速＞200r/min，消除了外扩散对反应速率的影响，即外部传质影响因子为1($\eta_{\mathrm{e}}=1$)则$\eta=\eta_{\mathrm{e}}\eta_i=\eta_i$。忽略了外扩散的影响后，$S_{\mathrm{s}}$即为液相中底物的浓度。反应体系液相中氧气浓度过量，即假定乙烯为反应单一底物，反应的V_{m}和K_{m}均采用表观常数表示，即V_{m}'和K_{m}'。因此，式(6-11)可转化为式(6-12)：

$$\frac{V}{V_{\mathrm{m}}'}=\eta\frac{[\text{乙烯}]}{K'[\text{乙烯}]} \tag{6-12}$$

式(6-12)两边取倒数，可得式(6-13)：

$$\eta\frac{V_{\mathrm{m}}'}{V}=\frac{K'}{[\text{乙烯}]}+1 \tag{6-13}$$

令式(6-13)中的$1=\dfrac{V}{V}$，等式两边同时乘$\dfrac{V}{K'}$，式(6-13)转换后可得式(6-14)：

$$\frac{V}{[乙烯]}=\eta\frac{V'_{\max}}{K'}-\frac{V}{K'} \tag{6-14}$$

如果内扩散对反应速率无影响，则 η=1，以$\dfrac{V}{[乙烯]}$对 V 作图，理论应拟合一条直线。如果存在内扩散的传质阻力，在活性炭颗粒内部，传质影响因子 η 与 Thiele 方程的 Φ(表面浓度下的反应速率/内扩散的速率)有关$\left(\eta\approx\dfrac{1}{\Phi}\right)$，催化过程中，Thiele 方程的 Φ 随活性细胞浓度而变化，因此，η 也随之不断变化，导致试验数据拟合曲线偏离无扩散影响的理论拟合直线。测定不同乙烯浓度的反应速率，根据试验数据拟合曲线，对比无扩散影响理论拟合直线的相似度，结果如图 6-9 所示。

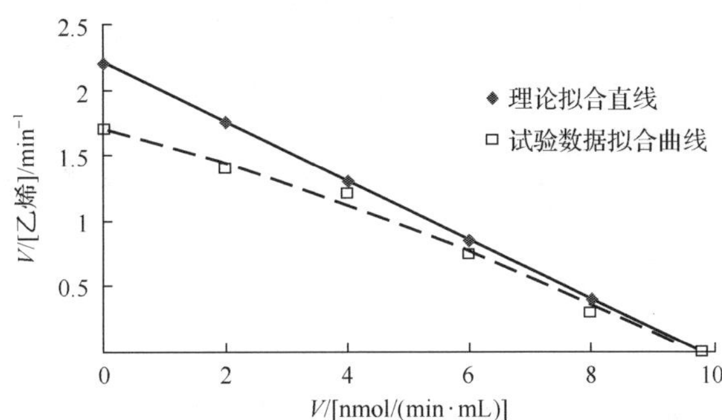

图 6-9　试验数据拟合曲线与无扩散影响理论拟合直线

从图 6-9 中可以看出，图中直线为无扩散影响的理论拟合直线，纵轴截距为 $V'_{\max}/K'$，横轴截距为 $V'_{\max}$，此直线方程为 $y=-0.2245x+2.2$。由于 η 不断变化，因此，试验数据拟合得到一条曲线，与无扩散影响的理论拟合曲线的相似度为 0.9929，此相似度说明活性炭颗粒内扩散对反应速率几乎无影响，因此，可以忽略内扩散对反应速率的影响。

2. 无内外扩散阻力存在条件下反应速率的变化规律

在内外扩散阻力对反应速率的影响可以忽略的前提下，通过控制单一变量法，分别在不同的乙烯初始浓度、氧气初始浓度、催化剂用量、环氧乙烷初始浓度下测定反应速率，计算各自的反应级数，并结合反应活化能，建立生物乙烯清除剂催化乙烯环氧化反应的幂指数速率方程。根据此方程计算上述反应各因素不同数值下的反应速率，拟合理论计算值与实际测定值，判断是否可以依据此幂指数速率方程计算反应速率。

$$r=\frac{\mathrm{d}C_{乙烯}}{\mathrm{d}t}=k[乙烯]^a[O_2]^b[催化剂]^c[环氧乙烷]^d \tag{6-15}$$

式中，$k=A\mathrm{e}^{\frac{-E_a}{RT}}$；$k$ 表示速率常数；a、b、c、d 表示乙烯、氧气、催化剂和环氧乙烷的反应级数；E_a 表示活化能，kJ/mol；A 表示指前因子；T 表示反应温度，K；R 的值为 8.314kJ/(mol·K)。

图 6-10(a)中以反应时间为横坐标，以体系的乙烯浓度为纵坐标绘制曲线。随着乙烯初始浓度的增加，吸附在催化剂表面的乙烯浓度增大，斜率不断增加，即环氧化速率随之增加。由图 6-10(b)看出，ln$r$ 与 ln[乙烯]具有线性关系(R^2=0.9698)，其线性方程斜率为 0.6983。因此，乙烯初始浓度的反应级数为 0.6983。

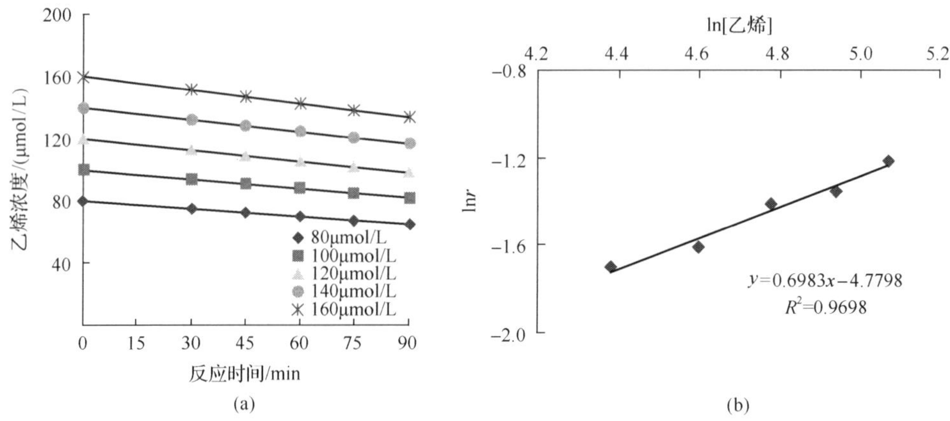

图 6-10　乙烯初始浓度对环氧化速率的影响(a)及乙烯反应级数拟合线(b)

氧气作为氧化剂，吸附在催化剂表面对乙烯进行环氧化，氧气初始浓度对环氧化速率的影响如图 6-11(a)所示，随着氧气初始浓度的增加，环氧化速率增加，

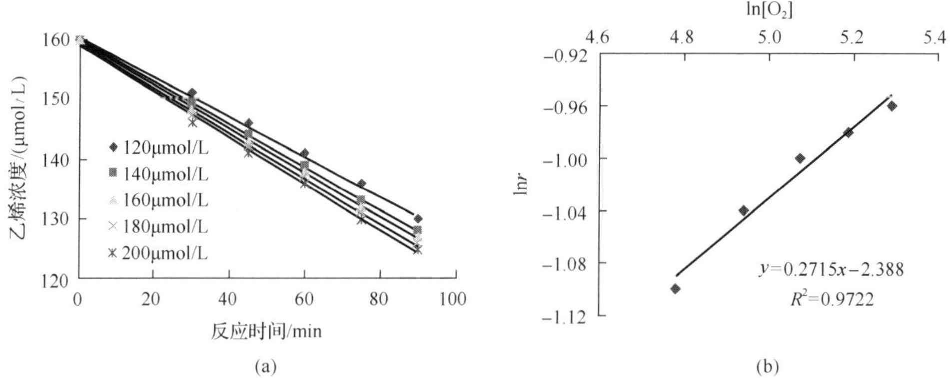

图 6-11　氧气初始浓度对环氧化速率的影响(a)及氧气反应级数拟合线(b)

但是增加的幅度小于乙烯初始浓度增加引起环氧化速率的增加幅度。由图 6-11(b)可知，ln$r$ 与 ln[O_2]之间具有线性关系(R^2=0.9722)，其线性方程斜率即 O_2 反应级数，为 0.2715。

从图 6-12(a)可以看出，随着催化剂用量的增加，环氧化速率显著增大。催化剂用量的增加，提供更多的甲烷氧化菌催化反应，同时可以吸附更多的底物参与反应，进而增加环氧化速率。此外，ln$r$ 与 ln[催化剂]拟合直线具有良好的线性关系 R^2=0.9906，其斜率为 0.5635。由此可确定，催化剂用量的反应级数为 0.5635。

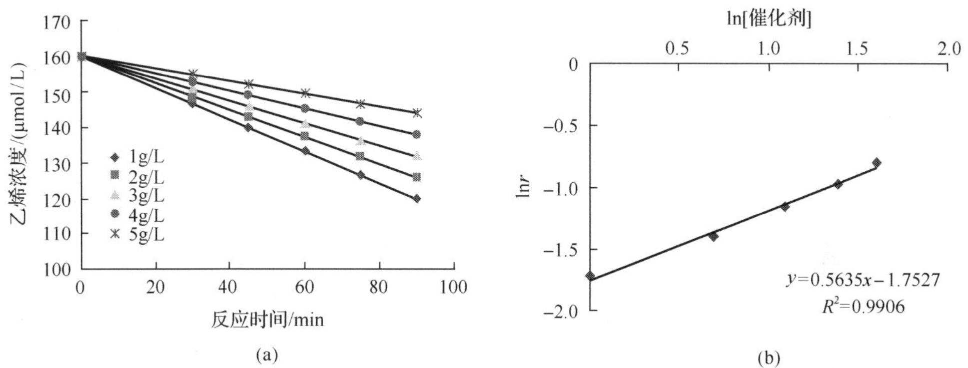

图 6-12　催化剂用量对环氧化速率的影响(a)及催化剂反应级数拟合线(b)

由图 6-13(a)可知，随着反应体系中环氧乙烷初始浓度的增加，乙烯的环氧化速率降低。环氧乙烷浓度与环氧化速率负相关性主要是环氧乙烷对甲烷氧化菌的 MMO 有抑制作用，MMO 活性下降，导致环氧化速率降低。ln$r$ 与 ln[环氧乙烷]的线性关系 R^2 为 0.9794，其斜率为−1.0185。因此，环氧乙烷的反应级数为−1.0185。

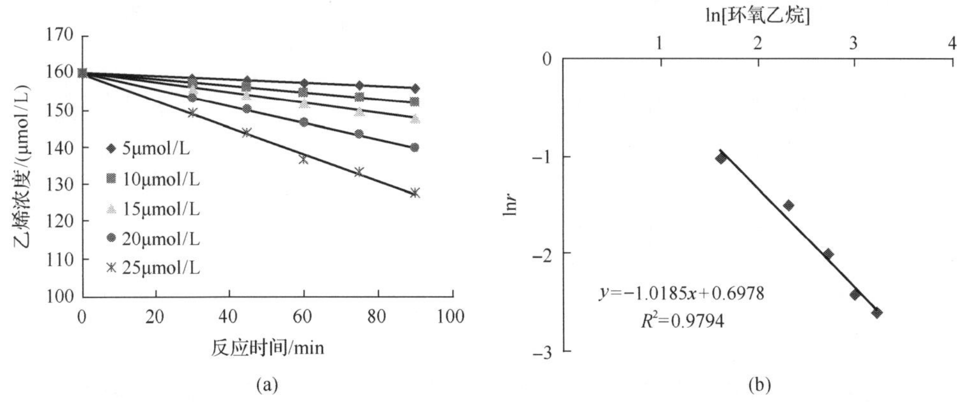

图 6-13　环氧乙烷初始浓度对环氧化速率的影响(a)及环氧乙烷反应级数拟合线(b)

温度对乙烯环氧化速率的影响如图 6-14(a)所示，随着温度的升高环氧化速率随之增加。温度升高增加催化剂的催化活性，但温度过高导致甲烷氧化菌的 MMO 失活。因此，反应温度低于 40℃为宜。

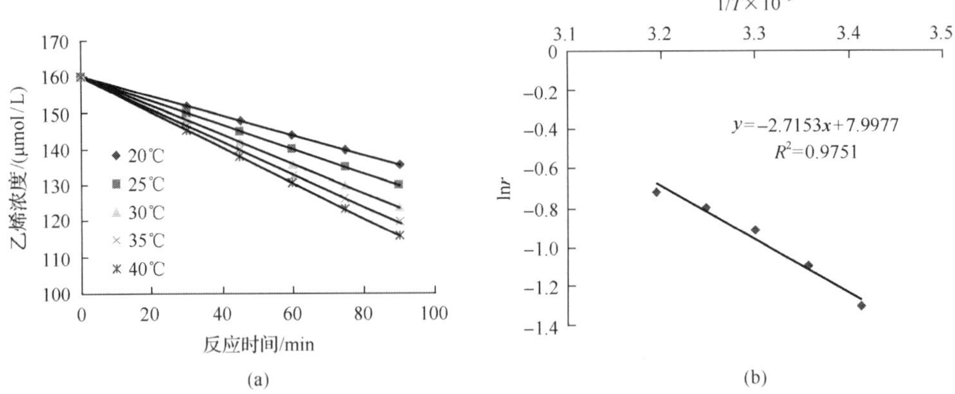

图 6-14 反应温度对环氧化速率的影响(a)及阿伦尼乌斯拟合线(b)

通过已有的速率常数(k)及温度(T)与乙烯环氧化速率的关系，对式(6-15)两边同时取 ln，得：

$$\ln k = \ln A - \frac{E_a}{RT \times 10^{-3}} \tag{6-16}$$

代入阿伦尼乌斯拟合线性方程[图 6-14(b)]，求活化能(E_a)及指前因子(A)。其中，$\ln A$=7.9977；$\frac{E_a}{R}$=2.7153；求得 A=2974.1，E_a=22.575kJ/mol。

Jankowiak 等[19]以纯银或铜-银复合物作为催化剂催化乙烯环氧化反应，各反应条件下的反应活化能为 4.18～86.53kJ/mol，较低的活化能说明其具有良好的催化活性。

将上述试验测得的各反应物的反应级数及活化能代入式(6-15)中，得到催化乙烯环氧化反应的幂指数速率方程为：

$$f = 2974.1 \times e^{\frac{22575}{RT\times10^{-3}}}[\text{乙烯}]^{0.6989}[O_2]^{0.2715}[\text{催化剂}]^{0.5695}[\text{环氧乙烷}]^{-1.0185} \tag{6-17}$$

根据式(6-17)对环氧化速率进行计算，与实际测定的值对比，结果如图 6-15 所示。

对计算值与实测值进行拟合发现[图 6-15(a)]，其拟合程度较好；由残差图 6-15(b)所示，残差置信区间包含零点，说明拟合的反应动力学方程能较好地反映实际试验结果，可用于实际催化反应中各参数的预测。

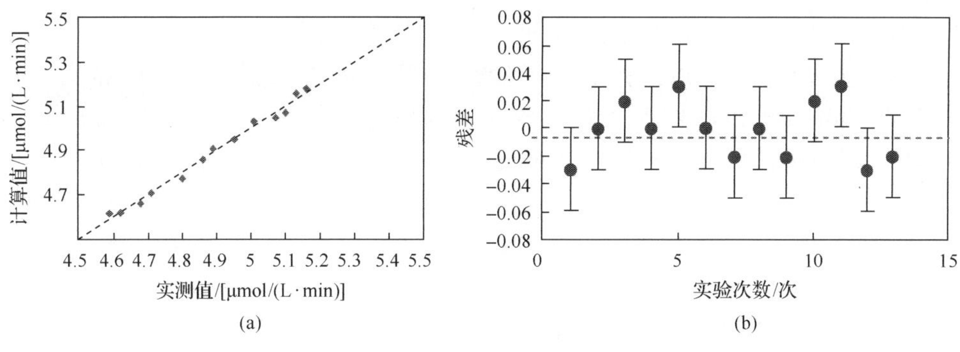

图 6-15　计算值与实测值比较(a)和残差图(b)

生物乙烯清除剂催化乙烯环氧化反应幂指数速率方程中，反应各因素的反应级数为：乙烯 0.6983、氧气 0.2715、环氧乙烷–1.0185、催化剂 0.5635。反应级数的数值反映各因素对初始环氧化速率的影响程度。由上述数据可知，乙烯、氧气、催化剂初始浓度的增加与初始环氧化速率呈正相关，对环氧化初始速率的影响程度为乙烯＞催化剂＞氧气，因此，乙烯的初始浓度为该反应的控速步骤。环氧乙烷的初始浓度与环氧化速率呈负相关，这可能是由于环氧乙烷对 MMO 有抑制作用。之前的研究证明，环氧丙烷对 MMO 活性有抑制作用，这主要是由于环氧乙烷环状结构中氧的拉伸使碳原子更具有亲电性，更易与 MMO 活性部位中的亲核氨基酸残基结合。

6.5.4　生物乙烯清除剂在苹果储藏中的应用

苹果是典型的呼吸跃变型水果，呼吸强度的增强、乙烯释放量的增加伴随着果实的成熟，随着果实的不断成熟，果实发生物理化学变化，品质不断完善，如果实饱满、色泽鲜艳、香气四溢等。苹果果实在采后的储藏过程中，呼吸作用依然存在，乙烯不断释放，导致储藏期短，果实过度成熟，品质质量受损，如果实软烂、失水皱缩、褪色等。因此，果实采后的乙烯控制在延长储藏期、保证果实品质方面起到非常重要的作用。

将一定质量(约 1.8kg)采后的苹果置于干燥器的挡板上，一定质量(20g)生物乙烯清除剂置于磷酸盐缓冲液中，并置于干燥器的底部，密封后抽真空。干燥器顶端用橡皮塞塞紧，橡皮塞上装有玻璃管，玻璃管露出干燥器的一端套上带有螺旋夹的橡皮管，用于取样测定干燥器内气体含量。苹果储藏试验容器如图 6-16 所示。

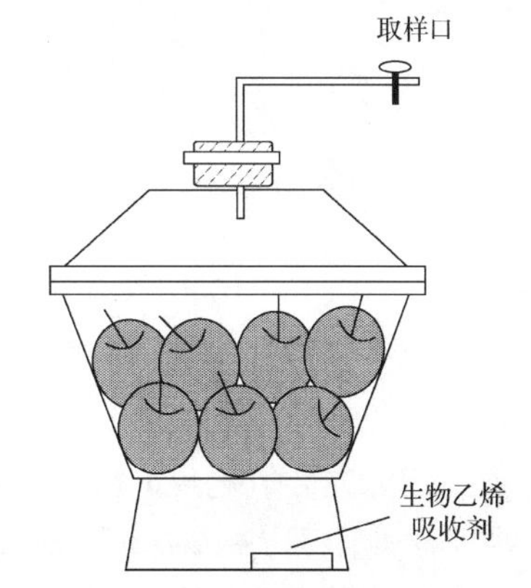

图 6-16　苹果储藏试验容器示意图[20]

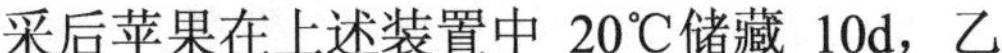
采后苹果在上述装置中 20℃储藏 10d，乙

烯释放量从 3.9μmol/L 增加到 126.1μmol/L。生物乙烯清除剂应易于与乙烯结合、反应速率快，反应持续进行所需还原能物质丰富，因此，制备所用的培养基中铜离子浓度为 10μmol/L，细胞表达 pMMO，生物乙烯清除剂的 K_m 为 18.5μmol/L，V_{max} 为 92.7μmol/(h·L)。生物乙烯清除剂在苹果果实储藏至第 4d 启动催化乙烯环氧化反应。与空白组相比，苹果果实储藏过程加入生物乙烯清除剂，乙烯释放速率达最大值的储藏时间由第 8d 延迟至第 10d，乙烯释放速率的最大值为空白组数值的 55%。呼吸强度达最大值的储藏时间由第 5d 延迟至第 8d，呼吸强度的最大值为空白组数值的 64%。生物乙烯清除剂并未抑制乙烯的产生，而是通过使乙烯发生环氧化反应，有效消耗了果实释放的乙烯，减弱了果实的呼吸作用，减缓乙烯释放速率。加入生物乙烯清除剂的苹果果实，储藏初始 5d 内硬度基本不变，5d 后硬度随时间延长而降低，储藏至 15d，果实硬度为初始果实硬度的 82%，空白组为 68%；储藏前后，苹果果实可溶性固形物含量变化不大，空白组、对照组(活性炭)和试验组(生物乙烯清除剂)无显著性差异($P<0.05$)，生物乙烯清除剂对果实的可溶性固形物含量无明显影响；储藏至 15d，空白组、对照组(活性炭)和试验组(生物乙烯清除剂)失重率分别为 4%、3.4%、2.8%，生物乙烯清除剂有效控制了苹果果实在储藏过程中的失重率。储藏至 15d，试验组(生物乙烯清除剂)的感官评定中，色泽、硬度、脆度这 3 个感官评定指标好于对照组(活性炭)和空白组。生物乙烯清除剂可以保证苹果果实储藏过程中的感官品质良好。

6.5.5 食品熏蒸剂环氧乙烷的制备

环氧乙烷可用作熏蒸剂使用，环氧乙烷熏蒸无气体残留且不对金属产生腐蚀，可杀灭内生孢子类细菌和大多数真菌，现在被广泛用于不能高温处理食品的灭菌。目前，环氧乙烷的制备采用过渡金属或纳米金为催化剂将乙烯直接氧化，为了将乙烯和环氧乙烷的易燃性降到最低，制备过程中需要控制原料乙烯的浓度以及充入甲烷、氩气、氮气等惰性气体，这导致产物不易分离。此外，由于反应温度高达 200℃以上，乙烯易被彻底氧化生成二氧化碳，会对环境造成危害，而且原料乙烯向二氧化碳的转化也会造成经济损失。为解决以上问题，采用生物催化剂参与的反应因条件温和、专一性强、方法简单等优势日益被关注。例如，利用 *Methylosinus trichosporium* IMV 3011 细胞为生物催化剂，催化乙烯环氧化制备环氧乙烷。

利用乙烯环氧化反应制备环氧乙烷的基本原理是在 MMO 的催化下，氧原子插入乙烯的 C═C 双键中，生成环氧乙烷，此反应消耗辅酶 NADH，为反应提供能量。乙烯的环氧化反应如图 6-17 所示。

基于此原理 *Methylosinus trichosporium* IMV 3011 催化乙烯环氧化制备环氧乙烷在密封的反应器中进行(图 6-18)，用 250mL 磷酸盐缓冲液(20mmol/L、pH 7.0，

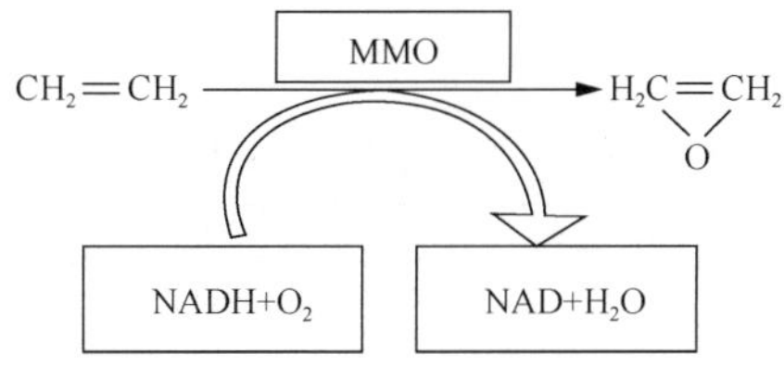

图 6-17　生物法制备环氧乙烷的原理[21]

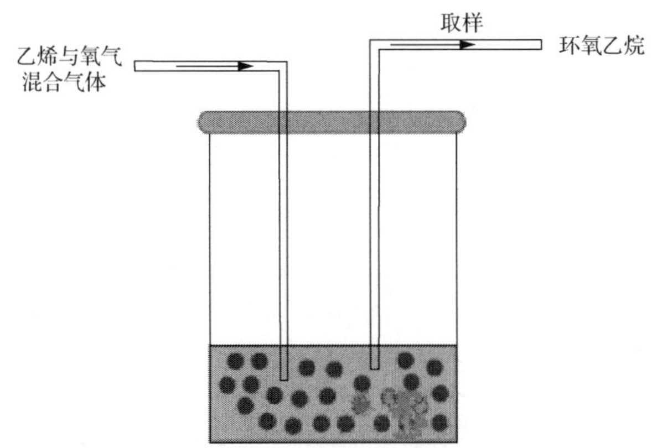

图 6-18　乙烯环氧化的反应器示意图[21]

含 5mmol/L $MgCl_2$)将一定量的生物催化剂(固定化形式 5g，吸附的干重细胞 12.5mg；游离形式 12.5mL，其干重细胞为 12.5mg)悬浮于 3L 反应器中，反应器密封后抽真空，置换一定比例的乙烯与氧气的混合气体，30℃、150r/min 振荡反应。环氧化反应结束，将生物催化剂取出(固定化形式采用滤出，游离形式采用离心)，加入 100mL 的 NMS 液体培养基置于 250mL 三角瓶中，抽真空后置换甲烷与空气的混合气体(体积比 1∶1)，30℃、180r/min 振荡 8h，进行再生。再生后的催化剂重新制备环氧乙烷，反应结束后再生，如此循环。反应器中气相的组成为氧气 50%、乙烯 20%、氮气 30%，30℃、150r/min 振荡反应 8h，采用游离形式和以活性炭为载体固定化形式催化剂，环氧乙烷生成量分别为 29μmol/mg 和 34μmol/mg。并且采用甲烷培养实现循环再生，固定化形式催化剂再生 8 次时 MMO 活性仍保留 89%。与传统的化学催化方法相比，该方法在常温常压下进行且反应条件温和，一步生成环氧乙烷，反应工序少，副产物仅有水，无污染，腐蚀性小，具有工业上实际应用的潜力。

参 考 文 献

[1] 宁治中，缪德埙，易淑云，等. 丙烯酶催化氧化产生环氧丙烷的研究[J]. 微生物学通报，1990, 17(5): 283-286.

[2] Gassner G T, Lippard S J. Component interactions in the soluble methane monooxygenase system from *Methylococcus capsulatus* (Bath) [J]. Biochemstry, 1999, 38(39): 12768-12785.

[3] Furuto T, Takeguchi M, Okura I. Semicontinuous methanol biosynthesis by *Methylosinus tichosporium* OB3b[J]. Journal of Molecular Catalysis A: Chemical, 1999, 144(20): 257-261.

[4] Dalton H. Biological methane activation lessons for the chemists[J]. Catalysis Today, 1992, 13: 455-461.

[5] 高灿柱, 李树本, 宁治中, 等. 丙烯酶催化氧化制取环氧丙烷——活细胞包埋法制备[J]. 分子催化, 1990, 4(4): 291-297.

[6] 辛嘉英, 崔俊儒, 陈建波, 等. 甲基单胞菌 GYJ3 催化环氧丙烷的半连续合成[J]. 分子催化, 2001, 1(3): 206-210.

[7] 辛嘉英, 崔俊儒, 陈建波, 等. 甲基单胞菌整细胞催化环氧丙烷的连续生物合成[J]. 催化学报, 2001, 22(5): 457-460.

[8] 辛嘉英, 崔俊儒, 陈建波, 等. 甲烷氧化菌吸附膜反应器中环氧丙烷的连续生物转化[J]. 生物工程学报, 2002, 18(1): 89-93.

[9] Xin J Y, Cui J R, Chen J B, et al. Continuous biocatalytic synthesis of epoxypropane using a biofilm reactor[J]. Process Biochem, 2003, 38(12): 1739-1746.

[10] Chen J, Xu Y, Xin J, et al. Efficient immobilization of whole cells of *Methylomonas* sp. strain GYJ3 by sol-gel entrapment[J]. Journal of Molecular Catalysis B: Enzymatic, 2004, 30(3-4): 167-172.

[11] Watkins C B. Managing physiological processes in fruits and vegetables with inhibitors of ethylene biosynthesis and perception[J]. Postharvest Pacifica, 2009, 880: 301-310.

[12] Delidovich I V, Moroz B L, Taran O P, et al. Aerobic selective oxidation of glucose to gluconate catalyzed by Au/Al_2O_3 and Au/C: Impact of the mass-transfer processes on the overall kinetics[J]. Chemical Engineering Journal, 2013, 223: 921-931.

[13] 夏仕文, 尉迟力, 李树本. 固定化 *Methylomomas* Z201 细胞: 甲烷单加氧酶的活性和稳定性[J]. 分子催化, 1996, 10(4): 251-256.

[14] 徐宁, 辛嘉英, 王艳, 等. 固定化甲烷氧化菌细胞催化乙烯环氧化反应动力学研究[J]. 东北农业大学学报, 2017, 2: 52-58.

[15] 孙希生, 王文辉, 王志华, 等. "乔纳金"苹果采后 1-MCP 处理对常温贮藏效果的影响[J]. 园艺学报, 2003, 30(1): 90-92.

[16] Han B, Su T, Wu H, et al. Paraffin oil as a "methane vector" for rapid and high cell density cultivation of *Methylosinus trichosporium* OB3b[J]. Applied Microbiology and Biotechnology, 2009, 83(4): 669-677.

[17] Lontoh S, Semrau J D. Methane and trichloroethylene degradation by *Methylosinus trichosporium* OB3b expressing particulate methane monooxygenase[J]. Applied and Environmental Microbiology, 1998, 64(3): 1106-1114.

[18] Kovalenko G A, Sokolovskii V D. Epoxidation of propene by microbial cells immobilized on inorhanic supports[J]. Biotechnology and Biengineering, 1992, 39(5): 522-528.

[19] Niu J. Production of methanol from methane by methanotrophic bacteria[J]. Biocatalysis and Biotransformation, 2009, 22(3): 225-229.

[20] 徐宁. 甲烷氧化菌清除乙烯作用及在水果保鲜中的应用[D]. 哈尔滨: 哈尔滨商业大学, 2015.

[21] 徐宁, 辛嘉英, 王艳, 等. 基于生物催化法的食品熏蒸剂环氧乙烷制备[J]. 农业机械学报, 2017, 48(2): 322-326.

第 7 章　甲烷氧化菌催化合成甲醇

甲烷是天然气的主要成分，储量丰富，若能有效利用不仅可缓解当前的能源危机，还可减少环境污染。但由于甲烷难以转化和液化，极大限制了它的大量应用。用化学方法很难控制其 C—H 键的选择氧化，而且还存在反应条件苛刻、污染环境等缺点。甲烷氧化菌中的甲烷单加氧酶，可在常温常压下直接利用空气中的氧作氧化剂将甲烷氧化成甲醇(图 7-1)。

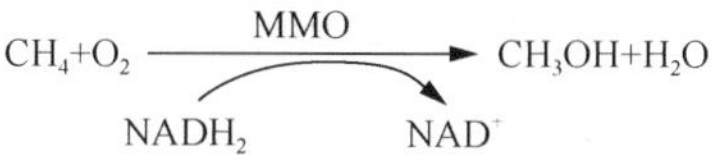

$$CH_4+O_2 \xrightarrow{MMO} CH_3OH+H_2O$$

$NADH_2$ → NAD^+

图 7-1　甲烷氧化成甲醇

甲醇广泛应用于化学工业的各个领域，是重要的有机化工基础原料，是应用范围很广的大宗化学品，用二氧化碳生产甲醇可以实现温室气体二氧化碳的回收利用。甲烷氧化菌是利用甲烷为唯一碳源和能源生长的一种微生物，它可以将甲烷通过一系列反应氧化成甲醇、甲醛、甲酸，直至二氧化碳，其中部分甲醛可用于细胞的成长。

甲醇可由甲烷、煤炭和重油等通过多步化学反应合成[1-5]。然而迄今尚没有一种化学催化剂可一步直接氧化甲烷生成甲醇；已有的合成方法不仅需要多步反应，而且反应要在 900℃高温下进行，反应的选择性和转化率都很低，有的反应虽可在 180℃下得到约 43%的甲醇收率，但其汞催化体系对环境所造成的污染不容忽视[6]。生物催化具有反应条件温和、选择性高等特点，因而近年来许多公司和学术研究机构致力于生物催化甲烷制甲醇过程的研究[7-9]。

将二氧化碳还原为甲醇是一个需要能量的过程，目前还没有已知的有机体在温和条件下能完成这一反应。辛嘉英等研究了在温和条件下利用甲烷氧化菌整细胞催化二氧化碳生物转化生成甲醇的反应过程。二氧化碳转化生成甲醇是一个需要能量推动的反应，甲醇的生成能力受细胞内还原当量的限制。细胞内储存的聚β-羟基丁酸酯(PHB)分解后能够产生还原当量，可以提高甲醇的生成能力。与直接再生 NADH 相比，PHB 的储存功能可以大大减少反应-再生的交替频度，有利于反应长期进行。通过发酵介质调控，使得甲烷氧化菌在 C/N 营养不均衡条件下进行 PHB 积累；通过控制发酵介质中铜离子的浓度对 PHB 积累量进行调节来提高 *Methylosinus trichosporium* IMV 3011 生成甲醇的能力。研究发现，铜在增加细胞内 PHB 含量时，甲醇的生成能力也会增加。当细胞内 PHB 的积累量达到 38.6%

时，生成甲醇的能力最强。当 PHB 的积累量超过 38.6%时细胞生成甲醇的能力反而降低[10]。

有研究报道了一种在温和条件下制备的固定化微生物细胞。用无机硅酸钠水溶液和盐酸溶液制成溶胶的同时，加入微生物细胞，待溶胶凝固变成凝胶后，同时将微生物细胞包埋于其中。这种方法克服了一般固定化方法所造成的细胞活性损失大、制得的固定化细胞容易脱落或破碎的缺点，包埋细胞可以重复使用多次而活性不下降。溶胶凝胶法制备固定化细胞方法简便，原材料价廉易得，反应活性高，有利于大规模生产。其制备过程如下：

(1)选用甲烷氧化菌 *Methylomonas* sp. GYJ3，在可供给微生物能量的甲烷和空气的混合气体中，辅以无机培养基进行培养。

(2)培养好的菌体细胞离心后用无机培养基悬浮，加入到硅酸钠溶液和盐酸溶液制成的溶胶中，待溶胶凝固变成凝胶后，就制得了包埋的细胞，将包埋细胞置于低温环境中以增加包埋强度。

(3)用磷酸盐缓冲液洗去包埋细胞的杂质，充入可给微生物提供能量的相应的甲烷与空气的混合气体，在摇床上培养 48～120h。当细胞固定，就可更好地利用甲烷氧化菌制备甲醇[11]。

7.1 *Methylosinus trichosporium* IMV 3011 整细胞催化甲烷氧化合成甲醇的研究

甲烷氧化菌氧化甲烷合成甲醇是个非常复杂的微生物代谢过程，生成的甲醇会被甲烷氧化菌中的甲醇脱氢酶进一步氧化为甲醛，在其他酶系的作用下最终转化为 CO_2 和 H_2O[12]。据报道，EDTA 可在短时间内抑制 *Methylosinus trichosporium* OB3b 对甲醇的继续氧化，促进细胞外甲醇的积累。由于 MMO 在反应时消耗辅酶 NADH，因而在整细胞反应体系中加入甲酸盐类作为外源性电子给体，利用细胞中的其他酶系(如甲酸脱氢酶等)使 NADH 再生[13]。MMO 在细胞中以两种形式存在：游离于细胞质中的 sMMO 和结合于内质膜的 pMMO。在低铜离子浓度(＜2mol/L)的培养基中，主要表现为 sMMO；而在高铜离子浓度(＞2mol/L)条件下，则表现为 pMMO[14]。

作者利用整细胞 *Methylosinus trichosporium* IMV 3011 的批式反应，研究了甲烷氧化合成甲醇的反应条件，并进行了连续反应试验。通过在反应体系中添加 EDTA 和外源性电子给体，以解决甲醇的继续氧化和 NADH 的再生问题；探索了天然气大规模生物转化的可行性；研究了在 *Methylosinus trichosporium* IMV 3011 整细胞催化甲烷制甲醇的反应过程中，菌体浓度、阻断剂 EDTA 浓度、外源性电子给体、混合气组分及压力与甲醇积累的关系。批式反应的试验结果表明，在菌体浓度为 7.4mg/mL 时，以 2mmol/L EDTA 作阻断剂效果最好；作为电子给体，甲酸钠(20mmol/L)的效果优于琥珀酸钠(40mmol/L)，使用前者时的甲醇积累量是用后者的 2.8 倍左右；当甲烷与空气的体积比为 1∶1.7 时，转化率为 6.0%，甲醇积累量最大；压强选用 0.16MPa。连续反应中，培养基中无铜离子培养的细胞与有铜离子的相比，持续时间长，甲醇积累高(最大产量达 374μmol)，前者是后者的 2 倍[15,16]。

7.2　二氧化碳存在下甲烷氧化菌催化甲烷生物合成甲醇

来源于甲烷氧化菌的甲烷单加氧酶可在常温常压下将甲烷一步氧化为甲醇(图 7-2)。由于纯酶提取困难，并且极不稳定，在反应过程中往往还需要添加辅助因子或其他活性成分，因此在实际操作中经常利用整细胞进行反应。但是整细胞中包含的甲醇脱氢酶、甲醛脱氢酶和甲酸脱氢酶会将甲烷单加氧酶催化甲烷得到的甲醇继续氧化生成二氧化碳，此过程中释放的电子用于细胞中 ATP 的合成[17]。若想积累甲醇，必须抑制它的继续氧化。

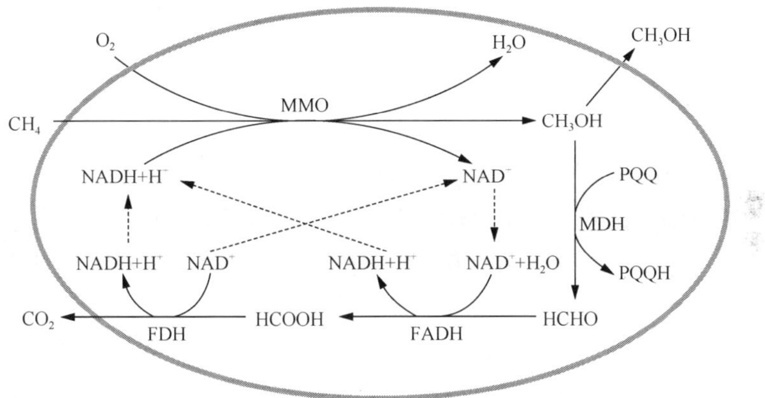

图 7-2　*Methylosinus trichosporium* IMV 3011 催化甲烷氧化生物合成甲醇的途径[18]

金属螯合剂如 EDTA、邻二氮杂菲和双吡啶等可抑制甲烷氧化菌 *Methylosinus trichosporium* IMV 3011 中脱氢酶系的活性和甲醇的继续氧化，造成甲醇积累[19]。但这种方法也有其不利的一面，由于甲醇的深度氧化被抑制，为甲烷单加氧酶提供还原能量的 NADH 很快被耗尽，需要添加甲酸钠等外源电子给体来补充辅酶 NADH，甲酸钠价格昂贵，使反应成本大大增加；另外，金属螯合剂不可逆地降低了细胞的生理活性和稳定性。由于辅酶原位再生的关键问题未能得到有效解决[20]，因此生物催化合成甲醇的研究没有取得令人满意的结果。

二氧化碳是甲烷深度氧化的最终产物。若在反应物中加入适量的二氧化碳则可能部分抑制脱氢酶系的活性，造成甲醇在细胞外积累；同时，部分甲醇仍可以继续氧化产生还原当量的 NADH 以维持甲烷单加氧酶的活性和稳定性。二氧化碳具有对 *Methylosinus trichosporium* IMV 3011 催化甲烷氧化生物合成甲醇反应的调节作用，并在超滤膜反应器中进行连续反应，得到了最佳反应条件。这个利用末端反应产物抑制脱氢酶活性进行生物催化合成甲醇的反应过程，首次实现了辅酶 NADH 的原位再生。整个反应过程处于温和条件下，并且是环境友好的。在甲烷单加氧酶和脱氢酶系的作用下，甲烷氧化菌 *Methylosinus trichosporium* IMV 3011 可以将甲烷氧化成二氧化碳，在反应体系中充入一定比例的二氧化碳后，检测到了甲醇的积累，混合气中 CO_2、CH_4、O_2 和 N_2 的体积比为 2∶1∶1∶1 时甲醇的积累量达到最大，在超滤膜反应器中进行连续反应，利用反应混合气产生的压力将生成的甲醇从反应体系中分离，连续反应 198h 后甲醇的积累量没有明显下降[21]。

7.3 甲烷氧化菌催化二氧化碳生物合成甲醇的研究

二氧化碳是温室气体，是使全球变暖的主要气体之一，目前还没有化学反应可以在温和条件下将二氧化碳转化为甲醇。甲烷氧化菌可以在温和条件下实现这一反应，但生物催化也存在低效、高成本、对外界环境要求苛刻等缺点[22]。甲醇脱氢酶、甲醛脱氢酶、甲酸脱氢酶在温和条件下经过一系列反应能够将二氧化碳还原为甲醇，这一反应引起了人们的关注[23]。这一反应中，在过量二氧化碳存在的环境中脱氢酶可以催化反应向逆反应进行从而得到甲醇的积累，这在传统的化学反应中不能实现。生物催化的方法在具体实施上还有一些技术性问题，如为了维持反应的进行需要在体系中加入昂贵的 NADH 等外源性电子给体、多步反应难以控制各步顺序、多酶体系难以恰当配比等；并且中间产物有可能参与其他反应，造成其流失和降解。

完整的微生物细胞中可能存在完整的多酶体系，可以催化二氧化碳生物合成甲醇。由于自然选择的缘故，微生物细胞中多酶体系的比例是恰当而高效的；纯酶提取困难，并且极为不稳定，在反应过程中往往还需要添加辅助因子或其他活性成分，因此在实际操作中，经常利用整细胞进行反应。但是在以往的报道中还没有发现一种微生物可以用于生物催化二氧化碳合成甲醇的研究。报道的生物催化生成甲醇的研究没有取得令人满意的结果，辅酶原位再生的关键问题没有得到有效解决[24,25]。

甲烷氧化菌可以将甲烷通过一系列反应氧化成甲醇、甲醛、甲酸，直至二氧化碳，在反应过程中部分甲醛通过代谢途径转化为其他生物物质。这一过程中产生的部分能量进入电子传递链用于合成 ATP，还有一些为甲烷单加氧酶反应提供能量。甲烷在多酶体系的作用下部分转化为二氧化碳，部分通过丝氨酸途径转化为生物物质进入细胞的代谢途径。还原二氧化碳生成甲醇是这个反应的逆反应。研究发现，包含甲醇脱氢酶、甲醛脱氢酶、甲酸脱氢酶的甲烷氧化菌在温和条件下经过一系列反应能够将二氧化碳还原为甲醇，如图 7-3 所示。

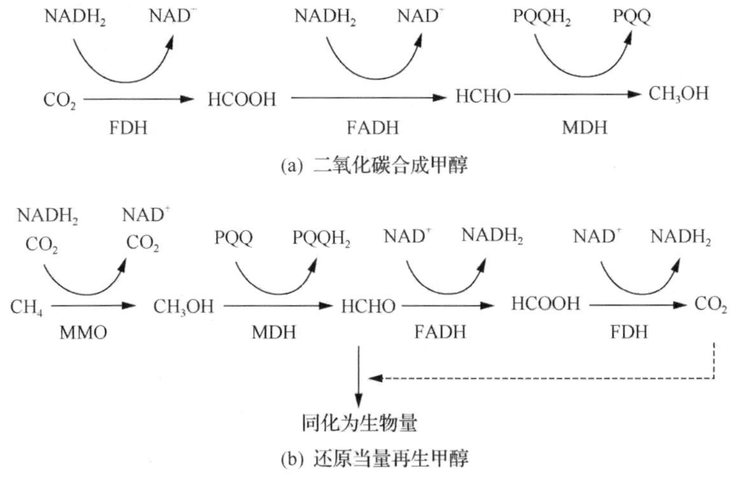

图 7-3　二氧化碳合成甲醇的途径

因为甲烷单加氧酶催化甲烷生成甲醇是不可逆反应，二氧化碳通过还原反应生成的甲醇在胞外得以积累。在反应体系中加入甲烷作为底物，产生的还原能量可以推动反应稳定连续进行。针对以上问题新的解决方案得到发展并取得了比较满意的结果，反应连续交替进行超过了 100h，甲醇积累量没有明显降低。

研究发现，*Methylosinus trichosporium* IMV 3011 可以催化二氧化碳生物转化生成甲醇。在休眠的悬浮细胞中充入二氧化碳后，反应一段时间在反应液中检测到了甲醇。二氧化碳转化成甲醇是一个需要能量推动的反应，为了补充反应所消耗的能量，反应一段时间后需要用甲烷进行再生，以恢复细胞中的还原当量 NADH。

甲烷深度氧化生成二氧化碳是一个释放能量的过程，反过来二氧化碳转化为甲醇则是一个需能反应。甲烷氧化菌催化二氧化碳生物转化为甲醇需要消耗相当数量的还原当量，正因如此，还原当量的提供成为生物催化反应的一个瓶颈。在反应体系中存在还原当量时，反应能够顺利进行，甲醇得以积累；随着还原当量的消耗，甲醇的积累逐渐降低直至停止。当反应连续进行时，还原当量很快消耗而得不到补充或者恢复，细胞就会很快失活，甲醇积累也随之降低；如果细胞在空气中放置 12h 后继续反应，还原当量得到少许恢复，但 3 次以后也几乎检测不到甲醇积累；如果反应后的细胞在 CH_4 与空气(1∶10，体积比)的气氛下再生 12h 继续反应，细胞的催化能力基本恢复，如此反复 9 次，甲醇积累一直维持在较高的水平，没有明显的降低。这说明通过快速再生(时间远少于培养)，细胞很快恢复了转化二氧化碳的能力，这一过程明显优于直接添加昂贵的外源性电子给体。细胞经过放置也部分恢复了活性可能是甲烷氧化菌在饥饿状态下动用了脂质提供能量，由于储备的有限性，所以活性只能维持比较短的时间。在细胞再生的过程中，部分甲烷最终转化为了二氧化碳[26]。甲烷在大气中含量虽然很少，但是它吸收和反射红外线的能力却是二氧化碳的 26 倍[27-29]。二氧化碳转化为甲醇是一个需要能量推动的反应，而能量的最初来源却可以是甲烷。从理论上说，整个反应是一个高效的、环境友好的、可恢复的绿色化学工程。

7.4 *Methylosinus trichosporium* IMV 3011 细胞生物催化二氧化碳制备甲醇

作者曾研究了甲烷氧化菌细胞催化二氧化碳还原成甲醇的可行性，发现包含甲醇脱氢酶、甲醛脱氢酶、甲酸脱氢酶的甲烷氧化菌在温和条件下经过一系列反应能够将二氧化碳还原为甲醇[30]。该反应是一个需能反应，甲烷氧化菌催化二氧化碳还原为甲醇需要消耗相当数量的还原当量($NADH_2$、$PQQH_2$)，正因如此，甲烷氧化菌细胞催化二氧化碳还原成甲醇的能力是有限的。在细胞中还原当量丰富时，反应能够顺利进行，甲醇得以积累；随着还原当量的消耗，甲醇的积累速度会逐渐降低直至停止。PHB 是甲烷氧化菌等微生物在氮、磷和氧等营养不均衡条件下形成的细胞内碳源和还原能储存物质[29]。许多文献都报道了甲烷氧化菌细胞内储存的 PHB 能够分解产生还原当量，保证其更长时间地催化三氯乙烯降解[31-33]。

丝氨酸代谢途径可积累 PHB。而 PHB 的降解反应是在 PHB 解聚合酶、β-羟基丁酸脱氢酶、乙酰乙酸-琥珀酸-CoA 转移酶、β-酮硫酶的催化下完成的，该过程可以产生还原当量。PHB 作为胞内碳源和能源储存物质，可能会有效地提高甲烷氧化菌细胞催化二氧化碳生产甲醇的能力。通过优化 *Methylosinus trichosporium* IMV 3011 的培养条件使其有利于 PHB 的积累，对不同 PHB 含量的甲烷氧化菌催化甲醇合成的能力进行了评价，考察了细胞催化甲醇合成能力与 PHB 含量的相关性。

Methylosinus trichosporium IMV 3011 可以催化二氧化碳生物转化生成甲醇。在细胞悬浮液中充入二氧化碳，反应一段时间后在反应液中检测到了甲醇。但是甲烷氧化菌细胞合成甲醇的能力受到细胞内还原当量的限制。研究发现[34]，细胞内储存的 PHB 分解后能够产生还原当量，可以提高其甲醇的生成能力。采用甲烷氧化菌中储存的聚合物 PHB 作为内源电子供体驱动二氧化碳还原合成甲醇反应，

通过发酵介质调控，使得甲烷氧化菌在 C/N 营养不均衡条件下进行 PHB 积累；通过控制发酵介质中铜离子的浓度对 PHB 产生进行调控。通过改变培养基中氮和铜的起始浓度对 PHB 积累量进行调节来提高 *Methylosinus trichosporium* IMV 3011 还原二氧化碳生成甲醇的能力，结果表明，随着细胞内 PHB 含量的增加甲醇的生成能力也会增加；当细胞内 PHB 的积累量达到 38.6%时，将二氧化碳还原成甲醇的能力最强；当 PHB 的积累量超过 38.6%时细胞生成甲醇的能力反而降低。这可能是因为随着细胞内 PHB 量增加使单位质量细胞中脱氢酶含量减少。因此，采用 PHB 含量适当的 *Methylosinus trichosporium* IMV 3011 细胞催化二氧化碳还原产生甲醇的反应。

参 考 文 献

[1] 李正璞. 甲醇化串联甲烷化技术在重油气化和水煤浆气化制氨中的应用[J]. 化肥设计, 1992, (3): 37-40.

[2] Vernon P D F, Green M L H, Cheetham A K, et al. Partial oxidation of methane to synthesis gas[J]. Journal of Energy Chemistry, 1995, 6(3): 181-186.

[3] Ashcroft A T, Cheetham A K, Green M L H, et al. Partial oxidation of methane to synthesis gas using carbon dioxide[J]. Nature, 1991, 352(6332): 225-226.

[4] Takagawa M, Okamoto A, Fujimura H, et al. Ethanol synthesis from carbon dioxide and hydrogen[J]. Studies in Surface Science and Catalysis, 1998, 114(13): 525-528.

[5] Marchionna M, Girolamo M, Tagliabue L, et al. A review of low temperature methanol synthesis[J]. Studies in Surface Science and Catalysis, 1998, 119: 539-544.

[6] Periana R A, Taube D J, Evitt E R, et al. A mercury-catalyzed, high-yield system for the oxidation of methane to methanol[J]. Science, 1993, 259(5093): 340-343.

[7] Raja R, Ratnasamy P. Direct conversion of methane to methanol[J]. Applied Catalysis A: General, 1997, 158(1-2): 7-15.

[8] Springer B A, Sligar S G, Olson J S, et al. Mechanisms of ligand recognition in myoglobin[J]. Chemical Reviews, 1994, 94(3): 699-714.

[9] Moura J J G, Moura I, Kent T A, et al. Interconversions of [3Fe-3S] and [4Fe-4S] clusters. Mossbauer and electron paramagnetic resonance studies of *Desulfovibrio gigas* ferredoxin Ⅱ[J]. Journal of Biological Chemistry, 1982, 257(11): 6259-6267.

[10] Xin J Y, Zhang Y X, Zhang S, et al. Methanol production from CO_2 by resting cells of the methanotrophic bacterium *Methylosinus trichosporium* IMV 3011[J]. Journal of Basic Microbiology, 2010, 47(5): 426-435.

[11] 陈建波, 徐毅, 辛嘉英, 等. 固定化细胞的制备方法[P]: CN1327052, 2001, 12-19.

[12] Mountfort D O, Pybus V, Wilson R. Metal ion-mediated a ccumulat ion of alchohol during alkane oxidation by whole cells of *Methylosinus trichosporium*[J]. Enzyme and Microbial Technology, 1990, 12(5) : 343-348.

[13] Furuto T, Takeguchi M, Okura I. Semicontinuous methanol biosynthesis by *Methylosinus trichosporium* OB3b[J]. Journal of Molecular Catalysis A: Chemical, 1999, 144(2): 257-261.

[14] Takeguchi M, Miyakawa K, Okura I. The role of copper in particulate methane monooxygenase from *Methylosinus trichosporium* OB3b[J]. Journal of Molecular Catalysis A: Chemical, 1999, 137(1): 161-168.

[15] 尉迟力, 缪德埙, 李树本. 甲烷生物催化氧化制甲醇——几种化学物质对*Methylosinus trichosporium* 3011 甲醇累积的影响[J]. 合成化学, 1993, 1(4): 313-319.

[16] 刘婷婷, 辛嘉英, 徐毅, 等. 甲基弯菌 IMV 3011 整细胞催化甲烷氧化合成甲醇的研究[J]. 分子催化, 2002, 16(6): 455-459.

[17] Hanson R S, Hanson T E. Methanotrophic bacteria[J]. Microbiological Reviews, 1996, 60(2): 439-471.

[18] Xin J Y, Cui J R, Niu J Z, et al. Production of methanol from methane by methanotrophic bacteria[J]. Biocatalysis, 2004, 22(3): 225-229.

[19] Markowska A, Michalkiewicz B. Biosynthesis of methanol from methane by *Methylosinus trichosporium* OB3b[J]. Chemical Papers, 2009, 63(2): 105-110.

[20] 姜忠义, 吴洪, 许松伟, 等. 溶胶-凝胶固定化多酶催化二氧化碳转化为甲醇反应初探[J]. 催化学报, 2002, 23(2): 21-30.

[21] 赵树杰, 汤蕴玉, 邵启蔚. 一株甲烷氧化细菌的分离和某些特性[J]. 微生物学报, 1981, (3): 17-23, 134.

[22] Vaska L. Catalytic activation of carbon dioxide by metal complexes[J]. Journal of Molecular Catalysis, 1988, 47(2-3): 381-388.

[23] Cho S Y, Eaton P E, Kopp D A, et al. Cationic species can be produced in soluble methane monooxygenase-catalyzed hydroxylation reactions; radical intermediates are not formed[J]. Journal of the American: Chemical Society 1999, 121(51): 12198-12199.

[24] 王晓丽, 于建国. 一个甲烷氧化菌株的分离、鉴定及其特性研究[J]. 微生物学通报, 2008, 35(6): 934-938.

[25] Anthony C. Bacterial oxidation of methane and methanol[J]. Advances in Microbial Physiology, 1986, 27: 113-210.

[26] Gilbert B, Frenzel P. Rice roots and CH_4 oxidation: The activity of bacteria, their distribution and the microenvironment[J]. Soil Biology & Biochemistry, 1998, 30(14): 1903-1916.

[27] Conrad R. Soil microorganisms as controllers of atmospheric trace gases (H_2, CO, CH_4, OCS, N_2O, and NO)[J]. Microbiological Reviews, 1996, 60(4): 609-640.

[28] 李玉娥, 林而达. 天然草地利用方式改变对土壤排放 CO_2 和吸收 CH_4 的影响[J]. 生态与农村环境学报, 2000, 16(2): 14-16.

[29] Rodhe H. A comparison of the contribution of various gases to the greenhouse effect[J]. Science, 1990, 248(4960): 1217-1219.

[30] 崔俊儒, 辛嘉英, 牛建中. 二氧化碳存在下甲烷氧化细菌催化甲烷生物合成甲醇[J]. 催化学报, 2004, 25(6): 471-474.

[31] 吴小梅, 辛嘉英, 张颖鑫, 等. 无溶剂体系中的脂肪酶催化反应研究进展[J]. 分子催化, 2006, 20(6): 597-603.

[32] Henrysson T, Mccarty P L. Influence of the endogenous storage lipid poly-β-hydroxybutyrate on the reducing power availability during cometabolism of trichloroethylene and naphthalene by resting methanotrophic mixed cultures[J]. Applied and Environmental Microbiology, 1993, 59(5): 1602-1606.

[33] Chu K H, Alvarez-Cohen L. Trichloroethylene degradation by methane-oxidizing cultures grown with various nitrogen sources[J]. Water Environment Research, 1996, 68(1): 76-82.

[34] 辛嘉英, 蔡岩松, 王艳, 等. 甲基弯菌 IMV 3011 细胞生物催化二氧化碳制甲醇[J]. 分子催化, 2008, 22(4): 356-361.

第8章　甲烷氧化菌生产单细胞蛋白

甲烷氧化菌可以直接将甲烷作为碳源进行利用，也可以在甲烷转化成的甲醇中生长。甲烷蛋白和市场上已有的甲醇蛋白相比，化学成分几乎是相同的。但是，由于直接使用甲烷可以减少能耗转换，降低生产成本，甲烷比甲醇作为碳源更有优势。此外，甲烷气体便于运输，且来源广泛。甲烷蛋白作为生物蛋白的优越性在于生产过程完全模拟微生物自然发生过程，程序简单、操作易行，可实现连续化、工业化生产，并且保证其绿色健康；单细胞蛋白(single cell protein，SCP)营养成分、质量与天然蛋白一致，并且不受四季变换的影响；没有病毒，无致敏性；没有沙门氏菌和其他致病菌；良好的适口性；保质期长；良好的操作特性；可生物降解，其独特的特性使其能应用于不同的行业。因此，以甲烷作为碳源和能源，利用甲烷氧化菌生产单细胞蛋白，在缓解蛋白质危机的同时又能充分利用废弃资源，使温室气体甲烷变废为宝，成为单细胞蛋白的生产资源。目前，我国利用甲烷氧化菌生产单细胞蛋白尚处于试验研究阶段，鲜有工业化生产的报道。

作者曾在《中国畜牧杂志》[2013年，49(10)：56-60]中对单细胞蛋白生产及应用进行了详细综述。在此基础上，本章进一步补充了近几年新发表的文献，从甲烷氧化菌开发培养、甲烷氧化菌生长影响因素及调控、甲烷氧化菌的高密度培养、甲烷氧化菌单细胞蛋白营养以及对动物代谢和生长的影响、过量核酸的去除5个方面，对如何实现利用甲烷氧化菌进行单细胞蛋白生产及应用进行介绍。

8.1　甲烷氧化菌开发培养生产过程

1906年甲烷氧化菌首次被分离出来，甲烷氧化菌是甲基氧化菌的一个分支，它能够利用甲烷或甲醇等一碳化合物作为唯一的碳源进行生长，在全球大气甲烷的平衡中有着十分重要的作用。直到1970年，约有100多种能够利用甲烷的细菌被纯化和鉴定，这为现代甲烷氧化菌分类奠定了基础。目前，甲烷氧化菌的分类方法有三种：一是根据形态差异、胞质内膜精细结构、休眠阶段类型及一些生理特征进行分类，甲烷氧化菌可分为甲基单胞菌属(*Methylomonas*)、甲基细菌属(*Methylobacter*)、甲基孢囊菌属(*Methylocytis*)、甲基球菌属(*Methylococcus*)、甲基弯曲菌属(*Methylosinus*)；二是根据细胞学特征，按照甲烷氧化菌内膜结构的不同，甲烷氧化菌分为Ⅰ型、Ⅱ型和X型，Ⅰ型甲烷氧化菌更能适应低甲烷浓度条件下的生长环境，II 型甲烷氧化菌被一圈外膜包围，适合生存在高甲烷浓度的环境中，X 型则混合了 I 型和 II 型的特征，其具有类似 I 型的细胞膜结构也具有 II 型的一部分生理特征[1-2]；三是根据细胞生理学，甲烷氧化菌又可分为甲烷共氧化菌(AAOB)和甲烷同化菌(MAB)。AAOB 可以利用氨氧化作为生长能源，拥有完整的氨氧化途径，可将氨氧化为硝酸盐，用来同化 CO_2 为细胞碳。而 MAB 可利用甲烷作为能源和碳源并且拥有甲烷氧化的完整途径，可直接将甲烷同化为细胞碳。

目前，国内外对甲基弯菌中的 *Methylosinus trichosporium* OB3b[3-5] 和 *Methylosinus trichosporium* IMV 3011 两株菌的培养研究较为深入。在 *Methylosinus trichosporium* OB3b 培养过程中，若在气相中加入少量的 CO_2 或在液相中加入 $NaHCO_3$ 可以缩短 *Methylosinus trichosporium* OB3b 的生长迟滞期，在适宜的条件下其最大生长速率达到 0.08g/h[6]，发酵 180h 后，细胞干重达到 3g/L。若在 *Methylosinus trichosporium* OB3b 培养基中，加入化学物质(如柠檬酸)也可以提高细胞生长速率，当柠檬酸浓度为 15μmol/L 时，细胞浓度可提高 3～4 倍[7]。可以利用 *Methylosinus trichosporium* OB3b 生产 PHB，使用有铜无机盐培养基，发酵 120h 后，细胞可积累 50%(质量分数)的 PHB。但遗憾的是，在此后的十几年里，并没有该方法的进一步报道，也没有其他研究者对该方法的认同[8]。

Methylosinus trichosporium IMV 3011 不仅可利用甲烷作为唯一的碳源和能源，并且拥有完整的甲烷氧化途径，可直接将甲烷同化为细胞碳。目前，对于 *Methylosinus trichosporium* IMV 3011 培养获得的结论包括以下几个方面：①采用 Origin 8.0 处理，应用 logistic 方程模拟该菌生长的变化趋势，建立了 *Methylosinus trichosporium* IMV 3011 动态变化的数学模型，确定细胞生长曲线，通过分析细胞生长干重、生长速率、延滞期和 MMO 活性，确定在此条件下的菌种生长情况最大生长密度(OD_{600nm})值为 0.796，最大生长速率为 $0.0064h^{-1}$，延滞期时间为 27.6130h，细胞干重为 0.2075g/L。并且在培养基中加入石蜡油会将甲烷传递过程变为“气相—有机相—细胞”，促进了甲烷传递到细胞内的速度，从而促进 *Methylosinus trichosporium* IMV 3011 的生长。当石蜡油的添加量为 2.5%(体积分数)，其生长速率为 $0.0109h^{-1}$，细胞生长最快，最大 OD_{600nm} 值为 1.365，细胞密度最高，延滞期时间为 11.0608h。②通过使用甲醇蒸气对 *Methylosinus trichosporium* IMV3011 驯化处理后，采用甲醇代替甲烷作为甲烷氧化菌的唯一碳源，当甲醇的添加量为 0.05%(体积分数)，其生长速率为 $0.0456h^{-1}$，细胞生长最快，最大 OD_{600nm} 值为 1.578，发酵终止后的细胞干重为 1.026g/L，是未添加甲醇的 5 倍。其延滞期为 60.4152h，远远高于甲烷条件下培养的延滞期。以甲醇为碳源实现了甲烷氧化菌的高密度培养，为甲烷氧化菌在工业生物催化中的应用和在环境甲烷控制应用中的能力奠定了基础。③确定了铜离子对甲烷氧化菌生长的影响，一定量铜离子

加速甲烷氧化菌的生长，当铜离子浓度添加量为 30μmol/L，细胞生长最快，其生长速率为 0.0082h^{-1}，最大 OD_{600nm} 值为 1.123，细胞密度最高，其延滞期时间为 15.8760h，低于无铜条件下培养的细胞延滞期时间；而铜离子浓度越大，由于毒害性，菌体生长的延滞期时间就越长。发酵终止后细胞干重为 0.479g/L，是未添加铜离子的 2 倍，细胞活性为未添加的 2 倍。④甲醇培养的条件下，细胞密度虽然比较高，但由于甲醇对细胞有一定的毒害作用，细胞生长延滞期较长，细胞活性较低。因此采用甲烷与甲醇共同培养，并加入甲烷传递体以缩短延滞期时间，使细胞有较高的细胞密度和较高的细胞活性。在甲醇添加量为 0.05%(体积分数、铜离子添加量为 30μmol/L、石蜡油添加量为 2.5%(体积分数)时，细胞生长最好，生长速率为 0.0460h^{-1}，最大 OD_{600nm} 值为 1.827，细胞密度最高，细胞干重可以达到 1.224g/L，是未添加的 6 倍，其延滞期缩短，活性也有所提高。从而确定了 *Methylosinus trichosporium* IMV 3011 高密度培养的培养基，即在基础培养基内加入 30μmol/L 铜离子、0.05%(体积分数)的甲醇和 2.5%(体积分数)的石蜡油。⑤初步建立了以树脂 HP-20 吸附并使用 60%乙醇洗脱的方法来分离纯化 Mb，将从 *Methylosinus trichosporium* IMV 3011 中分离产生的 10mL Mb 溶解液添加到 *Methylosinus trichosporium* IMV 3011 中发现，Mb 有利于菌体的生长，这也为甲烷氧化菌的高密度培养进一步奠定了基础。⑥将 *Methylosinus trichosporium* IMV 3011 中分离产生的 Mb 分别添加到 *Methylosinus trichosporium* IMV 3011、*Methylococcus capsulatus* IMV 3021、*Methylomonas* sp. GYJ3 及 *Methylosinus trichosporium* OB3b 中，对菌体生长均具有较为明显的影响，可使菌体的生长延滞期缩短、最终细胞浓度增大、生长速率提高，且环氧化活性都有不同程度的提高。分析表明铜离子与 Mb 能影响这四种菌的生理状况，是由于铜离子与 Mb 的结合物(Mb-Cu)进入细胞内，Mb-Cu 与细胞内膜结合，激发了细胞内 pMMO 的活性，使环氧化能力增加。

这些方法虽然在一定程度上能提高细胞的生长速率和培养液中的细胞浓度，但是细胞浓度仍然较低。因此，生长缓慢、细胞浓度低仍然是限制甲烷氧化菌或 MMO 工业化应用的瓶颈问题。

8.2　甲烷氧化菌生长影响因素及调控

利用 *Methylosinus trichosporium* IMV 3011 以甲烷为唯一的碳源和能源发酵生产单细胞蛋白时，几乎所有半开放式连续培养的发酵设备内除了甲烷氧化菌外还有三种伴生菌，它们在整个菌落中所占的比例大约为 2%。这几种伴生菌不会遗传产生内毒素，并且在自然条件下生长的甲烷氧化菌拥有高效的利用甲烷生产菌体蛋白的能力。但目前的甲烷氧化菌细胞生长速度慢、细胞密度低、发酵周期长，发酵后细胞干重一般都在 0.6g/L 以下，导致其在工业应用中不能满足大规模生产的需要。主要原因是甲烷氧化菌生长所必需底物甲烷和氧气均为气体，而常温常压下，甲烷和氧气在水中的饱和溶解度分别约为 24mg/L 和 9mg/L，甲烷和氧气被甲烷氧化菌利用速率低，严重限制了细胞的生长。目前，主要是通过改变发酵方式和添加生长因子来解决这一问题。

8.2.1 发酵方式对甲烷氧化菌生长的影响

由于甲烷氧化菌所用的碳源和能源不易污染杂菌，因此在甲烷氧化菌间歇发酵的过程中可以进行开放式培养，在开放的情况下让菌体自然生长，整个过程中只在接种前对液体培养基进行灭菌，为工业生产节约成本。通过对比开放式培养和封闭式培养对甲烷氧化菌生长的影响，对开放式培养的可行性进行了论证。通过两种方式对甲烷氧化菌进行培养，菌体生长速率基本相同，但封闭式培养条件下延滞期时间较开放式培养长约 1.3h，开放式培养的最大 OD_{600nm} 值比封闭式培养大 0.012，开放式培养菌体干重是封闭式培养的 1.04 倍，但两组生长曲线整体相同。这说明两种培养方式所提供的生长条件都适合 *Methylosinus trichosporium* IMV 3011 的生长繁殖。但封闭式培养菌体对外界不良条件反应敏感，在延滞期菌体的生长速率常数等于零；而开放式培养并未给菌体生长造成影响，相反由于补入空气含量升高，使菌体合成代谢更为活跃，因此开放式培养的菌体延滞期较短。并且利用开放式培养菌体在代谢产物中所生成的抑制性物质较少，因此菌体代谢速度快，菌体最终收获较多。在间接发酵中进行开放式培养与以往的封闭式培养相比，不仅对菌种生长无不良影响，由于在置换废气、加入空气等方面不用注意染菌问题，补入的空气会更充足，在菌种生长环境中可利用的氧含量要高于封闭式培养，使得菌体代谢活跃，甲烷氧化菌的特征酶 MMO 的活性也更强。

因此，对于甲烷氧化菌来说，在开放式培养和封闭式培养两种培养方式中菌体的生长过程几乎无差别，验证了 *Methylosinus trichosporium* IMV 3011 的培养可以进行开放式培养。在工业生产中可以避免全程灭菌所需能耗。

在工业生产中根据原料给料方式和产物放料方式的不同，常将发酵方式分为以下四种。

(1) 分批培养(batch culture)：分批培养过程简单，也称为间歇发酵。将基质与所培养菌体一次性装入发酵装置中进行培养，细胞不断生长的同时，产物也不断形成，经过一段时间后终止培养。在菌体间歇发酵过程中，不向培养系统补充氧以外的营养物质，能够控制的参数只有温度、通气量和 pH。因此，菌体细胞所处的生长环境随着营养物质的消耗和产物、副产物的积累，时刻都在发生变化。分批培养不能使菌体细胞自始至终都处在最优的条件下生长。

(2)补料分批培养(fed-batch culture)：是指先将一定量的培养基质装入发酵装置，在适宜的条件下接入菌体细胞进行培养，使菌体不断生长，与此同时产物不断形成，在此过程中随着营养物质的不断消耗，不间断地向发酵系统中补入新鲜的营养成分，让菌体更好地进行生长代谢，直至整个培养结束后取出产物。补料分批培养只是向培养系统补加必要的营养成分，以维持营养物质的浓度不变。由于补料分批式培养能控制更多的环境参数，使得细胞生长和产物生成容易维持在优化状态。

(3)连续培养(continuous culture)：是在菌体细胞生长至某一阶段后，开始一边补入新鲜料液一边放出等量的发酵液，使发酵体系中的发酵体积维持恒定。工业上使用连续发酵进行大量生产微生物代谢产物的实例较少，但单细胞蛋白的生产上却常采用连续发酵的方法。

(4)半连续培养(semi-continuous culture)：又称为反复分批培养或换液培养，是指在分批培养的基础上不全部取出发酵液，在补料分批培养的基础上间歇放掉部分发酵液，剩余部分重新补充新的营养成分，按分批培养的方式进行操作，发酵装置内发酵液体积保持不变。

如图 8-1 和图 8-2 所示，不同的培养方式对 *Methylosinus trichosporium* IMV 3011 菌体生长及 MMO 活性是有影响的。分批培养(A 瓶)菌种在生长初期合成代谢较慢，但在整个生长过程中其所处环境更适合生长，在进入对数期以后受到代谢产物的抑制作用较小，48h 后生长加快。在 72h 取样时，A 瓶菌种酶活较强，所产生的 MMO 氧化丙烯生成环氧丙烷的量多。这主要是由于菌种生长初期在合成 RNA、蛋白质的同时也产生一些有利于微生物生长的代谢产物，如维生素、氨基酸、嘌呤、嘧啶及其衍生物等。半连续培养(B 瓶)菌种生长至 24h 时，换入新鲜培养基，导致利于菌体合成代谢的物质流失，使生长速率减缓，MMO 酶活性降低。虽然 B 瓶菌种在 48h、72h、96h、120h、144h 离心后都转入相应新鲜的培养基，为菌体生长代谢提供充足养分，但由于初期所产生的有利于生长代谢的物质被脱去，菌体在延滞期至对数期期间生长繁殖受到阻碍，使得菌体在后期对营养物质吸收功能减弱，代谢减缓。最终导致 B 瓶菌种 OD 值低于 A 瓶菌种，干重也小于 A 瓶菌种。连续培养(D 瓶)菌种生长至 48h 时，换入新鲜培养基，不仅为菌体提供了足够的养分而且去除了产生抑制作用的副产物，为菌体提供了易于生长的条件，缩短了延滞期时间，菌体更快进入了对数生长期。由于 D 瓶菌种在 72h、96h、120h、144h 离心后都转入相应新鲜的培养基，所以在整个生长过程中同化作用大于异化作用，生长代谢旺盛，产生的抑制作用影响较小。因此对于同源分批培养和半连续培养，24h 开始置换新鲜培养基对于菌体以后的生长产生了负向效果，而连续培养 48h 开始置换新鲜培养基对于菌体的生长产生了正向效果。

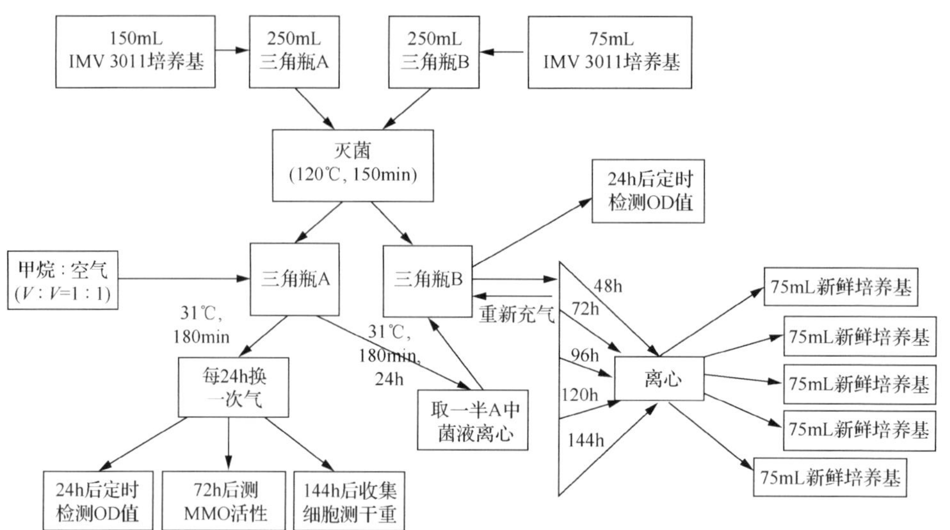

图 8-1　*Methylosinus trichosporium* IMV 3011 的同源分批培养（三角瓶 A）和半连续培养（三角瓶 B）

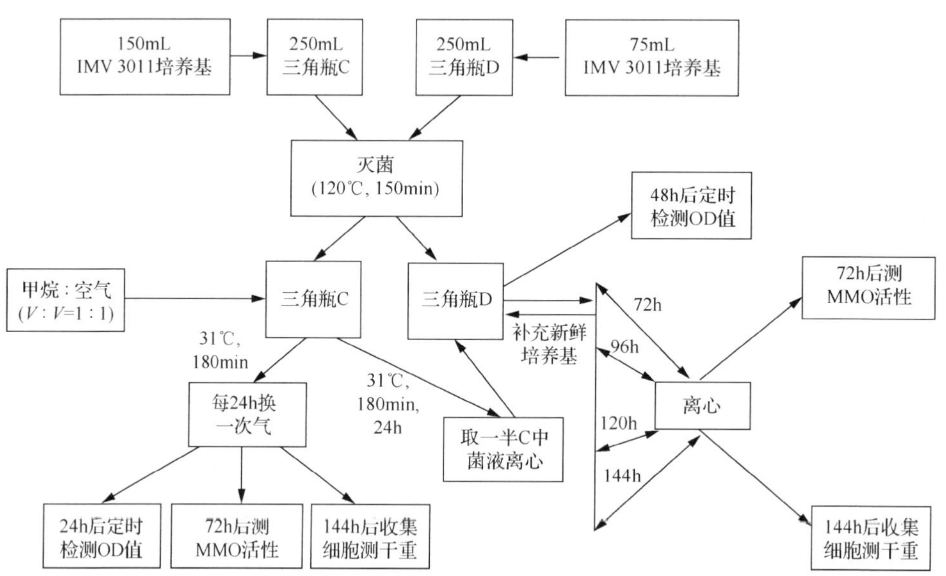

图 8-2　*Methylosinus trichosporium* IMV 3011 的同源分批培养（三角瓶 C）和连续培养（三角瓶 D）

8.2.2　生长因子对甲烷氧化菌生长的影响

甲烷作为甲烷氧化菌的碳源，其碳代谢途径中甲烷转化为甲醇是由细胞内产生的甲烷单加氧酶系催化进行的。由于甲烷气体与液态培养基存在气液传质问题，甲烷气体溶解度低，细胞利用的有效碳源较少，合成酶、辅酶、中间代谢产物的速率低，导致延滞期时间较长、细胞生长缓慢、发酵周期长。叶酸、D-生物素、

维生素 B_{12}、核黄素等维生素类生长因子虽然使用量微小，但却对菌体的生长和生物酶活性起很重要的作用，不仅是菌体必需的营养物质还是许多生物酶的辅酶或辅酶前体。维生素类生长因子的添加可以促进 MMO 的活性和 sMMO 的生成，甲烷氧化菌在氧化甲烷为甲醇的过程中必须利用 MMO，外源生长因子的加入可以提高延滞期甲烷氧化菌对甲烷的利用率，缩短延滞期时间，促进细胞快速进入对数生长期，为提高甲烷氧化菌菌体产量，实现单细胞蛋白的生产奠定基础。由于维生素类生长因子添加量微小，但对菌种酶活的影响较大，当添加量为最适浓度的情况下，酶活性增强则菌种生长活跃。一般以获取菌体时的最大 OD_{600nm} 值为指标，确定生长因子的最适添加量。

Methylosinus trichosporium IMV 3011 接种后加入不同浓度的 D-生物素、叶酸、维生素 B_{12} 和核黄素研究不同生长因子对其生长的影响。D-生物素在菌体生长初期是必需的营养因子，促使菌体合成代谢活跃，因此会缩短菌体生长延滞期；但在对数生长期开始后可能对 MMO 的酶活有抑制作用，对数期过短导致菌体生长不均衡，生命周期缩短，过早产生菌体自溶，菌体破裂较多，内溶物溶入发酵液中，离心干燥后出现透明状物质，菌体收获量低。叶酸的辅酶形式是四氢叶酸的一些衍生物，它们在一碳单位的代谢中起作用，而且 N_5, N_{10}-甲基四氢叶酸是一碳单位的传递体，甲烷氧化菌利用甲烷这种一碳化合物为唯一碳源，在生长初期添加的叶酸促进了菌体对碳源的吸收利用，从而缩短菌体生长延滞期；但添加的叶酸在进入对数期后使菌体产生了某些阻碍生长的物质，菌体在对数期停留时间较长用以适应整体生长环境，使其最大比生长速率降低。总体来看，叶酸的抑制作用远小于促进作用，加入后菌体代谢活力旺盛，缩短菌体细胞延滞期，增加菌体产量。核黄素作为一种水溶性 B 族维生素，是糖代谢产生 ATP 过程中所需酶的一种重要辅因子，同时是几种酶系统的组成部分(黄素蛋白)，在这些酶催化的反应中作为传递氢的辅酶，参与组织的呼吸过程，对于脂肪和氨基酸的代谢都很重要。所以核黄素的加入在生长初期使菌体代谢活跃，缩短了延滞期时间，在稳定期促进菌体对糖原、异染颗粒和脂肪等储藏物的合成。特别是黄素腺嘌呤二核苷酸(FAD)是 sMMO 还原酶组成的辅酶，所以核黄素的添加使 FAD 辅酶有所增加，进而促进了 MMO 活性的增加，因此在对数生长期菌体酶系活跃、代谢旺盛，整个生长过程中代谢产物的抑制作用都较小，提高了菌体产量。维生素 B_{12} 是甲基转移酶的辅因子，参与甲硫氨酸、胸腺嘧啶等的合成，同时还参与 DNA 的合成和脂肪、碳水化合物及蛋白质的代谢，增加核酸与蛋白质的合成，不仅在生长初期对菌体合成起促进作用，使延滞期缩短，还对稳定期菌体合成储藏糖原、异染颗粒和脂肪等储藏物也起到促进作用。维生素 B_{12} 的分子是一种含有 3 价钴的多环系化合物，其核心是 4 个还原的吡咯环连在一起组成的 1 个咕啉大环，在某些细菌中可以形成两种分别传递甲基和氢原子的辅酶。研究发现，MMO 的催化和甲

烷氧化菌的生长可能是钴离子与 sMMO 羟基化酶双核铁中心相互作用的结果。因此，维生素 B_{12} 的添加促进了 MMO 的酶活，使菌体生长旺盛，提高了菌体产量。

对比四种生长因子对 *Methylosinus trichosporium* IMV 3011 生长的影响，从收获菌体时 OD_{600nm} 值及发酵终止后的干重来看，维生素 B_{12} 的添加效果最好；相反，D-生物素的添加虽然缩短了延滞期时间，OD_{600nm} 值也有所增加，但由于菌体自溶，收获细胞干重却是最少的。维生素类生长因子添加量微少，但对菌体高密度培养影响较大，从经济方面考虑更适合工业化应用，为甲烷氧化菌单细胞蛋白的生产奠定了技术基础。

8.2.3 铜离子含量对甲烷氧化菌生长的影响

甲烷氧化菌的关键酶 MMO 以 sMMO 和 pMMO 两种形式存在。pMMO 可以更加快速地促进甲烷氧化菌的生长，只有当细胞内含有一定量的铜离子后，pMMO 基因才表达并表现活性，此时甲烷氧化菌的生长速率、甲烷代谢能力及甲烷亲和力增加，而 sMMO 活性减小。当细胞中缺乏铜离子时，pMMO 基因不表达，作为一种生存机制，sMMO 基因表达并合成 sMMO。此时的甲烷氧化菌的生长速率、甲烷代谢能力及甲烷亲和力较弱。

铜离子在甲烷氧化菌中扮演着重要的生物学角色，这是由于铜离子可以与甲烷氧化菌的代谢产物 Mb 的结合，形成 Mb-Cu 结合体并进入细胞内，参与了 pMMO 活性中心和内膜系统的构建，促进了 pMMO 的表达，使 pMMO 含量增加，酶活也随之有所提高，从而促进甲烷氧化菌的生长。但适当的铜离子浓度才会增加细胞的生长密度，浓度过高，会对细胞有毒害作用，反而抑制细胞生长。铜离子的最适添加量为 30μmol/L，此时其生长速率最快，为 $0.0082h^{-1}$，最大 OD_{600nm} 值为 1.123，细胞密度最高，且缩短了细胞生长延滞期，提高了 MMO 活性，为甲烷氧化菌的高密度培养奠定了一定的基础。

8.2.4 甲烷传递体对甲烷氧化菌生长的影响

由于甲烷在水中溶解度非常低，导致细胞生长过程中由于碳源供给不足难以提高生长密度，故向培养基中加入适量的石蜡油充当“甲烷传递体”(methane vector)来强化甲烷的传质以实现细胞的增殖。甲烷传递体是指不能被甲烷氧化菌直接代谢利用，但能通过甲烷的传质强化或影响细胞代谢而促进甲烷氧化菌生长速度的一类有机溶剂。

石蜡油是一种有机溶剂，大多数研究表明，添加有机溶剂可以提高底物的溶解性，有利于改善反应的选择性，减少副反应以及提高细胞催化的稳定性，其中的菌株能够采取多种抗性机制，如细胞表面的物理障碍、细胞膜结构的变化、有机溶剂泵出系统等，适应“有机相-水相”环境，减少有机溶剂对细胞的毒害作用。因此，添加甲烷传递体后细胞特性的变化对强化培养的具体影响还须加以考察。石蜡油作为甲烷传递体加入水相中产生了有机相表面后，甲烷传递过程变为“气相—有机相—细胞”，促进了甲烷传递到细胞内的速度，从而强化了甲烷氧化菌对甲烷的利用率，实现甲烷氧化菌快速、高密度的生长。又由于甲醇培养体系中细胞产量最好，但细胞活性不高，因此采用甲醇培养机制时同时加入甲烷和石蜡油，使得细胞活性得以提高，缩短延滞期。甲烷传递体石蜡油的添加会促进细胞的生长，缩短细胞生长的延滞期，但加入量过多也会影响其他气体的传递。当以甲烷为唯一碳源和能源进行培养或采用甲烷与甲醇共同培养，石蜡油的最佳添加量均为 2.5%(体积分数)。

8.2.5 甲烷氧化菌素对甲烷氧化菌生长的影响

早期的文献报道认为，在无 Cu^{2+}的条件下培养并纯化的 Mb 加入到有 Cu^{2+}的菌液中，可以使甲烷氧化菌的生长情况及酶活发生变化。向有 Cu^{2+}的发酵介质中加入 Mb 可使细胞的最大浓度增加，生长延滞期变短，生长速率加快。这可能是由于 Mb 与 Cu^{2+}形成结合物后回到细胞内，与细胞内膜结合增加 MMO 的环氧化能力。为验证这一理论，将 *Methylosinus trichosporium* IMV 3011 Mb 冻干品溶解液分别加入到有 Cu^{2+}(30μmol/L) 与无 Cu^{2+}的 *Methylomonas* sp. GYJ3、*Methylococcus capsulatus* IMV 3021、*Methylosinus trichosporium* IMV 3011 和 *Methylosinus trichosporium* OB3b 的发酵介质中，考察菌种生长以及 MMO 的变化情况。将无 Cu^{2+}培养的甲烷氧化菌转入含 Cu^{2+}培养介质时，甲烷氧化菌要适应高 Cu^{2+}环境，分泌 Mb 结合 Cu^{2+}，才可将其吸收到细胞内，因此延滞期长。而向其中添加纯化 Mb，可与 Cu^{2+}迅速结合，并被细胞吸收，促进生长，此时延滞期会缩短。由此可以判断，从 *Methylosinus trichosporium* IMV 3011 中提取的 Mb 没有专一性，其对 *Methylosinus trichosporium* IMV 3011、*Methylococcus capsulatus* IMV 3021、*Methylomonas* sp. GYJ3 及 *Methylosinus trichosporium* OB3b 的菌体生长和延滞期都有影响。将 *Methylosinus trichosporium* IMV 3011 中分离产生的 Mb 分别添加到 IMV 3021、*Methylosinus trichosporium* IMV 3011、GYJ3 及 OB3b 中，其环氧化活性都有不同程度的提高，这也说明 Mb 对这四种菌的生理状况都有所影响。因此，Mb 的加入对菌体的生长有促进作用，不但可以提高细胞的生长密度，还可以缩短菌体生长的延滞期，加快生长速率，并提高菌体环氧化活性。这也为甲烷氧化菌的高密度培养进一步奠定了基础。

8.3 甲烷氧化菌的高密度培养

要发展甲烷氧化菌和甲烷单加氧酶的工业应用，首先要实现甲烷氧化菌的高密度培养。*Methylosinus trichosporium* OB3b 和 *Methylococcus capsulatus* Bath 都是在无机盐培养基中进行培养，最适生长温度分别为 30℃和 45℃，菌体生长和酶合成所需的主要营养元素有 C、N、P、Cu 和 Fe，同时 pH、温度、溶氧和气体流量是发酵培养的重要操作条件。表 8-1 总结了已报道的以甲烷为底物对 *Methylosinus trichosporium* OB3b 和 *Methylococcus capsulatus* Bath 的培养研究。

表 8-1　以甲烷为碳源的甲烷氧化菌发酵培养

培养目标	产率/(g 细胞干重/L)	培养条件优化
批式培养生产 sMMO[9]	5.4(180h)	5L 发酵罐；pH 6.0～7.0；30～34℃；磷酸盐 10～40mmol/L；无 Cu 添加；初始 Fe 18μmol/L，并于 90h 补加至 68μmol/L；加入 CO_2 消除延滞期；补加硝酸盐，缩短培养时间
批式培养生产 pMMO[10]	3(54h)	5L 发酵罐；pH 7.0；30℃；10μmol/L Cu；80μmol/L Fe；含 10% CO_2 的空气；硝酸盐初始浓度 10mmol/L，间歇补加
连续培养生产 pMMO[11]	2.37±0.23	5L 发酵罐；pH 6.8～7.2；30℃；10μmol/L Cu；80μmol/L Fe；40mmol/L 硝酸盐；转速 500r/min；200mL/min CH_4，600mL/min 空气/CO_2(9∶1)
生产 PHB[12]	18.6，含 50% PHB(120h)	5L 发酵罐；10mmol/L 硝酸盐；10μmol/L Cu；80μmol/L Fe；0.4μmol/L Mo；无 Ni；通气量和转速随培养时间增长而增加
生产细胞[13]	4.5(280h)	7L 发酵罐；pH 7.0；37℃；转速 300～400r/min；0.1～7vvm 空气，0.01～0.11vvm CH_4；补加硫酸亚铁(50mg/L)和柠檬酸(100mg/L)
批式培养生产 pMMO[5]	4(5～7d)	5L 发酵罐；10μmol/L $CuSO_4$；30℃；50% CH_4，50% O_2
生产细胞[14]	14(240h)	5L 发酵罐；pH 6.8～7.2；30℃；5μmol/L Cu；5%(体积分数)石蜡油；空气 1L/min，$CH_4$140mL/min

由于甲烷在水中溶解度较低，因此，添加一些甲烷传递体，如石蜡油，可以提高甲烷传质速率。还有研究者以甲醇为碳源实现甲烷氧化菌的高密度培养，当甲醇添加量为 0.1%(体积分数)时，间歇性添加甲醇，发酵终止后的细胞密度会明显提高。甲醇不仅易溶于水且比甲烷的可燃性低，因此在大规模工业应用中具有较低的危险性，在不对细胞产生抑制作用的情况下可以促进细胞生长。因而甲醇更适合作为能源和碳源对甲烷氧化菌进行高密度培养。虽然甲醇易溶于水，可以被部分甲烷氧化菌利用，其加入可以促进细胞的生长，但该类菌体细胞对甲醇的耐受能力是有限的，因此对细菌进行驯化处理是十分必要的。图 8-3 为用甲醇蒸气对 *Methylosinus trichosporium* IMV 3011 进行驯化过程图，即先用甲醇蒸气驯化 *Methylosinus trichosporium* IMV 3011，再向驯化好的细胞培养液中直接加入甲醇的培养方法，考察每天不同甲醇浓度对细胞生长代谢的影响。

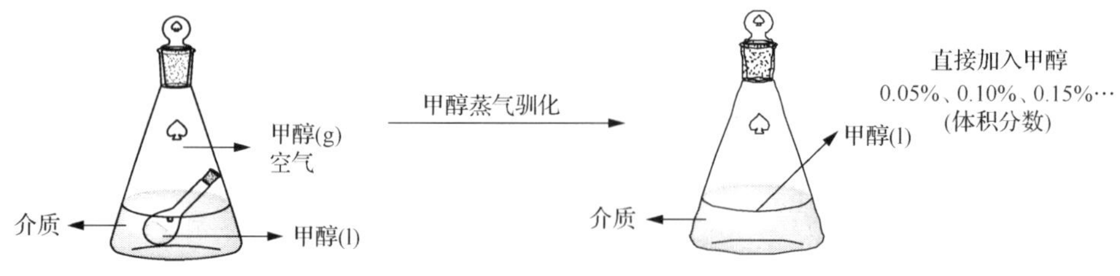

图 8-3　甲醇的驯化过程

菌体在以甲烷为唯一碳源条件下的生长情况表明，生长 7d 后，OD_{600nm} 值为 0.769，细胞干重为 0.2075g/L，最大生长速率为 $0.0064h^{-1}$，延滞期为 27.6130h，菌体处于延滞期时生长缓慢，而达到最大生长速率点为 48h，因此可以判断 48h 左右是以甲烷为碳源条件下的细胞最佳生长期。在图 8-4 发酵罐中加入不同浓度的甲醇 0.03%、0.05%、0.10%、0.15%、0.20%、0.40%(体积分数)，适量甲醇的加入可以直接为细胞的生长提供充足的碳源，以适量甲醇为碳源培养的细胞 OD_{600nm} 值和干重较单独以甲烷为碳源培养的菌体有明显提高。但从甲烷氧化菌的代谢途径可以看出，以甲烷为碳源时，细胞第一步通过 MMO 氧化甲烷进行代谢，MMO 活性越高，菌体代谢速度越快，甲醇的加入则相应降低了对 MMO 活性要求，而且高浓度的甲醇也对细胞有一定毒性，对菌体生长会有一定的抑制作用，造成生长延滞期变长。甲醇的最佳添加量为 0.05%(体积分数)，此时其生长速率最大为 $0.0456h^{-1}$，最大 OD_{600nm} 值为 1.578，虽然其菌体的生长情况远远好于甲烷培养，但由于甲醇对甲烷氧化菌的抑制作用，造成其延滞期为 60.4152h，远远高于甲烷条件下培养的延滞期。而且，在以甲醇为唯一碳源时，经驯化的细胞会对甲醇进行分解，在 24h 时几乎消耗了甲醇的一大半，在 48h 时甲醇几乎消耗完毕。细胞在 32h 之前的消耗速率较快，32h 之后的消耗速率较慢。因此甲烷-甲醇共培养时需要每隔 24h 添加一次甲醇。

图 8-4　甲醇为碳源的发酵装置图

经甲醇驯化后 *Methylosinus trichosporium* IMV 3011 不仅生长状况会发生明显改变，其细胞形态和菌落状态也会发生变化。图 8-5 为光学显微镜下观察到的细胞。使用结晶紫染色液对甲烷氧化菌 *Methylosinus trichosporium* IMV 3011 染色。甲烷培养的 *Methylosinus trichosporium* IMV 3011 为杆状，甲醇培养条件下的 *Methylosinus trichosporium* IMV 3011 为小球状。且以甲醇为碳源的菌落明显要比以甲烷为碳源生长的菌落个体大。与以甲烷为碳源相比，以甲醇为唯一碳源培养 *Methylosinus trichosporium* IMV 3011 产生的 MMO 酶活也会发生变化。在以甲烷为唯一碳源的条件下，开始时(12～60h)菌体的酶活和细胞的增加趋于一致，之后随着细胞浓度的增加而出现了比酶活降低的情况，酶活达到最大值时并不是细胞浓度达到最大值时。这种情况的出现应该和在细胞对数末期出现部分细胞老化的现象有关，虽然细胞的 OD_{600nm} 值在增大，而其比酶活没有增加，甚至出现降低的情况。到了发酵末期，酶活出现较大下降，这应与老化细胞增加有关。

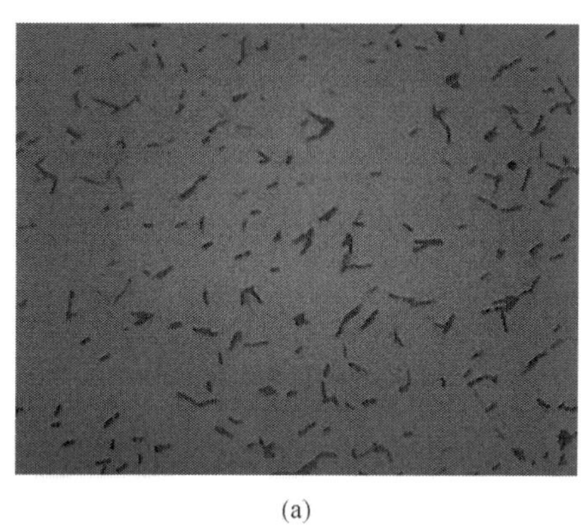

(a)

(b)

图 8-5 甲烷(a)或甲醇(b)为唯一碳源条件下培养 *Methylosinus trichosporium* IMV 3011 光学显微镜照片[15]

放大倍数 100 倍

无论是以甲烷还是甲醇作为碳源和能源对甲烷氧化菌进行高密度培养都是可行的，但若考虑甲烷氧化菌在工业生物催化和环境甲烷控制中进行应用，还是以甲醇培养更经济高效且安全。

8.4 甲烷氧化菌单细胞蛋白营养以及对动物代谢和生长的影响

单细胞蛋白按生产原料的不同，可以分为石油蛋白、甲醇蛋白、甲烷蛋白等；按产生菌种类的不同，又可以分为细菌蛋白、真菌蛋白等。以天然气(甲烷含量98%以上)为原料生产的甲烷氧化菌单细胞蛋白即甲烷蛋白，干燥后的菌体蛋白含量达 50%～70%，同时还含有脂肪、碳水化合物、核酸、维生素、无机盐以及动物机体所必需的各种氨基酸，其使用气态碳源，安全性较少使人担心。经化学分析及动物试验表明，单细胞蛋白是较为理想的饲料。其化学成分取决于培养基的成分、发酵条件、微生物的类型和发酵后的处理，而甲烷蛋白和甲醇蛋白的营养价值主要由蛋白质的组成和一小部分脂肪决定。

8.4.1 甲烷氧化菌单细胞蛋白的营养价值

利用天然气培养甲烷氧化菌制备的甲烷蛋白的氨基酸谱图及成分与PRUTEEN(英国产甲醇单细胞蛋白的商品名)平均数据对比显示(表 8-2)，甲烷蛋白中粗蛋白含量平均低于 PRUTEEN，可能由于部分核酸的含量较低。PRUTEEN 中氨基酸的氮含量大约为 71%，核酸中的氮含量占总氮量的 19%，细胞壁组成氨基葡萄糖和乙醇胺的氮含量约为 10%。

表 8-2　甲烷蛋白与几种参考蛋白质在氨基酸组成上的比较[16]　（单位：g/16g 蛋白）

氨基酸		甲烷蛋白	豆粕	鱼粉	甲醇蛋白
必需氨基酸	异亮氨酸	4.4±0.4	4.7±0.3	4.7±0.3	4.3
	亮氨酸	7.5±0.2	7.5±0.5	7.9±0.4	7.0
	赖氨酸	5.6±0.4	6.1±0.3	8.2±0.3	6.0
	甲硫氨酸	2.6±0.2	1.3±0.1	3.0±0.1	2.4
	苯丙氨酸	4.2±0.2	5.0±0.3	4.1±0.2	4.1
	苏氨酸	4.3±0.3	3.9±0.3	4.0±0.6	4.6
	色氨酸	2.2±0.8	1.4	0.9	0.9
	缬氨酸	5.8±0.3	4.8±0.4	5.3±0.1	5.6
非必需氨基酸	精氨酸	6.3±0.3	7.4±0.5	6.2±0.6	4.6
	组氨酸	2.2±0.2	2.7±0.2	2.5±0.4	1.9
	丙氨酸	7.1±0.4	4.2±0.4	6.1±0.1	7.1
	天冬氨酸	8.5±0.4	11.2±0.7	9.9±1.2	8.8
	胱氨酸	0.7±0.1	1.5±0.2	0.9±0.2	0.7
	谷氨酸	10.6±0.6	18.2±1.4	12.6±1.0	10.6
	甘氨酸	4.9±0.3	4.2±0.3	6.0±0.8	5.7
	脯氨酸	3.8±0.3	5.0±0.3	4.3±0.6	2.9
	丝氨酸	3.6±0.2	5.2±0.3	4.1±0.3	3.3
	酪氨酸	3.6±0.3	3.8±0.3	3.2±0.1	3.4

注：表中“甲醇蛋白”列数据为 PRUTEEN 数据。

甲烷蛋白成品的氨基酸组成与 PRUTEEN 有很高的形似度，而且精氨酸和色氨酸的成分含量更高一些。与鱼粉和豆粕相比，甲烷蛋白中所含的大多数必需氨基酸平均数据有轻微的差异；与鱼粉相比，赖氨酸含量较低，色氨酸含量较高；与豆粕相比，蛋白质中含有更多的甲硫氨酸和色氨酸。并且无论以甲醇还是以甲烷为底物生长的菌体蛋白在氨基酸组成上没有差别。但以甲烷为底物生产的单细胞蛋白中脂类含量较高，且脂肪酸种类也不同。利用甲醇生产的单细胞蛋白中主要的脂肪酸是棕榈酸和棕榈油酸，占总脂肪酸的 85%。而在甲烷蛋白中脂质主要包括 16∶0 和 16∶1 脂肪酸，约占总脂肪酸的 85%，此外还包括高比例的磷酸酯。而单细胞蛋白中矿物质的含量取决于发酵时用的培养基。

8.4.2　甲烷氧化菌单细胞蛋白的研究发展

早在 20 世纪 60 年代，单细胞蛋白就开始引起各国的重视，特别是欧美等国家和地区已经开始了以天然气作为原料生产单细胞蛋白的研究，已有年产千吨日产十吨的专利报道，其成分与鱼粉相当。利用甲烷氧化菌发酵生产单细胞蛋白最早起源于英国，1970 年英国和荷兰壳牌公司在英国锡廷伯恩(Sittingbourne)地区建立了一个规模为年产 300 吨的天然气蛋白试验装置。1974 年，该公司宣布在英国锡廷伯恩地区建立一个规模更大的试验装置，并筹备在荷兰阿姆斯特丹(Amsterdam)筹备一个规模为年产 10 万吨装置的发展计划。但由于当时发达国家大豆和玉米的价格很低，蛋白来源富足，而在不发达国家推广这项先进工艺技术比较困难，该技术没有得到发展和推广而是无限期被推迟。但对于甲烷氧化菌生产单细胞蛋白的研究并没有停止，将 *Methylococcus capsulatus* 及 *Methylococcus albus* 两种甲烷氧化菌代替黄豆粕、鸡蛋粉、矿物质和维生素添加到饲料中作为日粮，肉鸡的个体增重、饲料报酬及氮平衡没有差别，这说明甲烷氧化菌单细胞蛋白可以添加在饲料中。除此之外，还证明了甲烷是碳的缩减形式和能量的有效利用形式，可以作为生物细胞进行生物转化的底物[17]；甲烷氧化菌生产单细胞蛋白并非一种菌体的行为，通常是三种菌株伴生，该混合菌群不会遗传产生溶血性毒素和非溶血性内毒素，并在自然条件下生长的甲烷氧化菌 *Methylococcus capsulatus* 拥有高效利用甲烷生产菌体蛋白的能力。欧盟已经通过了利用天然气生产单细胞蛋白的指令(理事会指令 No. 82 / 471 / EEC)；1995 年，欧盟对甲烷蛋白在饲料中的添加比例做出规定：猪饲料中的使用量为 8%，牛饲料为 8%，咸水鲑鱼饲料为 33%，淡水鲑鱼饲料为 19%；2009 年，欧盟对蛋白质来源做了修订[法规(EC)No 767 / 2009]，对利用天然气发酵制备的单细胞蛋白有了进一步的促进，进而推动了这类单细胞蛋白的发展和使用，确定了其作为单胃动物未来营养来源的地位[18]。

我国在 20 世纪六七十年代，有人在石油化工等产业中提出了利用石油生产蛋白，当时称为“气蛋白”，但由于历史原因及资源的限制而被搁浅。如今由于环保、资源等问题，利用天然气生产单细胞蛋白又被渐渐提上日程。国内外很多研究机构已经开始了这方面的实践研究，但我国至今尚未对甲烷氧化菌单细胞蛋白在饲料及食品行业的应用有专门报道。

以甲烷氧化菌为菌种，天然气为碳源生产的甲烷蛋白，具有以下几点优秀性能：生产过程完全模拟微生物自然发生过程，并且保证其绿色健康；蛋白营养成分、质量与天然蛋白一致，并且不受四季变换的影响；没有病毒，无致敏性，不含有沙门氏菌和其他致病菌；良好的适口性；保质期长；良好的操作特性；可生物降解，其独特的特性使其能应用于各种不同的应用行业。甲烷蛋白干燥后蛋白含量为 50%～70%，并且还含有动物机体所需的多种氨基酸，以及碳水化合物、多种维生素、核酸、脂肪、无机盐。因为使用的是气态碳源，在安全性上较少使人担心，经动物试验以及化学分析表明甲烷蛋白是理想的饲料蛋白。

8.4.3　饲用甲烷氧化菌单细胞蛋白对动物生长的影响

目前，甲烷蛋白作为饲料主要用于猪饲料和鸡饲料，不仅可以缩短动物的出栏期，提高肉的品质，还可以提高动物的免疫力，并且对动物的健康无副作用。例如，用甲烷蛋白喂养猪，猪的血浆代谢物以及与蛋白质相关的酶和脂肪代谢产物都无变化；用单细胞蛋白饲养鲑鱼，没有出现不良肠道反应以及由于单细胞蛋白而引起的死亡或健康问题；用单细胞蛋白饲养肉鸡可以增加体内瘦肉和脂肪的比率且会减少肉鸡腹部的脂肪含量。并且甲烷蛋白可以提高和改善肉品在冷冻储藏条件下的稳定性和感官质量，减少鸡肉储存过程中脂质的氧化，改善猪肉的脂肪质量，降低冷冻储存中猪肉的脂质氧化速率并提高猪肉的感官质量。

8.5　甲烷氧化菌中过量核酸的去除

甲烷氧化菌单细胞蛋白总氮含量的60%～70%都是以氨基酸的形式存在的，而其余的氮则以核酸形式存在，其核酸的含量要比其他传统食用蛋白要高，Skrede 等测得的甲烷氧化菌核酸含量占菌体干重的 9.9%左右。由于单细胞蛋白中较高的核酸含量会增加动物肝脏中嘌呤的代谢率，而尿酸是嘌呤代谢的最终产物，大多数哺乳动物、爬行动物、软体动物都含有尿酸。但是人、鸟及部分爬行动物都缺乏能够分解尿酸的尿酸酶。长期食用含有高核酸含量的蛋白质容易在血液中产生较高的尿酸，这会引起动物代谢失衡、尿结石等症状，并且会引发人体产生痛风。因此，在使用甲烷氧化菌单细胞蛋白作为蛋白质饲料或蛋白质食品时，其安全性问题十分值得注意。高核酸问题限制了单细胞蛋白产业的发展，所以，将菌体蛋白作为饲料原料或人类食品时，要求其具有高蛋白含量、优良的氨基酸组分、低核酸含量等特点的同时，尽可能减少菌体蛋白高核酸含量而带来的潜在危害。

利用甲烷氧化菌生产单细胞蛋白不仅能使大气中的甲烷废气得到有效回收利用，还能缓解目前蛋白资源短缺的状况，具有重大的现实意义。研究菌体内核酸脱除的有效方法将使单细胞蛋白的应用面得到拓展，提高产业经济效益。目前，主要是通过破碎菌体细胞来去除核酸，包括超声波法、浓盐法、浓盐与超声波破碎结合法、菌体自溶法 4 种方法。超声波法是利用一定功率的超声波处理细胞悬液，使细胞急剧振荡而破裂；浓盐法是利用高浓度的盐溶液改变菌体细胞的渗透压，增大细胞壁通透性，并且能够破坏核蛋白中核酸与蛋白质之间的氢键，使核蛋白失稳解离，形成的 RNA 钠盐易溶于水，同时蛋白质变性形成沉淀，以达到分离核酸和蛋白质的目的；浓盐法与超声波破碎结合法是在浓盐法使菌体细胞受到破坏的基础上，再利用超声波破碎细胞；菌体自溶法是利用碱能使细胞壁的蛋白质、脂肪及碳水化合物水解而破坏细胞壁的原理，从而使核酸释放出来。无论采用哪种方法对细胞进行破碎处理，处理后均须冷却离心(8000r/min，10min)，取上清液用紫外分光光度计进行分析，测出其在260nm与280nm波长处的吸光度，以 A_{260nm}/A_{280nm} 为判断标准比较不同核酸脱除方法对核酸脱除量的影响。纯 RNA 样品的 A_{260nm}/A_{280nm} 在 2.0 以上，当核酸脱除液中蛋白质比例增高时该比值下降。用紫外分光光度计所测出的核酸脱除液在 260nm 波长处的吸光度，参照相应经验式(8-1)，可以计算出对应的核酸脱除量。

$$\text{RNA质量浓度}(\mu g / mL) = \frac{A_{260nm}}{0.024 \times L} \times N \tag{8-1}$$

式中，A_{260nm} 表示 260nm 波长处吸光度；L 表示比色皿厚度，通常为 1cm；N 表示稀释倍数，通常为 1；0.024 表示每毫升溶液内含 1μg RNA 的 A；通常试验菌体为湿菌体，菌体干、湿重比约为 1∶10。

无论是以 A_{260nm}/A_{280nm} 为指标还是以核酸脱除量为标准，菌体自溶法用于甲烷氧化菌中过量核酸的脱除，菌体蛋白损失最少，脱除液中核酸纯度最高。并且，各种菌体处理方法所得的上清液中核酸质量浓度从小到大的顺序依次为超声波法、浓盐与超声波破碎结合法、浓盐法、菌体自溶法。在用菌体自溶法对甲烷氧化菌脱除核酸的试验过程中，菌体浓度、处理时间、温度、pH 等因素都会对核酸的去除产生影响。各因素对甲烷氧化菌中过量核酸去除的影响从大到小依次为处理时间、温度、pH、菌体浓度。菌体自溶法去除核酸的最佳试验条件：温度为 70℃，菌体浓度为 0.9%(湿重)，处理时间为 50min，体系 pH 为 10，此条件下核酸脱除量最大值为 44.75μg/mL，脱除率为 50.2%。

甲烷氧化菌利用甲烷生产的蛋白，除了高蛋白含量外，还含有脂肪、碳水化合物、核酸、维生素、无机盐以及动物机体所必需的各种氨基酸，特别是植物饲料中缺乏的赖氨酸、甲硫氨酸和色氨酸含量较高，生物学价值大大优于植物蛋白饲料。

与同类型菌体蛋白相比，甲烷氧化菌可以直接利用甲烷作为碳源使用，其生产过程便于准确规划且易于实现自动化，不依赖气候及季节条件，不与农作物竞争耕地。直接使用甲烷不但减少了能耗的转换，并降低了产品的生产成本。此外，在运输方面气体可以很容易地通过管道运输，而且自然界中甲烷的存在是无限的，作为一种重要的温室气体几乎无处不在，来源非常广阔。并且甲烷碳的完全还原形式不含致癌的稠环芳烃等杂质，因此作为甲烷氧化菌的碳源不存在产生直接毒性的问题。

综合我国国情和当前工业状况，绿色环保的产业是必需的发展趋势，温室气体的排放更须严格限制，资源的高效性和可持续性是发展的必由之路。在单细胞蛋白的生产中选择甲烷作为甲烷氧化菌所利用的碳源和能源，不仅让温室气体的主要污染源变废为宝，成为有效的可利用资源，还能够缓解蛋白质的需求危机。

我国利用甲烷氧化菌制备单细胞蛋白尚未有工业化生产的报道，仍处于实验室研究阶段。因此甲烷蛋白工业化的早日实现将会有很广阔的市场前景。

参 考 文 献

[1] Sassen R, 蔡峰. 海底天然气水合物细菌的甲烷氧化作用: 其对极端环境中生命的意义[J]. 海洋地质动态, 1998, (12): 6-9.

[2] Whittenbury R, Phillips K C. Enrichment, isolation and some properties of methane utilizing bacteria[J]. Journal of General Microbiology, 1970, 61: 205-218.

[3] 罗明芳, 吴昊, 王磊. 含有甲烷氧化细菌的混合菌特性研究[J]. 微生物学报, 2007, 47(1): 103-109.

[4] 梁战备, 史奕, 岳进. 甲烷氧化菌研究进展[J]. 生态学杂志, 2004, (5): 198-205.

[5] Park S, Hanna M L, Taylor R T, et al. Batch cultivation of *Methylosinus trichosporiurn* OB3b. Ⅰ: Production of soluble methane monooxygenase[J]. Biotechnology and Bioengineering, 1991, 38: 423-433.

[6] Shah N N, Hanna M L, Jackson K J, et al. Batch cultivation of *Methylosinus trichosporium* Ob3b. 4. Productio of hydrogen-driven soluble or particulate methane monooxygenase activity[J]. Biotechnology and Bioengineering, 1995, 45(3): 229-238.

[7] Shah N N, Hanna M L, Taylor R T. Batch cultivation of *Methylosinus trichosporium* OB3b. 5. Characterization of poly-β-hydroxybutyrate production under methane-dependent growth conditions[J]. Biotechnology and Bioengineering, 1996, 49(2): 161-171.

[8] Zook J, Behling L, Hartsel S, et al. Mobilization of insoluble copper salts and minerals by methanobactin[J]. The FASEB Journal, 2007, 21(6): 998.

[9] Lieberman R L, Kondapalli K C, Shrestha D B, et al. Characterization of the particulate methane monooxygenase metal centers in multiple redox states by X-ray absorption spectroscopy[J]. Inorganic Chemistry, 2006, 45(20): 8372-8381.

[10] Lieberman R L, Rosenzweig A C. The quest for the particulate methane monooxygenase active site[J]. Dalton Transactions, 2005, (21): 3390-3396.

[11] Hakemian A S, Kondapalli K C, Telser J, et al. The metal centers of particulate methane monooxygenase from *Methylosinus trichosporium* OB3b[J]. Biochemistry, 2008, 47(26): 6793-6801.

[12] Siegbahn P. O—O bond cleavage and alkane hydroxylation in methane monooxygenase[J]. Journal of Biological Inorganic Chemistry, 2001, 45(20): 8372-8381.

[13] Yoshizawa K, Yumura T. A non-radical mechanism for methane hydroxylation at the diiron active site of soluble methane monooxygenase[J]. Journal of Inorganic Biochemistry, 2003, 96(1): 257-261.

[14] Ye P C, Fang Z H, Su B G, et al. Adsorption of propylene and ethylene on 15 activated carbons [J]. Journal of Chemical & Engineering Data, 2010, 55(12): 5669-5672.

[15] 梁洪野. 甲烷氧化菌的高密度培养[D]. 哈尔滨: 哈尔滨商业大学, 2010.

[16] 刘轲, 辛嘉英, 徐宁. 单细胞蛋白生产及应用研究进展[J]. 科技与实践, 2013, 49(10): 56-60.

[17] Schoyen H F, Hetland H, Rouvinen-Watt K, et al. Growth performance and ileal and total tract amino acid digestibility in broiler chickens fed diets containing bacterial protein meal produced on natural gas[J]. Poultry Science, 2007, 86: 87-93.

[18] Childress J J, Fisher C R, Brooks J M, et al. A methanotrophic marine molluscan (Bivalvia: Mytilidae) symbiosis: Mussels fueled by gas[J]. Science, 1986, 233: 1306-1308.

第 9 章　甲烷氧化菌生物催化合成聚 β-羟基丁酸酯

作者曾在 2019 年博士论文《甲基弯菌 IMV 3011 生物合成聚 β-羟基丁酸酯的研究》中详细开展了甲烷氧化菌生物催化合成 PHB 的相关探索，并在 *Applied Biochemistry and Biotechnology*(2009，157：431-441)、*Journal of Natural Gas Chemistry*(2008，17：103-109)、*Chinese Journal of Molecular Catalysis*[2009，23(4)：298-303]和 *African Journal of Biotechnology*[2011，10(36)：7078-7087]发表的文章中分别对甲烷氧化菌合成 PHB 的含量调控及分子质量调控进行了深入研究。在此基础上，本章进一步补充了近些年国外与国内的相关研究工作，从 PHB 的生物与化学合成研究出发，分别对甲烷氧化菌利用不同碳源催化合成 PHB、甲烷氧化菌高密度培养合成 PHB 及甲烷氧化菌合成 PHB 的分子质量调控等方面进行介绍。

自塑料工业起步，塑料已成为生产生活中的一类重要材料，白色污染问题也日益严重。为减轻“白色污染”的危害，生物可降解塑料进入了人们的生活，有完全可降解的，如 PHB，PHB 与聚 β-羟基戊酸酯(PHV)、聚乳酸(PLA)、淀粉、纤维素等的共混物；也有部分可降解的，如 PHB 可以与聚乙烯(PE)、聚丙烯(PP)、聚苯乙烯(PS)、聚氯乙烯(PVC)共混。

生物可降解塑料能被生物所降解，不造成环境污染。它们进入土壤中可成为肥料；进入水域可成为水生生物的营养物；进入人体无毒害，无免疫排斥反应，可被消化、完全纳入代谢循环系统。在众多可生物降解材料中，采用微生物发酵法生产的聚 β-羟基链烷酸(PHAs)[1]，是应用环境生物技术领域的一个研究热点。其中，PHB 是 PHAs 的典型代表，存在于多种微生物之中，具有广泛的应用前景[2]。

PHB 不仅具有普通塑料特性(稳定性、各种应用性、易处理性及经济性)，还具有自身的特性(生物可降解性和生物相容性)。研究表明，在化学合成法取得重大突破之前，PHB 生物合成路线的研究占据了该研究领域的主导地位。

PHB 是细菌细胞内积累的一种能被微生物酶所降解的高分子聚合物，作为细胞内的能量和碳源物质，在医学组织工程领域也具有重要的作用[3]。PHB 的性质与目前普遍使用的合成塑料有许多相似之处，还可作为可再生利用的资源，已成为同类用途的石化合成塑料最有潜力的替代品，其使用可避免或减少塑料废物对环境的污染，具有深远的环保意义。随着绿色生态经济的发展，甲烷的污染治理和资源化利用也逐渐吸引了越来越多研究者的注意[4-6]。甲烷氧化菌是一类以甲烷为唯一底物的微生物，在生长限制条件下，可将甲烷转化为 PHB 在胞内储存。甲烷氧化菌作为一类可以利用污染物甲烷实现胞内合成 PHB 的微生物，在 PHB 合成研究中凸显了研究价值和发展潜力[7]。

9.1　生物可降解高分子材料聚 β-羟基丁酸酯概述

9.1.1　聚羟基链烷酸的分类

很多微生物在特定的条件下都能在胞内积累 PHAs 作为碳源和能源的储存物。其结构式如图 9-1 所示。

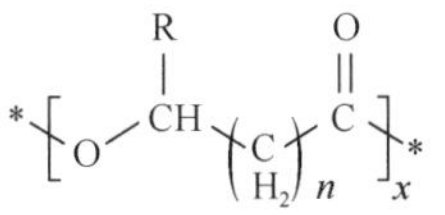

n=1～3，x=100～35000

图 9-1　PHAs 的结构式

图 9-1 中，R 为不同链长的正烷基或者氢，也可以是支链的、不饱和的或带取代基的烷基。当 n=1 时，R 为甲基，单体为 β-羟基丁酸，其聚合物为 PHB。

大多数微生物只能合成一种 PHA。一般认为，PHA 单体的碳原子数不同是由 PHA 合成酶的底物特异性决定的。随着短链和中长链单体组成的 PHAs 聚合物(图 9-2)[8]的发展，已经发现了聚羟基丁酸羟基己酸酯(PHBHHx)。

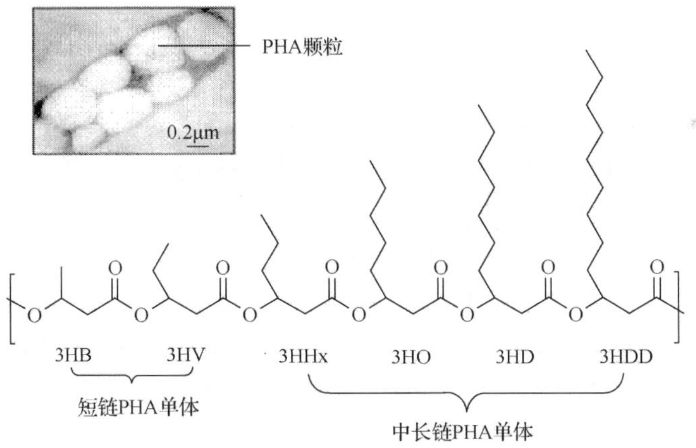

图 9-2　常见的几种 PHAs 的单体[8]

PHAs 可分为均聚物和共聚物两类，前者只有一种单体，如 PHB、PHV 等；后者含有两种或两种以上的单体，如 PHBHHx、以 3HB 和 3HV 为单体的聚羟基丁酸羟基戊酸酯(PHBV)等。不同结构的 PHAs 可在与其单体结构相关的底物培养中获得。

9.1.2 PHB 的结构、物理化学性质、生理功能、特性及应用

1) PHB 的结构

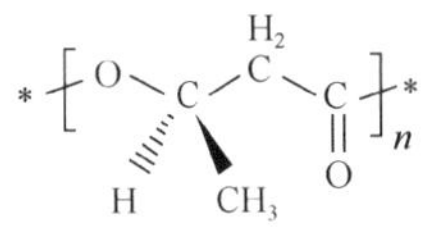

PHB 是由多个 D 型 3HB 结构组成的，相对分子质量可从几千到两百多万，而且随培养条件和提取方法的不同而变化。易溶于热的氯仿，不溶于水、乙醇、丙酮和乙醚等。结构式如图 9-3 所示。

图 9-3　PHB 的结构式

2) PHB 的性质

经过提纯的 PHB 是高度结晶的晶体，其物理性质与聚丙烯很相似，如熔点、玻璃态温度、结晶度、抗张强度等，而 PHB 具有相对密度大、透氧率低、抗紫外线照射等优点，以及具有光学活性、阴湿性和压电性等特点。PHB 较脆且易发硬，但可通过与适量 HV 共聚而得到补偿。

PHB 胞内降解主要是通过 PHB 解聚酶形成单体或二聚体；胞外降解有两种机制，一是在无菌状态下酯键自动水解，二是被胞外 PHB 解聚酶分解[9]。

3) PHB 的生理功能

PHB 是一类很重要、很理想的细胞储藏物。首先，在微生物细胞内，由于具有低水溶解性和高相对分子质量，PHB 以不溶于水的包涵体形式存在，具有较高的折射率，利用相差显微镜很容易观察到。PHB 颗粒直径在 0.3～1μm 之间，含量可以达到细胞干重的 90%。PHB 可以将小分子脂肪酸聚合成不溶的大分子，保持细胞内渗透压的稳定，因此 PHB 是一种理想的能源和碳源储备物。合成 PHB 消耗的能量少，在逆境条件下能为细胞提供更多的能源和碳源，这也是微生物选择以 PHB 作为储备物质的主要原因。其次，胞内 PHB 的存在还可以增强细胞对逆境的抵抗力，因为 PHB 可以作为碳源和能源被细胞利用[10]，以防止细胞自溶和死亡。研究表明，积累 PHB 的细菌的存活率高于不积累 PHB 的细菌；还有试验证明，在强因子(如紫外线、干燥和渗透压等因素)作用下，富含 PHB 的细胞死亡较慢。此外，PHB 还可为细菌孢子形成提供能源，参与形成钙离子通道[11]；研究还发现，细胞质或细胞膜中的小分子质量 PHB，会影响细菌对外源 DNA 分子的吸收[12]。目前这些小分子质量 PHB 的合成及分子质量大小的调控机制，以及其如何与其他生物大分子发生作用等都还有待于深入研究。

4) PHB 的特性及应用

第一，利用 PHB 的生物降解特性和较好的热塑性，可以采用通用的加工方式，制成各种容器瓶、塑料袋、薄膜等环保的一次性包装材料[13]。第二，PHB 具有良好的生物相容性，可作为医用高分子材料在医学、药学领域获得广泛应用，如可作为外科缝合线及长效药物控制释放体系的载体等。第三，PHB 可用作农药及肥

料的生物降解载体[14]，如长效除莠剂、抗真菌剂、杀虫剂等。第四，PHB 作为一种由微生物发酵合成的天然高分子材料，不依赖于石油化工业，从长远观点来看，可解决石油危机导致的原材料紧缺。第五，由于 PHB 具有手性，还可用于化学合成光学活性物质的手性前体[15]，特别是合成药物和昆虫信息素。基于 PHB 特有的性能，目前有关 PHB 生物合成、改性及应用研究异常活跃，成为生物材料领域中一个新的研究热点。

9.2　聚 β-羟基丁酸酯的合成

9.2.1　聚 β-羟基丁酸酯的化学合成

由普通的微生物发酵法生产 PHB，工艺路线和操作条件决定了 PHB 生产工艺成本较高，售价远高于化学合成塑料，从而使其应用受到限制。因此，化学法合成 PHB 作为开发生产 PHB 的途径之一，也在进一步研究之中。

PHB 及其单体 β-羟基丁酸在实验室化学合成路线有多种[16]，研究主要集中在开发 PHB 及其单体 β-羟基丁酸的化学合成路线方向。通过化学催化法可制备 PHB；而通过 β-丁内酯的水解、Reformatsky 反应、还原法、丁烯酸水合制备、萘锂催化剂制备、非对称合成、水解法和氧化法等方法，均能得到单体 β-羟基丁酸，然后以单体为原料聚合得到产品 PHB，如表 9-1 所示。

表 9-1　化学合成 PHB 的常用方法

反应底物	催化剂	单体合成方式	单体	聚合方式	优缺点
双烯酮	Ru_2Cl_4[(*S*)-联萘二苯磷]$_2$·Et_3N	非对称氢化	光学活性 β-丁内酯	锡烷络合物的催化开环聚合制得 PHB	双烯酮化学性质非常活泼，反应条件很难控制，所得聚合物是混合物，不能继续共聚或者混聚，限制了其应用，不适合规模化生产
乙醛和烯酮	Zn 盐；酸性条件	催化；水解	β-羟基丁酸	聚合	原料容易获得，反应步骤少，且不需要高温高压，容易实现连续化生产，具有一定的工业应用潜力。但烯酮价格较高，增加了生产成本
α-溴代酯和乙醛的乙醚溶液	Zn	Reformatsky 反应；水解	β-羟基丁酸	聚合	α-溴代酯价格很高，来源有限；Zn 催化剂的使用会造成一定的环境污染。该反应本身效率低，副反应多，限制了其工业化的实现
乙酰乙酸乙酯	铜铬氧化物、钠汞齐、改进的拉尼(Raney)镍	还原；水解	β-羟基丁酸	聚合	该法收率较低，副反应多，反应混合物的分离提纯也较困难
丁烯酸	酸性或碱性	水合反应	β-羟基丁酸	聚合	β-羟基丁酸本身很易发生脱水反应。这一可逆反应导致了该反应的收率非常低
乙醛	萘锂催化剂	催化；水解	β-羟基丁酸	聚合	β-羟基丁酸很不稳定，容易脱去羟基，发生自聚反应，很难得到纯品

常用的β-羟基丁酸作为单体的化学催化聚合工艺比较复杂，首先要利用苯酚和仲丁醇分别保护羟基和羧基，聚合后再分别脱出苯酚基和仲丁醇基。而且每一步反应的条件要求都非常苛刻。因此，将其应用至工业化生产是有难度的。

综上，采用化学合成方法生产 PHB，虽然可以克服发酵过程周期长、产量较低的缺陷，但是使用的原料一般都比较贵，而且大部分具有毒性，反应条件十分严格，且大部分反应收率低，副反应多，产物分离也很困难，会对环境造成二次污染，这些问题都是要实现化学法工业化生产 PHAs 所要解决的问题。

此外，对于 PHB 化学改性的研究相对较少，这种方法是从 PHB 本身的分子结构出发，通过分子设计来合成含有 PHB 链段的新结构，与第二组分在一定条件下形成接枝共聚物、嵌段共聚物、互穿网络共聚物等从而改善 PHB 的性能。化学改性法具有物理共混无法比拟的优势，因此近年来越来越得到人们的重视。

9.2.2 聚β-羟基丁酸酯的生物合成

PHB 是原核生物体内碳源和能源的储存物质。它是细菌胞内同化作用的初级产物，是细菌维持渗透平衡、储存碳的一种形式，它的积累是营养不平衡的结果[17]。当培养基含有过剩的碳源和能源时，PHB 大量合成，一旦碳源缺乏则可分解 PHB 作为碳源以供给能量。因此，PHB 在微生物中的整个代谢是由分解和合成两部分组成。

不同的微生物合成 PHB 的途径不完全相同，所用底物不同，其合成途径也有差异。一般来说，微生物是将不同的基质降解转化为乙酰 CoA 或丁烯酰 CoA，然后分别通过以下两条途径合成[1,18,19]。

一条是三步合成系统，以贝氏自生固氮菌、真氧产碱杆菌和生枝动胶菌等多数微生物为代表[图 9-4(A)]。用于 PHB 生物合成的碳源有糖类、有机酸、乙醇和二氧化碳等多种含碳化合物。这些碳源在细胞内通过各种途径转化为乙酰 CoA，在平衡生长条件下，乙酰 CoA 进入三羧酸循环(tricarboxylic acid cycle，TCA 循环)合成各种代谢中间产物，为细胞生长提供能量；在营养不平衡生长条件下，碳源过剩，乙酰 CoA 在β-酮硫解酶的作用下转化为乙酰乙酰 CoA，接着以 NADPH 为辅酶的乙酰乙酰 CoA 还原酶的催化作用下生成 D-(-)-β-羟基丁酰 CoA，最后在 PHB 聚合酶的作用下形成 PHB[20]。在 O_2 充足的营养平衡条件下，微生物细胞中的乙酰 CoA 进入 TCA 循环，生成高浓度的游离 CoA，抑制了 PHB 合成的关键调控酶——β-酮硫解酶[21]，最终抑制了 PHB 的合成。当营养失衡而碳源过剩时，NADH 氧化酶活性降低，NADH 逐渐增多从而抑制了柠檬酸合成酶和异柠檬酸脱氢酶，阻断了 TCA 循环。未被利用的乙酰 CoA 积累到一定程度，CoA 对β-酮硫解酶的抑制被克服，β-酮硫解酶和乙酰乙酰 CoA 还原酶活性明显增加，乙酰 CoA 便缩合成乙酰乙酰 CoA，并启动 PHB 的合成。

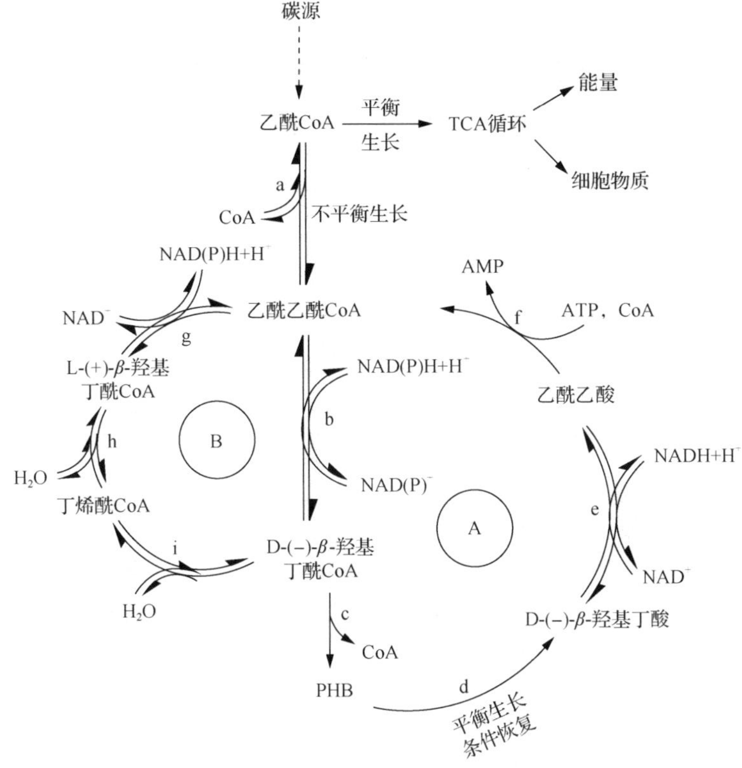

图 9-4　PHB 的合成与降解代谢途径[1,3]

A.三步合成系统；B.五步合成系统；a.β-酮硫解酶；b.乙酰乙酰 CoA 还原酶；c.PHB 合成酶；d.PHB 解聚酶；e.D-(–)-β-羟基丁酸脱氢酶；f.乙酰乙酰 CoA 合成酶；g.乙酰乙酰 CoA 还原酶；h.丁烯酰 CoA 水合酶；i.丁烯酰 CoA

另一条是五步合成系统，以深红红螺菌为代表。乙酰 CoA 在β-酮硫解酶的作用下生成乙酰乙酰 CoA，由乙酰乙酰 CoA 还原酶在 NADH 辅酶的协助下将其进一步还原成 L-(+)-β-羟基丁酰 CoA，再由两个特异性的烯酯酰 CoA 水合酶将后者经丁烯酰 CoA 转变成 D-(–)-β-羟基丁酰 CoA，然后在 PHB 聚合酶的作用下形成 PHB[图 9-4(B)]。

当恢复平衡生长条件后，细胞内的 PHB 解聚酶就会将 PHB 逐步降解为乙酰 CoA，为生物体内其他物质的合成提供碳源和能量，直到将其降解到诱导前的水平。PHB 降解为乙酰 CoA 的过程是在 PHB 解聚酶、以 NADH 为辅酶的 D-(–)-β-羟基丁酸脱氢酶、乙酰乙酰 CoA 合成酶以及β-酮硫解酶等酶的作用下完成的，所产生的乙酰 CoA 进入 TCA 循环，彻底氧化为 CO_2 和 H_2O，从而实现 PHB 在细胞中的循环。

由此可见，β-酮硫解酶既是乙酰 CoA 转变为 PHB 的入口，又是出口，因此，β-酮硫解酶的活性大小是诱导 PHB 积累的关键。PHB 合成代谢途径也表现为翻译控制方式，这一调控方式的提出，为以后人们用控制论模型来描述发酵动力学奠定了基础。

生物合成 PHB 的方法主要有以下几种。

1. 利用野生菌生产 PHB

很多微生物能自身合成 PHB[22]。目前研究得较多的用于合成 PHB 的微生物有产碱杆菌属(*Alcaligenes*)、假单胞菌属(*Pseudonomas*)、甲基营养菌(*Methylotrophs*)、固氮菌属(*Azotobacter*)等，它们能分别利用不同的碳源合成 PHB。其中，真氧产碱杆菌研究得最多，也最成熟[23]。根据 PHB 生物合成机制，微生物生产 PHB 一般采用两阶段培养法，即先利用充足的营养条件，快速增殖菌体，然后在营养受限情况下，合理调整发酵培养的条件，生产 PHB。此法一般通过选择可以利用碳源迅速生长以实现高密度培养的菌种，缩短发酵时间，同时提高 PHB 产量，降低生产成本。由于协腹产碱杆菌(*Alcaligeneslatus*)细胞生长迅速的特点，在这方面的应用研究更多，也取得了较为显著的成果[24]，通过在不同生长时间段进行溶氧和氮源条件的限制调控，PHB 的产量(PHB 占细胞干重 88%)可以达到 4.94g/(L·h)。野生菌获得容易，发酵培养过程简单，如果可以发展其在利用碳源方面的廉价性和广泛性，将大大推动野生菌发酵生产 PHB 及其他 PHAs 的进程。

2. 采用抑制剂和调控影响因子将代谢导向 PHB 的合成途径

一些微生物还具有积累其他脂类储存物质的能力，如脂肪类物质与 PHB 可共享底物，这些物质的积累必定使 PHB 的积累量降低，如果加入抑制剂阻断其他物质的合成，则可减少碳源在此处的消耗，就可以提高 PHB 的积累量。以不同手段使 TCA 循环受到抑制，加速 PHB 循环进行，可促进 PHB 的积累[25]。另外，通过改变外加试剂种类，调节细胞代谢发生相应的变化也可获得特定的产物。

3. 构建基因工程菌发酵生产 PHB

随着对 PHB 合成途径和分子遗传学的研究进展，采用带有 PHB 合成基因的重组菌来生产 PHB 成为更好的选择。

20 世纪 80 年代后期，重组 DNA 技术开始应用于生物合成 PHB，来自于多种细菌的 PHB 生物合成途径中的关键酶，在分子水平已得到详细的研究，它们的 PHB 生物合成酶基因已被成功克隆[26]。天然来源的 PHB 聚合酶很难纯化，研究人员通过分离基因，对酶学机制和 PHB 代谢调节进行了研究。在 *Zoogloearamigera* 和 *Alcaligeneseutrophus* H16 中，*β*-酮硫解酶基因(*phbA*)和依赖 NADPH 的乙酰乙酰 CoA 还原酶基因(*phbB*)紧密相连。用 *Alcaligeneseutrophus* H16 负向突变株互补方法确定，*phbC* 基因编码 PHB 生物合成途径中的第三个酶——PHB 合成酶。将 *Alcaligeneseutrophus* H16 的 PHB 生物合成基因按 *phbC-phbA-phbB* 顺序在大肠杆菌中表达，合成 PHB[27]。

相继，一些研究人员构建 *Alcaligenesutrophus* H16 基因库，进行亚克隆试验，将基因片断克隆到大肠杆菌中直接合成 PHB，其 PHB 产量可达菌体干重的 80%。其后，又有十几个不同细菌的 PHA 合成酶基因克隆成功[28]，进而降低生产成本，满足应用需要。随之，在对野生菌研究的基础上利用重组菌开发了一系列中链 PHAs(PHA_{MCL})和短链 PHAs(PHA_{SCL})高密度发酵培养生产各种 PHAs 的研究技术[29]。

无关联的细菌之间能够转移生物合成基因的事实为 PHB 的生物合成开辟了一条新路。根据扩增编码关键酶的基因来设计并控制合成新的聚合物的生物合成途径，可以简化提取时所要求的苛刻条件及工艺，降低了成本。但是，对不同菌种来说，具有合成 PHB 功能的基因组合以及基因排序有一定的差异，通过这种手段来实现的重组菌的表达稳定性是限制其发展的重要因素。掌握不同环境对操纵子排列规律与基因表达能力的影响是基因重组菌生产 PHB 有待克服的重大困难。

4. 转基因植物生产 PHB

利用转基因植物生产 PHB 的领域也有相关研究[30-32]。植物可用于大量生产淀粉、蔗糖、脂肪酸或维生素等物质，且成本很低，同样，PHB 也是生物体内的储能物质，但植物本身不能合成 PHB，如果将微生物体内编码 PHB 合成的相关酶的基因转入植物中，可以预料，PHB 将能被合成并出现在该植株中。迄今，已有拟南芥、马铃薯和棉花等植物作为 PHB 合成酶基因的表达受体合成并获得少量的 PHB，从而证明了利用转基因植物生产 PHB 的可行性。

然而，这种合成途径的移植需要跨越几大障碍：①导入的基因在植物体中表达及功能实现的障碍；②底物运输障碍；③由于植物种属的不同带来的一些遗传学问题；④从植物细胞中提取 PHB 比从微生物细胞中提取要困难得多。利用转基因植物生产 PHB 虽然存在种种障碍，但能利用光能及 CO_2 进行大面积生产 PHB，从而大大降低其生产成本，始终吸引着人们的注意力。

5. 利用活性污泥生产和提取 PHB

自从利用气相色谱手段检测到活性污泥中的 PHB 和 PHBV 后，利用活性污泥生产和提取 PHB 也深受青睐[33]。自然界中有 90%的微生物在一定条件下都能积累 PHB，因此，以活性污泥中的微生物作为发酵菌群，利用污水合成 PHB，不但大大降低生产成本，也减少了各种烦琐的运作过程，无须在无菌环境中操作，方便易行。

陈然等[34]利用食品工厂的活性污泥在自制污水中发酵生产 PHB，研究表明，PHB 达到污泥干重的 4.86%，提取的 PHB 纯度在 70.6%以上。然而，利用活性污泥和污水生产 PHB 虽然可以降低成本，但是污水的成分复杂，合成的 PHB 含量低、结构多样，提取获得的 PHB 纯度也较低，这无疑增加了后续提取难度和成本，这些都是在实际应用过程中应该解决的问题。

此外，为了改善 PHB 的性能和拓展其应用领域，常用改性方法来处理。生物改性是通过细菌发酵在 PHB 的链段上引入其他羟基脂肪酸的链节单元，如 PHBV、PHBHHx 等。这些共聚物比 PHB 更加稳定，加工性能和冲击性能均得到改善。

物理共混是简单易行而且成本低的改性方式，共混体系有 PHB/聚氧化乙烯(PEO)、PHB/聚(ε-己内酯)(PCL)、PHB/乙酸丁酸纤维素(CAB)、PHB/壳聚糖等。选择合适的共混组分，通过调节配比，采用不同的加工方法可获得满足多种用途的新型材料。

9.3　甲烷氧化菌合成 PHB

甲烷氧化菌是属于甲基菌属的细菌。甲基菌是能利用甲烷、甲醇、甲胺、卤代甲烷以及含硫的甲基化合物等多种甲基化合物作为碳源生存的细菌。甲烷氧化菌是以甲烷为碳源和能源生长的细菌，它们能通过以甲烷单加氧酶开始的一个酶系将甲烷最终代谢成 CO_2 和 H_2O。

针对Ⅰ型、Ⅱ型和Ⅹ型三种类型的甲烷氧化菌的代谢方式，研究已提出了相应的碳代谢路径(图 9-5)[35]，甲烷氧化菌具有大多数微生物积累 PHB 的共性(三步合成系统)，同时还具有自身碳源代谢的方式($CH_4 \longrightarrow CH_3OH$)。从图 9-5 中可以看出，细胞可以氧化甲烷最终至 CO_2，伴随甲烷的氧化，细胞内部也通过碳源的代谢来满足自身生长的需要。

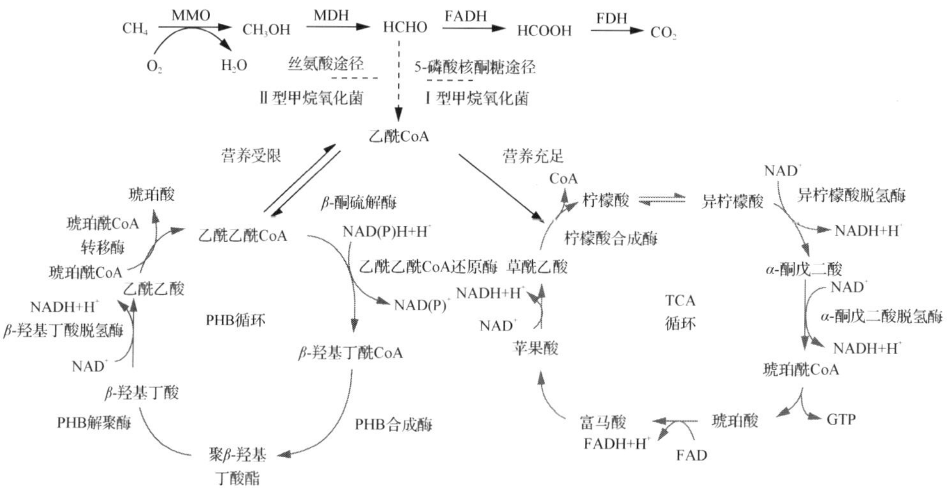

图 9-5　甲烷氧化菌的碳代谢路径[35]

甲烷是一种来源丰富、价格低廉的有机物，具有量大、面广的优点，石油、煤炭等化石燃料的开采过程以及有机废物的厌氧发酵过程都会释放大量的甲烷。甲烷是全球第二大温室气体，在大气中的生命周期为 7～12 年[37]，其温室效应在 100～200 年内为二氧化碳的 25～72 倍。最早研究者在菌株 *Methylomonas methanica* 中发现有 PHB 的存在[38]，之后在其他甲烷氧化菌中也发现了 PHB。甲烷氧化菌可以利用甲烷作为碳源满足生长需要，过量的碳源最终转化为 PHB。因为甲烷氧化菌利用廉价的甲烷作为碳源，能够大大降低 PHB 的生产成本，有研究报道以含有甲烷的废气为底物可以使 PHB 的生产成本降低 30%～35%[39]，也有研究表明仅利用现有的垃圾填埋场和厌氧消化系统释放的甲烷合成 PHB，其产量就可以代替现在塑料市场的 20%～30%。所以利用甲烷合成 PHB 有四大优势：①甲烷来源丰富，分布广泛；②减少温室气体的排放；③降低 PHB 生产成本，减少石油化工塑料的使用；④PHB 产品废弃不用时可经厌氧消化系统重新转化为甲烷，形成可持续的底物循环。因此，利用野生甲烷氧化菌株生产 PHB 会带来一定的经济效益。

9.3.1　利用甲烷催化合成聚 β-羟基丁酸酯

大多数微生物中 PHB 的生产分为平衡和受限两阶段培养进行，第一阶段为营养平衡生长阶段，单位时间内获得有高生理活性的最大量菌体；第二阶段，细胞接种到营养不均衡的培养基中，单位时间内产生尽可能多的 PHB[3]。然而发酵成本特别是碳源成本太高，利用野生菌发酵生产 PHB 受到了很大限制。甲烷氧化菌是一种可以利用廉价的甲烷作碳源积累 PHB 的一类微生物[40]，可以为降低 PHB 的生产成本带来经济效益。

近年来，研究人员开展了很多利用微生物生产 PHB 的研究工作，并在此基础上实现了基因工程菌的组建，为 PHB 的工业化生产提供了必要的理论指导。细胞的代谢调控直接关系到其积累 PHB 的能力，是实现胞内 PHB 积累的最关键的环节，对外界条件的调节，最终目的也是为了通过外界环境作用于胞内的代谢，促进 PHB 的积累。通过代谢甲烷生长繁殖的甲烷氧化菌的 PHB 合成能力也受很多因素的影响[7]，如不同菌种的活性、氧气浓度、营养元素等。

1. 甲烷氧化菌的活性

人们在甲烷氧化菌特性酶 MMO 催化作用的研究中发现了细胞内 PHB 的存在。MMO 催化反应活性的提高和保持与 PHB 的合成也有一定相关性，一般需要依赖外源电子供体 NADH 的补加来协助完成，也有相关研究报道显示，可以通过自身储存的能源物质 PHB 完成电子供体的补给[41,42]。PHB 作为细胞自身的能源积累，在一定条件下可以降解成乙酰 CoA 供细胞代谢需要，同时，可以为细胞进行 MMO 氧化提供一定数量的 NADH，协助 MMO 的催化，以延缓细胞在催化底物时效率的降低。三聚乙烯和萘的降解过程研究证明了细胞 PHB 含量越高，其催化降解活性保持越好，虽然随着催化反应的进行 PHB 含量有所降低，但是 PHB 与催化降解底物的相关性仍需要进一步从理论上加以证实。

2. 甲烷和氧气浓度比例

甲烷氧化菌一般为专性嗜甲烷菌，有研究发现过低的甲烷浓度[底物平衡常数(K_s)＜92μmol/L]会使甲烷氧化菌的 sMMO 和其他维持生命活动所需的酶(如 PHB 解聚酶)失活[43]。氧气对于甲烷氧化过程和为甲烷氧化菌提供生命活动所需的能量同样重要，当氧气浓度高于 1.7%～2.6%时，甲烷氧化菌才能氧化甲烷[44]。研究表明，氧气浓度从 20%逐渐增加到 60%，会使甲烷氧化Ⅰ型菌和Ⅱ型菌的甲烷氧化速率降低 23%以上[45]。据报道，在氧气和甲烷的体积比小于 2∶1 时，甲烷氧化菌具有较高的活性和甲烷氧化速率；控制甲烷与空气体积比为 1∶3 的条件下，增加体系的总压，发现当总压高于 20ppsi(1ppsi=6.89476×10^3Pa)时，甲烷氧化菌的生长受到强烈的抑制。PHB 合成过程需要足量的氧气，氧气不足会抑制甲烷氧化菌的 PHB 合成。以氮气为氮源时，甲烷氧化菌对氧气浓度更加敏感。

3. 营养元素

甲烷氧化菌合成 PHB 的研究一般是分两段进行的，不同条件下生长的甲烷氧化菌具有不同的活性，进而影响下一步的 PHB 合成过程。例如，研究不含 Cu^{2+} 和含有 10μmol/L Cu^{2+}的培养基中生长的甲烷氧化菌 PHB 合成能力的区别，发现在不含 Cu^{2+}培养基中生长的甲烷氧化菌在氮缺乏条件下仅能合成 10%的 PHB，而含有 10μmol/L Cu^{2+}培养基中培养的甲烷氧化菌，胞内 PHB 含量可达 50%。不同氮源和氧气浓度条件下培养的 *Methylosinus trichosporium* OB3b 和 *Methylocystis parvus* OBBP 的 PHB 合成能力对比，发现 *Methylocystis parvus* OBBP 在以氨氮为氮源、0.3atm(1atm=1.01325×10^5Pa)氧气条件下培养后，具有最佳的 PHB 合成能力，PHB 含量为 60%；而 *Methylosinus trichosporium* OB3b 则在以氮气为氮源、0.3atm 氧气培养后具有最佳的 PHB 合成能力，PHB 含量为 45%；以硝酸盐为氮源时，*Methylosinus trichosporium* OB3b 和 *Methylocystis parvus* OBBP 都是在 0.3atm 氧气条件下培养后，获得较高的 PHB 含量，分别为 14%和 29%。Sundstrom 和 Criddle 高通量微生物反应器系统进行甲烷氧化菌生长和 PHB 合成条件的优化，发现在最适 Cu^{2+}和 Ca^{2+}浓度培养后，甲烷氧化菌的 PHB 含量可以从 18.1%提高到 49.4%[46]。

甲烷氧化菌合成 PHB 的研究一般都是利用 N 缺乏的条件刺激 PHB 的积累，研究人员[47-49]分别考察了 *Methylocystis* sp. GB25 在 N、P、S、Mg^{2+}、K^+、Fe^{2+}缺乏时的 PHB 合成，发现在N缺乏时，甲烷氧化菌的 PHB 含量最高，为 51%，其次为在 P 缺乏条件下，PHB 含量为 46.8%，然后依次为 K^+、S、Mg^{2+}、Fe^{2+}缺乏的条件，PHB 含量分别为 33.6%、32.6%、28.3%、10.4%；在 K^+缺乏的条件下，合成 PHB 的分子质量最高为 3.1MDa，比在 Mg^{2+}缺乏条件下的 PHB 分子质量高 28%。据报道，甲烷氧化菌 K^+的阈值为 17～25mg/L，当胞外 K^+浓度降低时，会扰乱甲烷氧化菌的渗透压平衡，甲烷氧化菌会向环境中分泌 K^+以恢复渗透压平衡。在 *Methylosinus trichosporium* OB3b 进行 PHB 的合成过程中补充 Mg^{2+}和 Fe^{2+}，会降低甲烷氧化菌 PHB 的含量，推测 N 缺乏耦合 Mg^{2+}不足的条件可以促进甲烷氧化菌的 PHB 积累。有研究发现，在 N 缺乏条件下的 PHB 合成过程中，降低 Ca^{2+}的浓度可以明显促进 *Methylocystis parvus* OBBP 的 PHB 积累[46]。甲烷氧化菌在 2～25mmol/L P 条件下，才能维持 sMMO 和 MDH，所以在甲烷氧化菌合成 PHB 的过程中也许须提供适量的 P[50]。另外，其他金属离子，如 Cu^{2+}、Ni^{2+}、Zn^{2+}可以参与调控 MMO 的表达及活性，可能也会影响甲烷氧化菌的 PHB 合成过程[51]。

甲烷氧化菌的典型特征是含有 MMO，MMO 可以催化氧化多种底物。如图 9-6 所示，甲烷氧化菌是通过 MMO 将甲烷活化，氧化成甲醇，甲醇进一步氧化为甲醛，甲醛再同化为细胞生物量，并在此过程中获得生长所需的能量，此过程碳源过剩时，细胞就会以 PHB 的形式储存起来；或者，甲醇转化为甲醛后，经过一系列的脱氢反应，通过甲酸氧化生成 CO_2 重新回到大气的碳库中[52]。

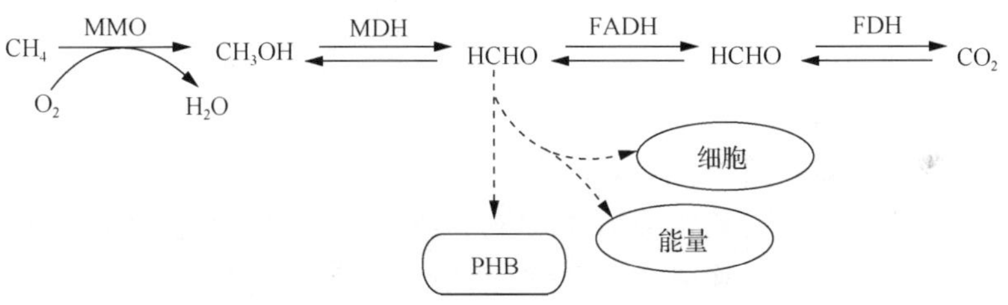

图 9-6　甲烷氧化菌氧化甲烷的路径

目前绝大多数利用甲烷合成 PHB 的定量研究都是以甲烷氧化 II 型菌为菌种，其中又以 *Methylosinus* 和 *Methylocystis* 合成 PHB 的研究最为普遍。在以前利用甲基营养菌合成 PHB 的研究中，PHB 的合成可能与丝氨酸循环有关，而 RuMP 循环可能不具有 PHB 合成能力。Pieja 等[53]对来自 6 种菌属的 12 株甲烷氧化菌进行 *phaC* 基因克隆检测，所有检测的甲烷氧化 II 型菌均含有此基因，并在其胞内检测到了 PHB 的积累。在生长限制、碳源过剩的条件下，甲烷氧化 II 型菌通过丝氨酸循环，将乙酰 CoA 很容易地转化为 PHB，甲烷以 PHB 的形式在胞内储存。与丝氨酸循环相比，RuMP 途径会产生更多的胞外多糖。甲烷氧化菌经丝氨酸循环合成 PHB 的途径如图 9-5 所示，乙酰 CoA 首先在 β-酮硫解酶的作用下转化为乙酰乙酰 CoA，然后在乙酰乙酰 CoA 还原酶的作用下，转化为 D-β-羟基丁酰 CoA，最终在 PHB 合成酶的作用下聚合，生成 PHB。在营养均衡且有甲烷存在时，胞内的 PHB 才开始降解，推测 PHB 在甲烷氧化菌代谢过程中，仅能作为能量来源，而不能同化合成细胞物质[54]。当营养供应充足时，细胞生长代谢正常，此时细胞内的环境可以使 TCA 循环中的各种酶保持较高的活性，为细胞生长提供充足能量的同时产生了大量的 NADH；这种环境也利于提高胞内 MMO 的活性；此环境中 PHB 循环中的各种酶活性水平相对较低。进一步研究表明，细胞进入 TCA 循环消耗了大量的乙酰 CoA，同时产生了浓度较高的 CoA，抑制了乙酰 CoA 进入 PHB 循环的关键酶 β-酮硫解酶的活性，减少了细胞进入 PHB 循环的物质能量的消耗，PHB 的积累量相对较低。随着 NADH 积累浓度的增加，NADH 会对 TCA 循环中的相关酶活性产生抑制，特别是对 TCA 循环中关键酶柠檬酸合成酶、异柠檬酸脱氢酶、α-酮戊二酸脱氢酶的抑制作用，会导致 TCA 循环速度减慢，细胞生长也相应受到一定影响。而胞内 MMO 对 NADH 的消耗和 PHB 合成中的少量消耗，缓和了细胞内 NADH 浓度过高对 TCA 循环中相关酶活性的抑制作用。在营养平衡的条件下，细胞处于代谢平衡的状态，可以自身的调节保持基本的催化活性和 PHB 的积累能力。当营养受限时，细胞中的 MMO、TCA 循环及 PHB 循环中的一系列酶的活性都会受到影响，细胞内的正常代谢不能继续保持，使细胞转向 PHB 的积累[55]。

对于甲烷氧化菌来讲，尽管可以达到较高的 PHB 含量，由于其所利用碳源的特点，细胞生长的密度始终不能得到较大的提高。Wendlandt 等[47]研究获得胞内的 PHB 占细胞干重的 51%，相对分子质量达 2.5×10^6，但仅使用甲烷作为唯一碳源的培养过程中，细胞的生长密度仍然较低。

朱红威[56]则利用甲烷氧化菌治理低浓度甲烷，他们以甲烷为唯一碳源物质，从煤矿出风口附近土壤中筛选了一株甲烷氧化效率高的革兰氏阴性甲烷氧化菌菌株，利用生物滴滤法转化矿井低浓度瓦斯，同时实现了以甲烷为碳源，通过在培养基中分别添加 1%柠檬酸和丙酮酸，促进甲烷氧化菌胞内的 PHB 合成，培养液中 PHB 产量分别为 139μg/mL 和 150μg/mL。该研究表明甲烷氧化菌可以缓解煤矿甲烷的排放，同时合成一定量的 PHB。张颖鑫[7]开展了甲烷氧化菌利用甲烷催化合成 PHB 的系列研究，以甲烷为唯一碳源通过优化培养方式和培养条件探索了 *Methylosinus trichosporium* IMV 3011 胞内积累 PHB 的能力，由于甲烷氧化菌只能在低浓度的甲烷氛围下生长繁殖，PHB 的终产量也不能大幅提高，在一定程度上限制了此方向研究的开展。

9.3.2 利用甲烷-甲醇催化合成聚 β-羟基丁酸酯

甲烷氧化菌通过 MMO 氧化甲烷得到甲醇最终获得 CO_2，甲醇是这一代谢过程的中间产物，而且可以促进甲烷的氧化，所以，可以直接使用甲醇做碳源培养细胞。1978 年，研究人员对 *Methylocystis parvus* OBBP 在以甲醇为碳源生长时的甲醇浓度、pH 等各种因素进行了系统的研究[57]。之后，在对 *Methylosinus trichosporium* OB3b 在甲醇中生长研究中发现[58]，其最高能耐受甲醇浓度为 4%，并提出了以优化的甲醇浓度对该菌种进行发酵培养，通过考察不同温度、不同甲醇浓度以及不同甲醇流加方式、流加流量等因素对 PHB 产量的影响，对比电镜照片得出了相应结论。试验结果表明直接利用甲醇不会使该甲烷氧化菌丧失 MMO 的活性。甲醇高密度培养 *Methylosinus trichosporium* OB3b 的系统研究，进一步为甲烷氧化菌的高密度培养奠定了坚实的基础[59]。

然而，过量甲醇会对细胞生长代谢产生抑制作用，大多数甲烷氧化菌能以甲醇为碳源生长，但无法在浓度超过 0.01%(体积分数)的甲醇中生长。而甲醇易溶于水，相对于甲烷的优势是更适合作为碳源被甲烷氧化菌利用，在不对细胞产生抑制作用的情况下可以促进细胞生长，进而为该类菌种提高细胞量，进行 PHB 生产奠定了基础。大量研究转向了甲烷、甲醇共同作为碳源培养甲烷氧化菌生产 PHB。

TCA 循环会与 PHB 的合成过程竞争乙酰 CoA，在 PHB 的合成过程中加入柠檬酸，发现甲烷氧化菌的 PHB 含量从 12%增加到了 40%[60]，柠檬酸是 TCA 循环的核心中间产物，他们推测这可能是过多的柠檬酸抑制了 TCA 循环过程，使更多的乙酰 CoA 进入 PHB 合成过程[36]。*Methylobacterrium organophilum* CZ-2 在加入柠檬酸的条件下产生的 PHA 产量和 PHA 产率也都得到不同程度的提高[61]，而且其通过 PHB 合成过程非特异性酶的催化作用合成了 PHB 与其他单体的共聚物。β-酮硫解酶对乙酰 CoA 的亲和力比柠檬酸合成酶高；过量的 CoA 会抑制 β-酮硫解酶的活性，而过量的 NADH 会抑制柠檬酸合成酶的活性；在 PHB 合成阶段，甲基营养菌胞内 CoA 的含量明显下降，β-酮硫解酶的活性远远高于柠檬酸合成酶；而在生长阶段，过量的 CoA 则会抑制 β-酮硫解酶的活性，使乙酰 CoA 进入 TCA 循环，所以他们推测甲基营养菌的 PHB 合成过程可能主要受胞内 CoA 浓度的控制[62]。

以甲烷氧化菌 *Methylosinus richosporium* IMV 3011 为例，TCA 循环会与 PHB 的合成过程竞争乙酰 CoA，甲酸钠、α-酮戊二酸、CoA、乙酰乙酰 CoA、D-3-羟基丁酰 CoA 的适量加入可以调节 TCA 循环中各类反应的进行，减少细胞用于 TCA 循环的物质消耗，在保证细胞量增长的同时，促进更多的乙酰 CoA 进入 PHB 循环，积累 PHB。其中，柠檬酸是 TCA 循环的核心中间产物，可以明显促进 PHB 的积累；乙酸根和 NH_4^+的加入可以适当缓解细胞生长和 PHB 积累所需条件的矛盾，控制体系，使 C/N 为合理数值，在保证细胞有一定数量增长的前提下，积极进行 PHB 的合成；通过外加条件供给或消耗 NADH 的研究，结果进一步证明了 NADH 的充足供给对促进胞内 PHB 的积累十分重要；MMO 活性对 PHB 积累的制约作用也可以通过调节 NADH 的供给来协调；细胞 PHB 合成酶系中相关酶的活性研究再次证明，即使同一酶系处于 PHB 不同的积累阶段，不同酶会起不同的作用；受细胞生存环境的制约，PHB 的积累量需要在 PHB 合成酶系相关酶有较高活性的环境中才能得以提高。

甲烷氛围下逐步增加甲醇浓度驯化甲烷氧化菌 *Methylosinus trichosporium* IMV 3011，可实现该菌种在甲烷环境下高效利用少量甲醇(2.0g/L)促进生长(1.58g/L)和达到 PHB 最高积累量的目的。甲醇的加入对该菌种的培养体系产生了刺激效应，原因可能归结于两个方面：①甲醇的加入会促进甲烷的溶解和氧化，这将有利于维持 MMO 活性，碳源得到有效利用，菌体生长旺盛；②甲醇的引入会减少体系中 NADH 的消耗，更多的 NADH 会进入 PHB 循环参与 PHB 合成。此外，添加甲酸可以减少甲烷氧化菌 PHB 的分解，使 PHB 含量保持稳定。

Zhu 等[63]在用甲烷氧化菌减少煤矿瓦斯排放量的研究中也引入了甲醇作为碳源，采用生物滴滤法，消耗煤矿瓦斯的同时获得了高附加值产物 PHB。此外，甲烷氧化菌还可以消耗一些含硫化合物实现 PHB 的合成。在含硫化合物对 *Methylosinus trichosporium* OB3b 生长和合成 PHB 的影响研究中也发现，H_2S 对 MMO 活性没有明显抑制，同时对细胞生长和合成 PHB 有促进作用，相反硫酸二甲酯对 MMO 活性有影响，对细胞生长和合成 PHB 有抑制作用。

因此，合理比例的共同碳源的供给，对不同甲烷氧化菌来讲，可以提高细胞的生长密度，进一步优化培养条件，筛选外源添加物质的比例也可以提高甲烷氧化菌胞内 PHB 的含量，从而可以实现高产量 PHB 的获得。在添加共底物的条件下，甲烷氧化菌也可以通过 PHB 合成过程非特异性酶的催化作用合成 PHB 与其他单体的共聚物。所得到的共聚物的组成也可以由加入相应底物的结构和比例来调节。

9.3.3 高密度培养甲烷氧化菌催化合成聚 *β*-羟基丁酸酯

为了经济高效地生产微生物代谢产物，细胞的高密度培养是一项必不可少的技术。从理论上讲，当营养物供给充足时，细胞可以一直生长到最大装填密度，但在实际生产中，由于氧气供应不足、抑制性副产物的形成、发酵液黏度的增加或者由搅拌引起的细胞损伤等问题的存在[64]，实现高密度培养一直是发酵过程中的一大难题。

实现高密度培养的关键在于，在减少抑制性副产物形成的同时适当供应包括氧在内的营养物质。人们利用透析培养、循环培养、细胞固定化培养、补料分批培养和连续培养技术，已经获得了比常规的分批培养更高的细胞密度。其中，补料分批培养以分批培养为基础，吸取了连续发酵的优点，可消除高浓度底物对细胞生长的抑制作用，还可弥补低浓度底物限制细胞生长的缺陷，从而可有效控制菌体的生长过程，获得较高的菌体浓度。由于其操作方法简单，已成为人们最常用的微生物高密度培养方式，在 PHB 的发酵生产中也得到了广泛的研究和应用。

随着基因工程技术的发展，重组 DNA 技术已逐渐被引入 PHB 的生产。基因工程菌具有生长迅速、培养基原料来源广泛等特点，可以利用廉价的原料和生物废弃物大量生产 PHB，从而降低生产成本，受到人们广泛的关注。目前，引入真养产碱杆菌的 PHB 合成酶基因来生产 PHB 的重组大肠杆菌是最成功的基因工程菌。

Kim 等[24]首次报道了使用含有 PHB 合成酶基因的重组大肠杆菌恒定 pH 补料分批发酵生产 PHB，细胞干重为 117g/L，PHB 浓度为 89g/L，生产力为 2.11g/(L·h)。Wang 和 Lee[65]认为可将重组大肠杆菌的发酵过程分为两个阶段：①细胞生长期，此时细胞内的 PHB 含量相对不变；②PHB 合成期，此时 PHB 随细胞生长积累很快。

发酵工艺中，有三个主要参数：产物浓度、原料转化率和发酵产率，其中产物浓度是最基础的参数，只有在实现了高产物浓度的基础上，追求高产率才有现实意义。甲烷氧化菌胞内合成 PHB 的含量与其菌体浓度基本是呈正相关的，因此，实现高密度发酵是提高 PHB 生产水平的前提，高密度发酵问题同时也是近代微生物学家一直关注的热点。

高密度发酵是一个相对的概念，一般是指每升发酵液中菌体干重达到 10g 以上。但是由于营养或生长的限制，传统的微生物培养很难达到这个水平，因此，要实现高密度发酵并非易事，对于甲烷氧化菌来说尤其如此。甲烷氧化菌是寡营养细菌，只能利用甲烷或甲醇这类单碳碳源进行生长，碳源的利用率相对较低，菌体生长较慢，细胞生长密度也很难达到一般微生物发酵的水平。现已有对甲烷氧化菌利用甲烷发酵生长并积累 PHB 的相关研究[47,49]。然而，细胞利用甲烷生长始终难以达到高密度，与工业生产要求相差甚远。也有研究曾对甲烷氧化菌 *Methylosinus trichosporium* OB3b 利用甲醇作为生长碳源的高密度培养进行了研究，并建立了 OB3b 高密度培养的条件[59]。

不同的甲烷氧化菌有不同的发酵培养条件。对于好氧发酵来讲，高密度发酵的限制因素主要有三个：溶氧、产生抑制代谢的副产物和营养限制。解决第一个问题的办法一般是采用纯氧或富氧发酵；对于后两个问题的解决途径一般是采用补料分批发酵培养技术，这也是目前应用最广泛的高密度发酵技术。Song 等[66]在 *Methylosinu trichosporium* IMV 3011 分批发酵的基础上，对在发酵罐中进行补料分批发酵培养生产 PHB 的工艺进行了初步探索，研究了适宜的补料策略，并向发酵体系中引入了某些能够促进细胞生长和 PHB 积累的外源添加物，最终建立了简便的一段式发酵方法，得到了较高的细胞生长量和胞内 PHB 积累量。但由于最终所获得的细胞干重并没有达到 10g 以上，仍未达到高密度发酵水平。相关研究引入了各种发酵方式，有研究以颗粒活性炭为填料，利用流化床反应器，考察了氮源和氧气对甲烷氧化混合菌株合成 PHB 的影响，具有较高的 PHB 合成能力；有研究通过含 10%硅油的两相分隔生物反应器进行 PHB 合成，甲烷氧化菌的 PHB

含量约为 38%；利用鼓泡塔反应器和垂直管式循环生物反应器(VLBR)合成 PHB 的研究，甲烷氧化菌的 PHB 含量分别为 42.5%和 51.6%[67]。对利用甲烷合成 PHB 的经济可行性分析发现，当工厂规模为 500t/a 时，PHB 的生产成本约为 8.5$/kg，比传统工艺的 PHB 生产成本降低 30%～35%。新光技术公司(New Light Technologies)在 2013 年已经将利用甲烷合成 PHB 的技术商业化应用。芒果材料公司(Mango Materials)通过自身的专利技术，也实现了利用生物气合成 PHB 的应用，并认为这是一种与传统石化塑料有经济竞争力的技术[68]。

由于菌种之间的差异性，单一菌种的高密度发酵生产 PHB 实现还存在一定的困难，辛嘉英等对甲烷氧化菌混合菌群的高密度培养开展了详细研究，具体可参考本书第 10 章。

9.3.4 甲烷氧化菌生物催化合成聚 *β*-羟基丁酸酯的分子量调控

PHB 具有良好的生物降解性和生物相容性，可以广泛应用于医药、食品包装、农业等领域。目前，大多数微生物合成 PHB 的研究都将焦点放在微生物发酵生产 PHB 的产量提高上，取得了很大的突破，但却忽略了所生产的 PHB 的实用性。PHB 的分子量(molecular weight，M_w)是影响其实用性的一个重要性质，平均分子量和分子量的分布(由于通常获得的 PHB 的分子量都不是均匀分布的，所以测得的分子量一般是指平均分子量，分布的不均匀性质只能通过多分散性、非均匀性来体现)将影响该聚合物的相容性、玻璃化温度、渗透性、溶解性、黏度等多种性质，对 PHB 的性质及其商业价值都有很重要的决定作用[69]，对于特定的微生物来讲，其胞内合成的 PHB 的分子量在一定范围内是可调控的。

不同菌种积累 PHB 的能力不同，而且它们具有各自的途径，每一种菌种所合成的 PHB 的分子量取决于自身合成路径以及合成路径中各组成元素所发挥的作用，因此会出现不同菌种积累的 PHB 的分子量的差别。例如，常见的积累 PHB 的几种微生物 *Protomonas extorguens*、*Alcaligenes eutrophus*、*Aureobasidium pullulans* 和 *Methylobacterium extorquens*，影响它们合成 PHB 的环境因素不同，所合成 PHB 的分子量也存在一定差别。为了更好实现 PHB 的应用价值，对合成出来的 PHB 的分子量进行调控研究是十分必要的[70]。

有关微生物合成 PHB 分子量的影响因素的研究，最早是在用甲醇培养 *Protornonas extorguens* 积累 PHB 的研究中发现，分子量会随细胞所处的不同阶段而变化，同时也受到培养基 pH 的轻微影响。陆续地，对其他不同菌种积累的 PHB 的分子量开展了相关研究，如培养基组分 NH_4^+、Mg^{2+}、PO_4^{3-}对 *Pseudomonas*135 所产 PHB 的分子量影响、碳源丁酸对 *Alcaligenes eutrophus* 积累 PHB 的分子量分布的影响以及 pH 调控分子量的作用。结果发现，pH 对菌种 *Aureobasidium pullulans* 所产 PHB 的分子量的影响显著，特别是在生长初期，pH 对细胞积累的 PHB 的分子量有明显的作用规律；对不同菌种来说，不同碳源对其积累的 PHB 的分子量的影响也不同。由此可见，不同菌种具有自己的特性，能够调控或者影响其积累 PHB 的分子量的因素是不同的，即使同一种菌也会由于所处的培养环境和方式的差别，不同因素的变化将使细胞积累的 PHB 的分子量呈现不同的变化规律。将同一菌株中的 PHB 合成路径克隆到 *Escherichia coli*、*Klebsiella aerogenes* 和 *Klebsiella oxytoca* 的研究结果表明，尽管可以成功地从 *Klebsiella aerogenes* 2688（pJM9131）和 *Escherichia coli* JMU213（pJM9131）工程菌细胞中获得比原始菌分子量高得多的 PHB，但是两者仍存在差别。对于某种特定的微生物，由于 PHAs 是在微生物生长过程中通过体内的代谢调节作用逐渐累积获得的，其分子量也随不同的积累阶段而有所区别[71]。此外，对不同菌种采用的 PHB 提取方法也会影响到获得的 PHB 的分子量。

尽管一些重组菌可以获得高分子量（10^7）的 PHB[72]，但是研究表明分子量相对较低（10^5～10^6）的 PHB 具有更好的生物可降解性，通过改性等手段处理后更具应用价值。对于甲烷氧化菌，胞内积累的分子量基本在 10^5～10^6 数量级，具有较高的应用价值。宋昊等[73]通过对 *Methylosinus trichosporium* IMV 3011 的分子量调控的研究，总结得出影响微生物积累 PHB 分子量的本质原因在于合成酶系和微生物两者的“配合”（图 9-7），对实现微生物合成目标分子量的 PHB 具有一定的指导意义。尽管甲烷氧化菌合成 PHB 的系列反应已经得到了证实，如图 9-5 所示乙酰 CoA 到 PHB 的转化过程及 PHB 的解聚再氧化至乙酰乙酰 CoA 的过程。要真正实现甲烷氧化菌合成 PHB 分子量的调控，胞内的机制还需要更深入细致的研究。

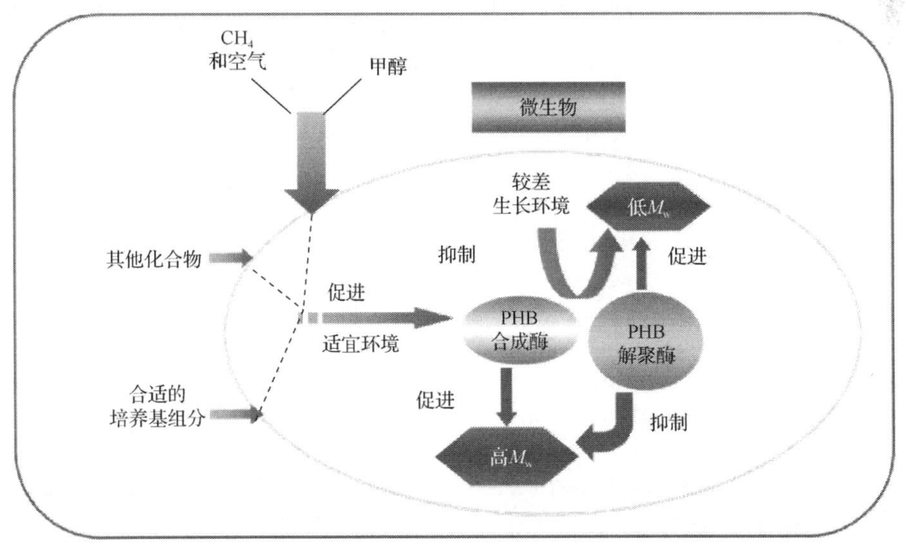

图 9-7　调控 *Methylosinus trichosporium* IMV 3011 合成 PHB 的分子量的本质影响因素推测

9.4 甲烷氧化菌生物合成聚β-羟基丁酸酯的应用前景

甲烷氧化菌的生长对甲烷气体的质量要求相对较低，甲烷浓度在较大范围浮动对其生长影响不大。利用甲烷氧化菌生产高附加值的产物 PHB，能产生可观的经济效益，可以促进企业对甲烷进行回收和利用。这不仅减少了温室气体的排放，还节约了大量的化石资源，并为社会提供了绿色环保的新型包装塑料。根据 Transparency MarketResearch 公司的报告，全球绿色包装材料市场规模增长速度非常快。生物塑料大规模应用的瓶颈是生产成本过高，推高 PHB 成本的主要因素是培养基中的碳源，如果用甲烷为原料生产其成本可以大幅降低，相对于其他生产方式具有很强的竞争力。甲烷来源丰富，相对于其他碳源非常廉价。利用甲烷生产 PHB 工艺流程简单，不需要严格的无菌操作，进一步降低了生产成本。

利用甲烷为碳源生产 PHB，碳物质可以循环利用，实现甲烷气体零排放。甲烷氧化菌利用甲烷为碳源和能源物质进行生长繁殖，在控制营养条件下合成 PHB。甲烷氧化菌和发酵液分离，从菌体中分离 PHB。有学者对“开放”培养条件下甲烷氧化菌合成 PHB 进行了研究[74,75]，在控制温度、pH、甲烷浓度条件下，可以利用甲烷氧化菌在开放环境中生产 PHB，富集到高 PHB 产量和微生物组成稳定的甲烷氧化菌群，生产的 PHB 含量和分子量都可以达到相对较高的水平。

但是，通过发酵甲烷氧化菌实现 PHB 的高产在应用方面还存在着一定的局限：①由于各种甲烷氧化菌的特异性，使得该类菌种的机理研究还须进一步完善，研究方法和方案的建立还有待对个体菌种体内代谢循环机制更深入、完备的探究与总结。相应地，每一个菌种研究结果的稳定性也需要更好的完善，才能推进甲烷氧化菌合成 PHB 的工业化生产。②目前的研究表明，大部分单一菌种只能利用甲烷合成 PHB，所获得的 PHB 分子量等相关性能也受到了限制，进而也限制了其应用领域及是否具备可应用的价值。所以，仍然需要拓展甲烷氧化菌的单一菌种以及混合菌群来实现更有广泛应用价值的 PHB 和 PHAs 的合成。

参 考 文 献

[1] Lee S Y. Bacterial polyhydroxyalkanoates[J]. Biotechnology and Bioengineering, 1996, 49: 1-14.

[2] 于慧敏，沈忠耀. 可生物降解塑料聚β-羟基丁酸酯(PHB)的研究和发展[J]. 生物化工, 2001, 8: 11-16.

[3] Anderson A J, Dawes E A. Occurrence, metabolism, metabolic role, and industrial uses of bacterial polyhydroxyalkanoates[J]. Microbiological Reviews, 1990, 54: 450-472.

[4] Scheutz C, Kjeldsen P, Gentil E. Greenhouse gases, raditive forcing, global warming potential and waste management—an introduction[J]. Waste Management and Research the Journal of the International Solid Wastes and Public Cleansing Association Iswa, 2009, 27(8): 716-723.

[5] Fei Q, Guamieri M T, Tao L, et al. Bioconversion of natural gas to liquid fuel: Opportunities and chllenges[J]. Biotechnology Advances, 2014, 32(3): 596-614.

[6] Strong P J, Kalyuzhnaya M, Silverman J, et al. A methanotroph-based biorefinery: Potential scenarios for generating multiple products from a single fennentation[J]. Bioresource Technology, 2016, 215: 314-323.

[7] 张颖鑫. 甲基弯菌 IMV 3011 生物合成聚 β-羟基丁酸酯的研究[D]. 兰州: 中国科学院兰州化学物理研究所, 2009.

[8] Caballero K P, Karel S F, Register R A. Biosynthesis and characterization of hydroxybutyrate-hydroxycaproate copolymers[J]. International Journal of Biological Macromolecules, 1995, 17: 86-92.

[9] Mergaert J, Anderson C, Wouters A, et al. Biodegradation of polyhydroxyalkanoates[J]. FEMS Microbiology Reviews, 1992, 103: 317-322.

[10] Doi Y, Kawaguchi Y, Koyama N, et al. Synthesis and degradation of polyhydroxyalkanoates in *Alcaligenes eutrophus*[J]. FEMS Microbiology Reviews, 1992, 103: 103-108.

[11] Madison L L, Huisman G W. Metabolic engineering of poly (3-hydroxyalkanoates): From DNA to plastic[J]. Microbiology and Molecular Biology Reviews, 1999, 63(1): 21-53.

[12] Reusch R, Hiske T, Sadoff H. Poly-β-hydroxybutyrate membrane structure and its relationship to genetic transformability in *Escherichia coli*[J]. Journal of Bacteriology, 1986, 168(2): 553-562.

[13] 辛嘉英, 张颖鑫, 陈林林, 等. 新型食品包装材料 PHB 的生物合成. 中国食品学报, 2008, 8: 5-11.

[14] Kadouri D, Jurkevitch E, Okon Y, et al. Ecological and agricultural significance of bacterial polyhydroxyalkanoates. Critical Reviews in Microbiology, 2005, 31: 55-67.

[15] Lee Y, Park S H, Lim I T, et al. Preparation of alkyl (*R*)-(–)-3-hydroxybutyrate by acidic alcoholysis of poly-(*R*)-(–)-3-hydroxybutyrate[J]. Enzyme and Microbial Technology, 2000, 27: 33-36.

[16] 王加宁, 马沛生, 杨合同. 化学法合成生物完全降解塑料 PHB 及单体 β-羟基丁酸的研究进展[J]. 山东科学, 2001, 14: 43-49.

[17] Yamane T. Cultivation engineering of microbial bioplastics production[J]. FEMS Microbiology Reviews, 1992, 103: 257-264.

[18] Steinbüchel A, Schegel H G. Physiology and molecular genetic of poly(β-hydroxyalkanoic acids) synthesis in *Alcaligenes eutrophus*[J]. Molecular Microbiology, 1991, 5: 535-542.

[19] Trainer M A, Charles T C. The role of PHB metabolism in the symbiosis of rhizobia with legumes[J]. Applied Microbiology and Biotechnology, 2006, 71: 377-386.

[20] Dawes E A, Senior P J. The role of energy reserve polymers in micro-organisms[J]. Advances in Microbial Physiology, 1973, 10: 136-266.

[21] Kasuya K, Doi Y, Yao T. Enzymatic degradation of poly[(*R*)-3-hydroxybutyrate] by comarnonas testosteroni ATSU of soil bacterium[J]. Polymer Degradation and Stability, 1994, (45): 379-386.

[22] Steinbüchel A, Füchstenbusch B. Bacterial and other biological systems for polyester production[J]. Trends Biotechnology, 1998, 16: 419-427.

[23] Byrom D. Production of poly-β-hydroxybutyrate: Poly-β-hydroxyvalerate copolymers[J]. FEMS Microbiology Reviews, 1992, 103: 247-250.

[24] Kim B S, Lee S C, Lee S Y, et al. Production of poly(3-hydroxybutyric acid) by fed-batch culture of *Alcaligenes eutrophus* with glucose concentration control[J]. Biotechnology and Bioengingeeting, 1994, 43: 892-898.

[25] Jossek R, Reichelt R, Steinbüchel A. *In vitro* biosynthesis of poly (3-hydroxybutyric acid) by using puried poly (hydroxyalkanoic acid) synthase of *Chromatium vinosum*[J]. Applied Microbiology and Biotechnology, 1998, 49: 258-266.

[26] Breuer U, Terentiev Y, Kunze G, et al. Yeast as producer of polyhydroxyalkanoates: Genetic engineering of *Saccharomyces cerevisiae*[J]. Macromolecular Bioscience, 2002, 2: 380-386.

[27] Slater S C, Voige W H, Dennis D E. Cloning and expression in *Escherichia coli* of the *Alcaligenes eutrophus* H16 poly-β-hydroxybutyrate biosynthetic pathway[J]. Journal of Bacteriology, 1988, 170: 4431-4436.

[28] Lee S Y. *E. coli* moves into the plastic age[J]. Nature Biotechnology, 1997, 15: 17-18.

[29] Lee S Y, Choi J, Wong H H. Recent advances in polyhydroxyalkanoate production by bacterial fermentation: Mini-review[J]. International Journal of Biological Macromolecules, 1999, 25: 31-36.

[30] Poirier Y, Nawrath C, Somerville C. Production of polyhydroxyalkanoates, a family of Biodegradable plastics and elastomers, in bacterial and plant[J]. Journal of Biotechnology, 1995, 13: 142-150.

[31] Suriyamongkol P, Weselake R, Narine S, et al. Biotechnological approaches for the production of polyhydroxyalkanoates in microorganisms and plants — a review[J]. Biotechnology Advances, 2007, 25: 148-175.

[32] Poirier Y, Dennis D E, Klomparens K, et al. Polyhydroxybutyrate, a biodegradable thermoplastic, produced in transgenic plants[J]. Science, 1992, 256: 520-523.

[33] 杨幼慧, 伍朝晖. 活性污泥法生产聚羟基烷酸(PHA)[J]. 微生物学杂志, 2001, 21: 54-55.

[34] 陈然, 杨幼慧, 余海虎. 利用食品工厂活性污泥发酵生产 PHB 的培养基配方研究(二)[J]. 农业环境保护, 2001, 20: 424-428.

[35] Hanson R S, Hanson T E. Methanotrophic bacteria[J]. Microbiology Reviews, 1996, 60: 439-471.

[36] Zhang X Y, Xin J Y, Song H, et al. Effect of organic acids on biosynthesis of poly-3-hydroxybutyrate of *Methylosinus trichosporium* IMV 3011[J]. Chinese Journal of Molecular Catalysis. 2009, 23 (4) : 298-303.

[37] Strong P J, Laycock B, Mahamud S N S, et al. The opportunity for high-performanc biomaterials from methane[J]. Microorganisms, 2016, 4 (1) : 11.

[38] Patel R N, Hou C T, Laskin A I, et al. Microbial oxidation of gaseous hydrocarbons: production of methylketones from corresponding *n*-alkanes by methane-utilizing bacteria[J]. Applied and Environmental Microbiology, 1980, 39: 727-733.

[39] Listewnik H F, Wendlant K D, Jechorek M, et al. Progress design for the microbial synthsis of poly-β-hydroxybutyrate (PHB) from natural gas[J]. Engineering in Life Sciences. 2007, 7 (3) : 278-282.

[40] Jechorek M, Wendlandt K D, Stottmeister U, Mass spectrometric on-line monitoring of PHB accumulation by methanotrophic bacteria[J]. Meded Fac Landbouwwet University Gent, 1994, 54 (4b) : 2369-2370.

[41] Fitch M W, Speitel Jr G E, Georgiou G. Degradation of trichloroethylene by methanol-grown cultures of *Methylosinus trichosporium* OB3b PP358[J]. Applied and Environmental Microbiology, 1996, 62: 1124-1128.

[42] Shah N N, Hanna M L, Taylor R T. Batch cultivation of *Methylosinus trichosporium* OB3b: Ⅴ. characterization of poly-β-hydroxybutyrate production under methane-dependent growth conditions[J]. Biotechnology and Bioengingeering, 1996, 49: 161-171.

[43] Semrau J D. Bioremediation via methanotrophy: Overview of recent findings and suggetions for future research[J]. Frontiers in Microbiology, 2011, 2 (1) : 209-215.

[44] Gerbert J, Groengroeft A, Miehlich G. Kinetics of microbial landfill methane oxidation in biofilters[J]. Waste Management, 2003, 23 (7) : 609-619.

[45] Ren T, Amaral J A, Knowles R. The response of methane consumption by pure cultures of methanotropic bacteria to oxygen[J]. Canadian Journal of Microbiology, 1997, 43(10): 925-928.

[46] Sundstrom E R, Criddle C S. Opimization of methanotrophic growth and production of poly(3-hydroxybutyrate) in a high-throughput microbio reactor system[J]. Applied and Environmental Microbiology, 2015, 81(14): 4767-4773.

[47] Wendlandt K D, Jechorek M, Helm J, et al. Producing of poly-3-hydroxybutyrate with a high molecular mass from methane[J]. Journal of Biotechnology, 2001, 86(2): 127-133.

[48] Helm J, Wendlandt K D, Jechorek M, et al. Potassium deficiency results in accumulation of ultra-high molecular weight poly-β-hydroxybutyrate in methane-utilizing mixed cultulre[J]. Journal of Applied Microbiology, 2008, 105(4): 1054-1061.

[49] Helm J, Wendlandt K D, Rogge G, et al. Characterizing a stable methane-untilizing mixed culture used in the synthesis of a high-quality biopolymer in an open system[J]. Journal of Applied Microbiology, 2006, 101(2): 387-395.

[50] Karthikeyan O P, Chidambarmpadmavatby K, Cirés S, et al. Review of sustainable methane mitigation and biopolymer production[J]. Critical Reviews in Environmental Science and Technology, 2015, 45(15): 1579-1610.

[51] Chidambarampadmavafiy K, Obulisamy P, Heimann K. Role of copper and iron in methane oxidation and bacterial biopolymer accumulation[J]. Engineering in Life Sciences, 2015, 15(4): 387-399.

[52] Xin J Y, Zhang Y X, Zhang S, et al. Methanol production from CO_2 by resting cells of the methanotrophic bacterium *Methylosinus trichosporium* IMV 3011[J]. Journal of Basic Microbiology, 2007, 47: 426-435.

[53] Pieja A J, Rostkowskd K H, Criddle C S. Distribution and selection of poly-3-hydroxybutyrate production capacity in merhanaotrophic proteobacteria[J]. Microbial Ecology, 2011, 62(3): 564-573.

[54] Pieja A J, Sundstrom E R, Criddle C S. Poly-3-hydroxybutyrate metabolism in the type Ⅱ methanotroph *Methylocystis parvus* OBBP[J]. Applied and Environmental Microbiology, 2011, 77(17): 6012-6019.

[55] Zhang Y X, Xin J Y, Chen L L, et al. The methane monooxygenase intrinsic activity of kinds of methantrophs[J]. Applied Biochemistry and Biotechnology, 2009, 157: 431-441.

[56] 朱红威. 生物滴滤法转化矿井低浓度瓦斯及聚羟基丁酸合成的研究[D]. 徐州: 中国矿业大学, 2014.

[57] Hou C T, Laskin A I, Patel R N. Growth and polysaccharide production by *Methylocystis parvus* OBBP on methanol[J]. Applied and Environmental Microbiology, 1978, 37: 800-804.

[58] Best D J, Higgins I J. Methane-oxidising activity and membrane morphology in a methanol-grown obligate methanotroph, *Methylosinus trichosporium* OB3b[J]. Journal of General Microbiology, 1981, 125: 73-84.

[59] Adegbola O. High cell density methanol cultivation of *Methylosinus trichosporium* OB3b[D]. Doctoral Dissertation, Queen's Universit Kingston, Ontario, Canada, 2008: 17-54.

[60] Zhang Y, Xin J, Chen L, et al. Biosynthesis of poly-3-hydroxybutyrate with a high molecularmass by methanotroph[J]. Journal of Natural Gas Chemistry, 2008, 17: 103-109.

[61] Zuftiga C, Morales M, Revah S. Polyhyroxyalkanoates accumulation by *Methylobacterium organophilum* CZ-2 during methane degradation using citrate or propionate as cosubstrates[J]. Bioresources Technology, 2013, 129(2-3): 686-689.

[62] Mothes G, Rivera I S, Bable W. Competition between β-ketothiolase and citrate synthase during poly (β-hyroxybutyrate) synthesis in *Methylobacterium rhodesianum*[J]. Archives of Microbiology, 1996, 166(6): 405-410.

[63] 张婷婷, 周集体, 王晓伟. 含硫化合物对 *Methylosinus trichosporium* OB3b 生长和合成聚-β-羟基丁酸酯的影响[J]. 环境工程, 2017, 35(7): 166-171.

[64] Liu Q S, Zhang H X, Deng B Y, et al. Poly (3-hydroxybutyrate) and poly (3-hydroxybutyrate-co-3-hydroxyvalerate): Structure, property, and fiber[J]. International Journal of Polymer Science, 2014, Article ID 374368: 1-11.

[65] 伍朝辉, 杨幼慧, 钟士清. 生物可降解塑料的发酵研究进展[J]. 微生物学通报, 2000, (27): 220-223.

[66] Song H, Xin J Y, Zhang Y X, et al. Poly-3-hydroxylbutyrate production from methanol by *Methylosinus trichosporium* IMV 3011 in the non-sterilized fed-batch fermentation[J]. African Journal of Microbiology Research, 2011, 5: 5022-5029.

[67] Rahnama F, Vashghani-Farahani E, Yazdian F, et al. PHB production by *Methylocystis* hirsute from natural gas in a bubble column and a vertical loop bioreactor[J]. Biochemical Engineering Journal, 2012, 65: 51-56.

[68] 张婷婷. 甲烷氧化菌及混合菌群利用甲烷合成聚羟基链烷酸酯的研究[D]. 大连: 大连理工大学, 2017.

[69] Sung H Y, Young J Y. Effect of pH on the molecular weight of poly-3- hydroxybutyric acid produced by *Alcaligenes* sp. [J]. Biotechnology Letters, 1995, 17 (4): 389-394.

[70] Xin J Y, Zhang Y X, Dong J, et al. An experimental study on molecular weight of poly-3-hydroxybutyrate (PHB) accumulated in *Methylosinus trichosporium* IMV 3011[J]. African Journal of Biotechnology, 2011, 10 (36): 7078-7087.

[71] Chen G Q, Page W J. The effect of substrate on the molecular weight of poly-β-hydroxybutyrate produced by *Azotobacter vineland* Ⅱ UWD[J]. Biotechnology Letters, 1994, (16): 155-160.

[72] Choi J, Lee S Y. High level production of supra molecular weight poly (3-hydroxbutyrate) by metabolically engineered *Escherichia coli*[J]. Biotechnology and Bioprocess Engineering, 2004, 9: 196-200.

[73] 宋昊, 张颖鑫, 辛嘉英, 等. 甲烷氧化细菌生物催化合成聚-β-羟基丁酸酯的分子量调控[J]. 分子催化, 2012, 26: 70-79.

[74] Morgan-Sagastume F, Karlsson A, Johansson P, et al. Production of polyhydroxyalkanoates in open, mixed cultures from a waste sludge stream containing high levels of soluble organics, nitrogen and phosphorus[J]. Water Research, 2010, 44 (18): 5196-5211.

[75] Jiang D, Dong J, Xin J, et al. Enrichment of methane-utilizing mixed culture with a high poly-β-hydroxybutyrat content in an open system[J]. Letters in Biotechnology, 2011, (6): 846-849.

第 10 章　利用甲烷氧化混合菌生物合成聚 β-羟基丁酸酯

PHB 作为能源储备存在于大多数微生物体系中，具有良好的生物可降解性和生物相容性，可以广泛应用于医药、食品包装、农业等领域[1]。目前微生物发酵生产是合成 PHB 的主要手段，但是以微生物代谢合成的产品所需碳源原料价格较高，转化率低；由于细胞内蛋白质、脂质和糖类等物质的干扰，PHB 分离纯化工艺复杂。PHB 生物合成中的这些缺陷最终导致产品价格昂贵，无法与普通塑料竞争，难以打开广阔的应用市场。甲烷氧化混合菌是以甲烷氧化菌为主体的多种共生菌的组合，可以通过微生物间的协同作用，减少底物抑制和杂质毒性，降低原料的纯度要求，改善甲烷氧化菌的生长和代谢[2-4]，进一步实现高密度发酵。混合菌发酵由于反应器可在非灭菌的开放条件下操作，降低了灭菌能耗和设备成本，生产成本大幅下降，适合于连续化生产。利用甲烷氧化混合菌株生产 PHB 将促进 PHB 技术和低成本的微生物发酵相关理论的发展，进而促进其在生产 PHB 等方面的应用研究。

目前，甲烷氧化菌混合体系在生产单细胞蛋白[5]、生物降解地下水中的污染物[6]和 MMO 活性利用[7]等方面取得了一些研究进展，但是甲烷氧化菌混合生产 PHB 通常以甲烷作为碳源，由于培养基中的甲烷溶解度很低，碳源利用受限使得细胞生长密度一直没有明显的改善。除甲基单胞菌外，甲烷氧化菌都能以甲醇为碳源生长，不同的甲烷氧化菌生产 PHB 的能力存在差异，本章对 PHB 积累能力较高的甲烷氧化混合菌在作者已发表的研究基础上进一步补充了近几年新发表的文献，从甲烷氧化混合菌生长特征、细胞内 PHB 积累、高 PHB 含量中富集甲烷氧化的混合细菌、混合菌群的协同作用机理、提高 PHB 产量的培养条件优化以及甲烷氧化混合菌的高密度发酵 6 个方面对利用甲烷氧化混合菌生物合成 PHB 进行详细介绍，为实现 PHB 的商业价值、推进微生物发酵生产 PHB 的工业化进程打下基础。

10.1　甲烷氧化混合菌的生长特性与聚 β-羟基丁酸酯的积累

作者曾在 *International Journal of Simulation: Systems, Science and Technology* [2016，30(40): 1-6]对甲烷氧化混合菌的生长特性与 PHB 的积累进行了详细的综

述，在此基础之上补充了近几年发表的文献，从甲烷氧化混合菌的细胞生长动力学模型、碳源对细胞生长和 PHB 合成的影响、Cu^{2+}的调节作用 3 方面对甲烷氧化混合菌的生长特性和 PHB 的积累进行介绍。

10.1.1　甲烷氧化混合菌中 PHB 的积累

研究表明，甲烷氧化混合菌具有以甲烷为碳源生长并在胞内积累 PHB 的生理特性，细胞生长和PHB积累能力类似于目前研究较多的*Methylosinus trichosporium* IMV 3011 和 *Methylosinus trichosporium* OB3b。Wendlandt 团队[8]使用有连续甲烷监测系统的生物反应器，在加压(≤0.6MPa)的开放条件下操作，进行营养平衡和营养受限两段法培养，分段培养中通过限制 N、P 和 K 等营养元素大幅度提高了细胞生长和 PHB 积累量，并合成了不同分子量的 PHB。

10.1.2　甲烷氧化混合菌生长动力学模型

甲烷氧化混合菌细胞生长曲线趋于 logistic 模型，建立基于 logistic 模型的积分表达形式如式(10-1)所示，可准确拟合细胞生长曲线，并快速得到细胞生长特征值最大比生长速率和迟滞期，利用该模型可进行细胞生产优化控制，实现高密度发酵。

$$y=\frac{A_1-A_2}{1+\left(\frac{x}{x_0}\right)^p}+A_2 \tag{10-1}$$

式中，A_2表示发酵液的初始浓度；A_1表示发酵液的最大浓度；p 表示细胞生长指数；x_0 表示最大生长速率比例常数；x 表示细胞生长时间；y 表示细胞浓度(用 OD_{600nm}表示)。

10.1.3　碳源对细胞生长和 PHB 合成的影响

甲烷氧化菌的甲烷单加氧酶和甲醇脱氢酶经过丝氨酸途径或 5-磷酸核酮糖途径将甲烷氧化为甲醛。由甲醛脱氢酶和甲酸脱氢酶催化最后氧化成 CO_2 和 H_2O，同时为细胞代谢提供NADH，从而实现甲烷氧化菌氧化甲烷进行生长和合成PHB。甲烷水溶解度很低，所以细胞产量不够。研究发现，甲醇水溶解度高，可以用来代替甲烷作碳源，这样可以解决细胞生长中气液传质较慢的问题，适量加入更易被甲烷氧化混合菌吸收利用。可溶性碳源甲醇可以促进细胞生长，采取间歇式的甲醇供料方式避免甲醇浓度过高抑制细胞生长，每 24h 加入细胞能够承受的甲醇含量，这种供料方式更适于细胞生长。

通过大量的试验证明，添加适量甲醇进行培养，细胞浓度较高，每天添加

0.10%～0.20%(体积分数)的甲醇对细胞生长很有好处。每天添加 0.05%(体积分数)的甲醇具有较低的细胞生长密度；对于其他高浓度的甲醇，虽然细胞能够耐受这些甲醇，但代谢是不完全的，导致残留的甲醇积累，最终抑制细胞的生长。每天 0.05%(体积分数)的甲醇补加浓度，延滞期最短，说明添加低浓度初始甲醇有利于甲烷氧化混合菌快速适应甲醇培养环境。但随着细胞进入对数生长期，每天 0.05%(体积分数)的甲醇添加量是远远不够的，因此最大比生长速率和生长稳定期后的细胞干重都较低。而超过每天 0.3%(体积分数)的甲醇补加浓度，由于甲烷氧化混合菌开始阶段难以适应较高浓度甲醇培养环境，造成其延滞期变长，远远长于甲烷条件下培养的延滞期。每天 0.10%～0.20%(体积分数)的甲醇加入浓度对最大比生长速率和稳定期后细胞干重影响不大，说明此范围的甲醇添加量对细胞生长比较有利，而更高浓度的甲醇添加量则在一开始就对细胞生长有一定的抑制作用。每天添加 0.15%(体积分数)甲醇时，其胞内最终的 PHB 生长量和积累能力均呈现明显的优势，只有延滞期稍长。发酵终止细胞密度明显高于其他甲醇添加量和甲烷条件下培养的细胞密度，细胞干重可达 1.22g/L，是甲烷培养的 3 倍多。以上分析表明，碳源甲醇的供给方式会影响甲烷氧化混合菌的生长及 PHB 的合成，不同阶段流动添加不同浓度的甲醇可以提高发酵效率，即在初始时期加入较低浓度的甲醇，尽量缩短迟滞期，等待细胞适应环境后，添加充足的甲醇让细胞快速生长，发酵终止时细胞干重增加。

在甲烷氧化混合菌培养过程中，甲醇的加入对不同菌种有不同的影响，有的代谢能力提高，有的代谢能力丧失；如果在添加甲烷的基础上再添加少量的甲醇可以提高细胞生产量，因为甲烷氧化菌具有氧化甲烷的能力，通过甲醇的添加弥补了甲烷溶解度低、碳源利用不足的缺点，该菌株可以获得更丰富的碳源以满足生长需求。此外，甲醇对于甲烷氧化混合菌代谢周期内 PHB 积累起着积极作用。甲烷提供用于细胞生长的必要条件，但如果它完全依赖于甲烷作为碳源，细胞会消耗大量能量用于甲烷的深度氧化，这将不利于 PHB 的积累。加入甲醇可以减少细胞生长对 NADH 的消耗，提供尽可能多的 NADH 促进甲烷单加氧酶氧化过程。同时甲烷的单加氧酶氧化将电子传递给氧，甲醇的脱氢反应可以连续，为 PHB 积累提供足够的碳源。

虽然甲烷氧化菌的生长碳源仅为甲烷、甲醇等一碳化合物，但是甲烷氧化菌的关键酶 MMO 对芳香烃和氯代烃等多碳化合物，在提供电子供体的条件下有共代谢特征，混合细菌中的非甲烷氧化菌可以利用这些共代谢产物作为原料生长。当前，有很多关于利用甲烷氧化混合菌处理地下水中三氯乙烯、二氯甲烷等污染物的研究报道。研究发现，甲烷氧化混合菌可以利用乙醇、异丙醇、丁醇、甲酸、甘油、葡萄糖等多碳化合物生长。当甲醇、甲烷或甲烷、葡萄糖用作碳源，细胞生长最好，细胞浓度也最大，但是当甲烷氧化混合菌以甲烷、甲醇之外的含碳化合物作为碳源培养时，混合菌中的甲烷氧化菌可能丢失，从而丧失 MMO 活性。适当添加某些碳源，在不破坏细胞的情况下，细胞存活，但 PHB 的含量明显降低。添加甘油和葡萄糖不会抑制细胞的生长，但 PHB 的产量显著下降；其他碳源可能超出了细胞的耐受能力或不能被细胞利用，细胞生长受到限制，PHB 的含量也大大降低；虽然甲酸也是一种单碳化合物，但是甲酸不能进入丝氨酸途径，并且不能被甲烷氧化菌细胞很好地利用。加入甲酸在很大程度上会改变培养环境的 pH，细胞难以适应酸性环境，造成细胞产量明显降低。总之，甲烷氧化混合菌利用一碳化合物等碳源合成 PHB 的能力有限，只能利用对细胞适应的环境不会产生严重影响的单碳碳源，甲醇、甲烷混合碳源培养时 PHB 的产量最高，多碳化合物作为碳源培养时可能导致混合菌群中甲烷氧化菌的丢失，造成 PHB 产量显著下降。

10.1.4 Cu^{2+}浓度对甲烷氧化混合菌的影响

在甲烷氧化菌的代谢中，Cu^{2+}起着重要的生物学作用。Cu^{2+}不仅能激活单加氧酶基因的转录，也能调节由甲烷氧化菌表达的 MMO 型，还决定了甲烷氧化菌的甲烷氧化速率和生物催化行为。此外，它参与单加氧酶活性中心和内膜系统[9]的构造。Cu^{2+}浓度影响甲烷氧化菌发育、PHB 积累以及细胞的 MMO 活性。

在培养基中加入浓度低于 30μmol/L 的 Cu^{2+}，可以促进甲烷氧化混合菌的生长。发酵过程中的最大比生长速率和发酵结束时的 OD_{600nm} 值都大于没有 Cu^{2+} 的培养基，原因可能是添加适当浓度 Cu^{2+}刺激了甲醛脱氢酶在甲烷氧化菌中的表达，促进多肽、内细胞团(ICM)的发育[10]，从而促进细胞生长。在 Cu^{2+}限制培养条件下，甲烷氧化菌分泌甲烷氧化菌素，其捕获环境中的 Cu^{2+}，延迟细胞生长。高 Cu^{2+}浓度对甲烷氧化菌有毒。Shah 等[11]研究表明，在有 Cu^{2+}的条件下，细胞培养过程中总生长速率更高，当反应器中加入 1μmol/L 或 10μmol/L Cu^{2+}时，到达稳定期，细胞密度分别增加 25%和 30%。添加更高浓度的 Cu^{2+}会抑制细胞生长和降低的细胞生长速率。

MMO 的活性与细胞的生长关系紧密，细胞在甲烷培养基中的生长和代谢较强，MMO 的催化活性较高。由于 PHB 的合成需要 NADH，推测具有 NADH 辅酶的 sMMO 可能与 PHB 的积累有一定的相关性。据报道，具有高 PHB 含量的甲烷氧化菌细胞催化氧化三氯乙烯降解的能力很高，Cu^{2+}抑制 sMMO 的表达，当细胞密度低时，1μmol/L 的 Cu^{2+}足以完全抑制 sMMO 活性。当存在适量的 Cu^{2+}时，细胞生长旺盛，MMO 和 TCA 循环中酶的活性都比较好；增加 Cu^{2+}浓度可以使 pMMO 活性增加，而 pMMO 催化反应较少依赖于 NADH，所以细胞处于正常的生长代谢过程，而且还保持了较高的 PHB 含量和 MMO 活性；但在没有 Cu^{2+}的情况下，细胞 MMO 的主要催化形式是 sMMO，sMMO 的催化反应依赖于 NADH，保持较高的活性与 PHB 的合成形成竞争，甚至消耗 PHB 为 sMMO 氧化甲烷提供还原力。因此，适当添加Cu^{2+}对PHB的积累有积极作用，但过量的Cu^{2+}会对细胞有毒，抑制MMO活性和细胞生长。

10.2　高聚β-羟基丁酸酯含量的开放条件下甲烷氧化混合菌的富集

目前，甲烷氧化混合菌的研究主要集中在生产单细胞蛋白和污染物(如地下水和污泥)的生物降解，虽然混合细胞浓度高，但是PHB含量较低，不利于下游PHB提取。如果可以开发一种以甲烷氧化菌为主要菌种的混合菌群，可以利用甲烷快速生长还具有高的PHB储存能力，这样就可以适应复杂的开放培养环境，克服纯菌的不足，从而实现低成本大规模生产PHB。近年来，已经有报道采用充盈-饥饿(feast-famine)、好氧动态供料(aerobic dynamic feeding，ADF)模式提高PHB胞内积累量。Katja等[12]以乙酸盐为底物，通过对活性污泥的驯化，获得高达89%的PHB含量的混合菌群。作者曾在《生物技术通讯》[2011，22(6)：846-849]对开放条件下PHB含量的甲烷氧化混合菌群的富集进行了综述，本节结合近几年新发表的文献，从碳源充盈期、饥饿期、充盈-饥饿循环次数对混合菌合成PHB能力的影响等方面介绍如何采用充盈-饥饿循环富集高PHB含量的甲烷氧化混合菌。

对于以PHB为生长基底的大多数微生物，在外碳源缺乏的条件下，菌体消耗PHB作为碳源和还原力储备物生长繁殖，外碳源的缺乏会刺激PHB的消耗，反复充盈-饥饿模式动态供应外碳源将为高PHB存储菌提供筛选优势，最终提高PHB积累能力。对于大多数积累PHB的细菌，当过量外部碳源受到限制时，细胞就会积累PHB，PHB的消耗通常发生在外部碳源消耗完毕和营养不平衡中，从开始到第5d，细胞迅速生长，然而，细胞内的PHB含量先降低，并在稳定生长期迅速积累，原因是甲烷氧化菌细胞是甲烷氧化混合菌中的主要菌株，在对数生长期间迅速繁殖，此时细胞的所有能量都用于生长，甚至要消耗部分PHB来提供必需的还原力供细胞生长。当进入TCA循环时，PHB作为储蓄能源被持续消耗，为细胞提供能量。随着细胞的生长逐渐减慢，过量碳源供给使细胞积聚PHB作为能量储备，在一定环境中达到细胞内积累量最高后稳定下来。因此，充盈期应培养到PHB积累量相对较高时，即第5d，以使PHB在甲烷氧化菌中的生理功能最大化。

当碳源缺乏时，甲烷氧化混合菌利用PHB相对缓慢。有研究表明，甲烷氧化菌可在无碳源下生存10周。随着饥饿时间不断延长，混合菌细胞的干重略有下降，PHB含量迅速增加。当饥饿至15d时，PHB含量从10.7%提高到35.5%，但细胞的干重仅从0.52g/L下降到0.43g/L。混合菌群在长期碳饥饿压力的条件下逐渐淘汰 PHB 积累能力低的细菌。混合细菌 PHB 含量明显增加，但是当饥饿时间少于 15d，菌群中仍有大量 PHB 积累能力较低的细菌，微生物细胞依靠积累的 PHB 继续生存下去，使具有高 PHB 积累能力的微生物未能成为优势菌。如果继续延长饥饿时间(15～20d)，细胞干重下降较多，而 PHB 含量只少量增加。此时，PHB 含量的增加，主要归因于细胞干重的减少。由于碳饥饿时期过长，那些对 PHB 含量高的细菌生长具有促进作用的伴生菌也被淘汰，从而导致 PHB 积累能力强的细胞在碳充足阶段生长受限。因此，碳充足培养 5d，饥饿培养 15d 左右的循环动态给料操作模式可以增加胞内 PHB 含量并增加总 PHB 产量。添加氮源和某些营养元素可以刺激高 PHB 含量的菌株，以 PHB 为还原力加快氮源的吸收，加速氮源和碳源的利用，增加最大比生长速率，菌体获得竞争优势并快速增长，并且反复筛选对混合细菌的稳定增长是有利的。因此，完成 5d 饥饿、15d 循环的细菌溶液，换以新的培养基，提供丰富的碳源、氮源和营养物质，富集出高 PHB 积累能力的优势菌。5 个循环后，细胞生长恢复到初始接种水平，而 PHB 含量增加超过 2 倍，表明重复碳饥饿压力能富集具有高 PHB 储存能力的优势菌，还能保持良好的生长适宜性，多次循环有利于提高 PHB 的总产量。每个循环后甲烷氧化混合细菌中的 MMO 活性大于初始接种时的活性，并且在重复循环后活性显著增加。MMO 活性是甲烷氧化菌的典型特征，可以看出富集后甲烷氧化混合菌中的甲烷氧化菌没有丢失，而在反复的筛选压力下所占比例逐步升高。甲烷氧化混合菌充盈(5d)-饥饿(15d)循环 5 次富集后进行 14 代开放式连续培养，发现传代培养 14 代后，混合菌的生长和 PHB 合成具有菌群组成稳定性。

短期充盈(5d)-长期饥饿(15d)循环交替驯化甲烷富集基于 PHB 的生理功能，构造了坚固的碳饥饿压力筛选环境，形成了更具竞争力 PHB 高产菌和伴生菌共生的甲烷氧化混合菌微生态系统，该系统是基于自然选择和物种之间的竞争自然形成的。在这种自然竞争压力下，开放条件下的杂菌难以侵入，甲烷氧化混合菌能长期稳定增长并积累 PHB。但是，大量文献表明，为了维持甲烷氧化混合菌中已建立的微生物种类和数量，有必要保持稳定和一致的操作条件(如温度、pH、溶解氧、甲烷和氧气比)。温度、pH、氧气供应是控制代谢物形成的主要因素，据报道[13]当氧气浓度在 25%～35%之间且存在甲醇时，介质将积聚甲醛，而氧气则受到限制，在厌氧条件下导致乙酸的形成，不同代谢物的积累直接影响每种微生物在混合菌群的生长和繁殖，并影响 PHB 的积累能力。

10.3　甲烷氧化混合菌的分离纯化及其相互作用机理

有限的纯菌种资源和生长缓慢的甲烷氧化菌是制约甲烷氧化菌工业生产 PHB 的瓶颈。从自然界筛选高效菌株或构建稳定和廉价的单碳碳源的混合发酵是一种有效的解决方案。在混合菌群中，各种微生物充分利用其生长过程中的代谢产物作为生长底物和原料相互促进生长，形成功能结构稳定的微生物群落。混合菌在生物修复、湿法冶金、混合发酵及一些生物能源生产中已发挥重要作用，但并没有达到最佳效果，这将阻碍混合菌系统的综合应用和混合菌发酵的发展。其原因主要是对混合菌群的结构和功能认识不足。所以，对于混合菌菌体间协同机理的研究意义重大。作者曾在《农产品加工(学刊)》(2014，15：24-27)对甲烷氧化混合菌群的分离纯化及其特性研究进行了详细综述，在此基础上，本节进一步补充了近几年新发表的文献，从甲烷氧化混合菌的微生物菌群分析及甲烷氧化混合菌中微生物的协同作用机理对甲烷氧化混合菌菌体间的作用机理进行了介绍。

10.3.1　甲烷氧化混合菌的微生物菌群分析

经过充盈-饥饿模式动态给料法驯化富集得到的甲烷氧化菌混合菌菌种数量明显减少，并且在开放条件下培养数量也较为稳定。进行菌群分析发现，混合菌中以甲烷氧化菌和甲基氧化菌为优势菌群，但也从中发现了能够利用烷烃、有机酸等有机底物的微生物，还有自养细菌。16S rDNA 基因 PCR 扩增和序列比对分析，甲烷氧化菌和甲基氧化菌定位于 *Methylosinus trichosporium* 菌属。其中，甲烷氧化菌能以甲烷、甲醇、乙醇为碳源生长并积累 PHB。以甲烷为碳源生长较慢，滞后期较长，MMO 活性较高。当甲醇是唯一的碳源时，细胞生长速率最快，MMO 活性明显下降，这与 *Methylosinus trichosporium* OB3b 的生长特性相似。该菌也能利用乙醇为碳源生长，但此生长条件下 MMO 活性丧失，PHB 含量明显下降，说明甲烷的存在对于甲烷氧化菌 MMO 活性的保持至关重要。甲基氧化菌在甲烷为唯一碳源培养时几乎不生长，然而它可以利用甲醇和乙醇生长，当用甲醇作为碳源进行培养时，迟滞期非常短，细胞能迅速进入对数生长期，碳源迅速被吸收用于生长，表明该菌株具有有效利用甲醇的特点。该菌具有低 MMO 活性，并且当甲醇用作碳源时 PHB 含量相对较高。分离纯化的非甲烷氧化菌均不能以甲烷作为碳源生长，能以甲醇和乙醇为碳源生长，但生长都较为缓慢，胞内 PHB 积累量都非常低。分离纯化的单一菌细胞生长和胞内 PHB 积累量都低于混合菌群，说明混合菌菌体间相互作用有利于细胞生长和胞内 PHB 积累。

10.3.2　甲烷氧化混合菌中微生物的协同作用机理

在开放条件下，生物可降解烷基苯磺酸钠的甲烷氧化混合菌具有长期稳定性的 5 种伴随细菌，均为异养细菌，其中 3 种为利用甲醇的细菌。此外，使用甲烷作为碳源，半开放式生产单细胞蛋白的甲烷氧化混合菌中也伴随有 3 种异养菌。甲烷氧化混合菌体系即使在开放条件下培养，其伴生菌一般也稳定在 3～5 种，不易受其他杂菌侵入而造成污染。用于直链烷基苯磺酸钠生物降解的甲烷氧化菌-

异养菌混合体系中，甲烷氧化菌的生长为异养菌提供碳源和生长因子[11]，添加额外的生长因子有利于促进甲烷氧化菌的细胞生长。Linton 和 Buckee[12]报道除甲烷氧化菌培养基中甲烷氧化的直接代谢产物外，还有其他复杂的有机化合物，如蛋白质和核酸自溶产物，因此得出结论，由于伴生菌提供生长因子并去除其潜在的抑制性代谢物，甲烷氧化菌在混合细菌中生长得更快。混合培养可以达到更高的增长率，细胞浓度和 PHB 水平均高于单一的纯菌培养。综合以上分析，可推断混合菌群中各微生物间的相互作用如下：优势菌甲烷氧化菌和甲基氧化菌以甲烷或甲醇为主要碳源生长，甲烷氧化的中间代谢产物或细胞自溶产物为伴生菌提供代谢碳；同时伴生菌及时利用潜在的抑制代谢产物可以有效地防止产物抑制，并为其添加额外的生长因子，从而促进甲烷氧化菌和甲基氧化菌利用甲烷或甲醇快速增长并保持菌群结构的稳定。

10.4 甲烷氧化混合菌聚 β-羟基丁酸酯产率的优化

影响细胞生长和 PHB 积累的因素包括碳源、氮源、生长所必需的营养成分、发酵过程中生长抑制剂的积累、生长阶段等[13]。这些因素直接或间接影响细胞合成和分解代谢过程，并改变细胞生长和 PHB 合成。作者曾在《农产品加工(学刊)》(2011，11：7-10)对甲烷氧化混合菌的 PHB 产量条件优化进行了综述。在此基础之上，本节进一步补充了近几年新发表的文献，从培养基中不同营养元素的影响作用及不同生长时期对细胞积累 PHB 的影响两方面对提高甲烷氧化混合菌的 PHB 产量条件的优化进行介绍。

10.4.1 培养基中不同营养元素的影响作用

根据 PHB 生物合成机理，甲烷氧化混合菌生产 PHB 一般采用两阶段培养方法，即首先提供足够的营养条件，细胞快速增长，然后调节磷、镁、氮等营养元素，在营养物质受限情况下引发 PHB 的积累。氮、磷、钾、镁、铜、铁等营养元素对甲烷氧化混合菌细胞的快速增殖和 PHB 的合成影响显著。Bourque 等[12]研究了磷、镁、氮对 *Methylobacterium extorquens* 生长和 PHB 生产的影响，发现增加镁和磷可增加细胞干重。Taylor 小组[14]在对 *Methylosinus trichosporium* OB3b 的研究中发现，培养基中加入 $NaHCO_3$、向气体中添加 CO_2 可以显著缩短 *Methylosinus trichosporium* OB3b 的生长滞后期。优化培养基的生长温度、pH、磷酸盐、硝酸盐和亚铁离子浓度，最大比生长速率达到 $0.08h^{-1}$，在发酵 180h 后，细胞的干重达到 3g/L。Wendlandt 等[15]通过优化不同营养元素和培养条件使 PHB 的产量达到干重的 51%。大量试验表明，对于甲烷氧化混合菌，NO_3^-能提供更为合适的碳源；而限制氮源实现高碳氮比有利于 PHB 的积累；磷浓度超过 40mmol/L 会抑制细胞生长；当 Mg^{2+}的浓度在 0.15～0.25g/L 范围内时，有利于细胞生长，在 0.05～0.15g/L 范围内，有利于 PHB 积累；Cu^{2+}浓度在 0.008g/L 左右最适于细胞保持生长代谢与 PHB 积累；高浓度 Fe^{3+}（$>4\times10^{-4}$g/L）抑制细胞 PHB 积累，Fe^{3+}浓度约 2.0×10^{-4}g/L 时，PHB 的积累量达到最高。氮、磷、钾、镁、铜、铁等营养元素浓度相对较高时有利于甲烷氧化混合菌细胞快速增殖，而要提高胞内 PHB 的积累通常需要限制这些营养元素的供应。

10.4.2　不同生长时期对细胞积累 PHB 的影响

甲烷氧化混合菌细胞在营养平衡阶段生长迅速，但是 PHB 积累并不一定多。细胞生长和 PHB 积累达到最高值并不同步，从开始到 144h，所有碳源和能量用于生长，细胞迅速增殖，并且消耗一部分 PHB(特定消耗取决于细胞生长要求和细胞内储备)用于细胞生长。随着细胞生长减缓逐渐降至稳定，细胞开始积累 PHB 作为过量碳源供给的能量储备，并到达在相应环境下积累量最高水平之后，往往稳定一段时间，因此胞内 PHB 含量先降低后迅速积累，经过不同营养平衡培养期的菌体在营养受限阶段积累 PHB 的能力有所不同。Piega 等[16]研究了 *Methylocystis parvus* OBBP 获得最高细胞干重的最佳接种时间，指出达到最高细胞干重 70%需要培养 70h，而胞内 PHB 含量达到 1.9g/L 则需要 310h。

研究发现，营养平衡阶段培养 5～6d，然后转移到营养限制培养基中 6d，PHB 的累积浓度较高。营养平衡阶段培养 6d 后，细胞进入平稳阶段，PHB 合成酶的活性显著上升，将培养物转移到营养限制阶段，更有利于 PHB 合成酶的活性。因此，细胞内 PHB 的合成增加明显，同时细胞生长达到较高水平，从而增加 PHB 的产量。虽然 PHB 含量在第 1d 的培养中达到了较高值，但此时细胞处于迟滞期，细胞生长量很少，该 PHB 浓度仍处于低值。营养平衡 5～6d，转移到营养限制阶段，继续培养 6d 的两阶段培养，可以在较短的时间内获得较高的 PHB 产量，在一定程度上解决细胞生长和 PHB 积累之间的矛盾。

10.5　高密度培养甲烷氧化混合菌合成聚 β-羟基丁酸

高密度发酵是实现 PHB 工业化生产的基础。一系列的研究已经优化了甲烷氧化菌的生长环境，促进了 PHB 的增产，但细胞密度没有超过 18g/L[17]，不能满足工业化生产的要求。高密度发酵培养甲烷氧化菌所面临的主要问题是甲烷在液体介质中的传质。当细胞浓度较高时，碳源的利用受到甲烷传质的限制。发酵过程合理利用可溶性碳源甲醇，通过发酵控制可解决这个问题。

10.5.1 不同碳源条件下细胞的生长和聚 β-羟基丁酸的积累

在摇瓶发酵培养的研究中，人们发现加入甲醇极大地促进了细菌的生长和PHB的积累。甲醇的水溶性使碳源的利用更充分，细胞生长和PHB积累明显改进[18]。每天加入甲醇量为0.15%(体积分数)，细胞在发酵罐中生长情况良好，细胞生长量有了很大的提高，在甲烷、甲醇组合的培养条件下，细胞的生长只比甲醇作为唯一碳源的略高。甲烷对细胞生长只有轻微的促进作用，这是由于富集后混合细菌中的优势菌是 *Methylosinus trichosporium* 属下的菌株，它们具有较高的杂质耐受性和甲醇高效利用性，虽然甲烷氧化菌仍然有代谢甲烷的能力，但辅助作用并不明显。此时，甲醇为细胞生长的主要碳源。然而，通过甲烷的动态原料富集获得的混合细菌系统，更适应使用甲烷作为碳源的生长环境，一旦接种到甲醇碳源的培养系统中，需要较长适应期，在发酵培养过程中，甲醇的存在延长了细胞生长的迟滞期。

Adegbola[19]通过研究甲醇对 *Methylosinus trichosporium* OB3b 的抑制作用，实时监控甲醇在培养基中的浓度，将甲醇浓度始终控制在细胞生长的破坏/抑制的范围内，从而实现 *Methylosinus trichosporium* OB3b 的高密度培养。富集后的甲烷氧化混合菌虽然能够依靠菌体间的协同作用直接利用甲醇作为唯一碳源进行正常的生长代谢，但是过高浓度甲醇的加入，仍然会对菌体生长造成严重的抑制。摇瓶培养过程的研究发现，最佳甲醇加入量应控制在0.15%(体积分数)/d。对于环境略微不同的发酵罐培养体系，研究动力学特性发现，虽然富集的甲烷氧化混合菌群结构发生了变化，但其仍符合logistic模型的生长规律，生长曲线拟合动力学模型相关系数仍高于90%，因此，迟滞期和最大比生长速率仍可通过细胞生长动力学模型计算，作为选择合适的甲醇流量添加方法的依据。富集后甲烷氧化混合菌仍只耐受一定浓度范围内的甲醇，仍然需要每天定量添加甲醇来提供碳源。

在甲烷氧化混合菌生长较好的甲醇浓度范围内，研究不同甲醇添加浓度与滞后期和最大比生长速率之间的关系，特征参数可以看出，0.15%(体积分数)/d 的甲醇量可以使细胞达到更高的最大比生长速率，尽管每天添加0.05%(体积分数)可以显著缩短细胞生长的滞后期，但细胞生长到对数生长期，仅仅0.05%的甲醇添加量不能满足其快速增长的碳源需求，最终在相同的发酵时间收获的细胞总量显著减少。更高的细胞最大比生长速率也可以用0.20%(体积分数)甲醇添加量来实现，但初始过高甲醇浓度延长迟滞期，发酵时间延长，但是细胞并不能完全消耗过量的甲醇，这将导致培养基中甲醇浓度的不断积累，超过细胞生长的耐受甲醇范围。

10.5.2 甲醇流加方式的建立

生物反应过程的环境因素，即操作条件，如温度、压力、pH和浓度等，是影响生物生产水平的重要因素。生物发酵过程使用过程控制和优化方法实现最佳环境或操作的精确控制是提高整体生产水平的有效方法。研究发现，碳源(甲醇)的浓度水平最能直接反映甲烷氧化菌细胞的生长和代谢活性，它决定或影响发酵过程中的代谢趋势和各种代谢产物的形成。控制碳源(甲醇)浓度的关键在于实现过程优化。以甲醇浓度作为反馈指示是实现甲烷氧化混合菌高效发酵的最直接和有效的控制方法。

通过发酵过程中的细胞生长动力学研究，发现每天 1.2g/L 的剂量可以满足细胞培养所需的甲醇量，并且在培养过程中获得相对较高的细胞生长量和 PHB 积累量。甲醇控制器直接通过甲醇流量检测控制器测量，甲醇浓度通过控制系统中的 PID 控制策略控制到 1.2g/L。结果表明，由于整个发酵过程中甲醇浓度控制在抑制浓度以下，并提供了足够的碳源，细胞生长良好，并积聚 PHB；168h 发酵后，细胞干重达到 1.98g/L，PHB 含量达到 65.3%；摇瓶的两阶段培养方法培养时间缩短到 5d，PHB 产量提高了 50%以上。甲醇定值进料方式不仅操作简单，而且 PHB 产量也得到显著提高。但可能是因为初始甲醇浓度维持在 1.2g/L，混合系统中的甲烷氧化菌仍然需要长时间适应该初始甲醇浓度，因此迟滞期延长至 34.36h 左右。

考虑到甲醇定值控制流量添加策略延长了细胞生长的迟滞期，这将严重影响 PHB 的生产效率。因此，优化控制以缩短细胞生长的迟滞期，对于甲烷氧化混合菌的高效发酵是非常必要的。发酵期间的细胞生长动力学表明，当初始甲醇浓度较低时迟滞期被显著缩短，但碳源供给浓度低不能满足对数生长期碳源的需求。甲醇流加模式：首先以较慢的流量供给初始甲醇，当发酵罐中的甲醇浓度增加至 0.4g/L 后，暂停供料，并实时监测培养基中的甲醇浓度；对数生长期时甲醇浓度迅速下降，此时以更快的速度添加甲醇，直到甲醇浓度达到 1.2g/L，并持续监测甲醇浓度使其保持在 1.2g/L；细胞生长进入稳定期后，甲醇消耗速率降低显著，此时停止进料并进行间歇培养以降低甲醇浓度，提高甲醇转化率，直到发酵结束。这种甲醇加入方法可以很好地避免甲醇氧化细菌的生长受到初始高甲醇浓度的抑制，缩短生长迟滞期。培养 4h 后，细胞的生长进入对数生长期并继续快速生长；72h 后，生长达到稳定期。与其他分批发酵工艺相比，优化的甲醇供料策略大大减少发酵时间，增加了细胞产量。大量的研究已经表明，碳氮比(C/N)是影响细胞生长和 PHB 积累的重要参数。细胞快速增长时，培养基中 C/N 适于快速的细胞生长，并且接种细胞中的 PHB 被分解以提供用于细胞生长的还原力，此时碳源进入 TCA 循环；当细胞进入对数生长期时，由于碳源的连续补充和氮源的快速消耗，C/N 迅速增加，PHB 大量积累；当细胞进入稳定期时，C/N 仍然很大，并且 PHB 继续快速积累。由于优化的甲醇流量添加策略为混合菌系统提供了合适的碳源利用环境，因此，细胞的生长和 PHB 积累周期在整个发酵过程中被大大缩短，发酵时间为 168h，PHB 含量达到 72.1%，PHB 产量提高至 1.56g/L。

参 考 文 献

[1] Dedysh S N. Enrichment, isolation and some properties of methane utilizing bacteria[J]. Soil Biology and Biochemistry, 1996, 98: 101-108.

[2] Bourque B D, Ouellette G, Andre D. Production of poly-β-hydroxybutyrate from methanol: Characterization of a new isolate of *Methylobacterium extorquens*[J]. Applied Microbiology and Biotechnology, 1992, 37(1): 7-12.

[3] Asenjo J A, Suk J S. Microbial conversion of methane into poly-3-hydroxybutyrate (PHB): Growth and intracellular product accumulation in type Ⅱ methanotrophs[J]. Journal of Fermentation Technology, 1986, 64: 271-278.

[4] 陈子英, 曹家鳌, 尹光琳, 等. 甲烷氧化菌混合菌株的研究——Ⅰ混合菌株中非甲烷氧化菌的种类与特征[J]. 微生物学通报, 1981, (1): 7-9.

[5] Bothe H, Jensen K M, Mergel A, et al. Heterotrophic bacteria growing in association with *Methylococcus capsulatus* (Bath) in a single cell protein production process[J]. Applied Microbiology and Biotechnology, 2002, 59: 33-39.

[6] Hesselsoe M, Boysen S, Iversen N, et al. Degradation of organic pollutants by methane grown microbial consortia[J]. Biodegradation, 2005, 16: 435-448.

[7] Tsien H C, Brusseau G A, Wackett L P, et al. Biodegradation of trichloroethylene by *Methylosinus trichosporium* OB3b[J]. Applied and Environmental Microbiology, 1989, 55: 3155-3161.

[8] Helm J, Wendlandt K D, Jechorek M, et al. Potassium deficiency results in accumulation of ultra-high molecular weight poly-β-hydroxybutyrate in a methane utilizing mixed culture[J]. Journal of Applied Microbiology, 2008, 105: 1054-1061.

[9] Best D J, Higgins I J. Methane-oxidizing activity and membrane morphology in a methanol grown obligate methanotroph, *Methylosinus trichosporium* OB3b[J]. Journal of General Microbiology, 1981, 125: 73-81.

[10] Kamm B, Kamm M. Biorefineries-multi product processes[J]. Advances in Biochemical Engineering/Biotechnology, 2007, 105: 175-204.

[11] Shah N N, Hanna M L, Taylor R T. Batch cultivation of *Methylosinus trichosporium* OB3b. Ⅴ. characterization of poly-β-hydroxybutyrate production under methane-dependent growth conditions[J]. Biotechnology and Bioengingeering, 1996, 49: 161-171.

[12] Linton J D, Buckee J C. Interactions in a methane-utilizing mixed bacterial culture in a chemostat[J]. Journal of General Microbiology, 1977, 101: 219-225.

[13] 闵航, 陈中云, 陈美慈. 水稻田土壤甲烷氧化活性及其环境影响因子的研究[J]. 土壤学报, 2002, 39(5): 687-692.

[14] Ramou R, Feliu J X, et al. Improving the monitoring of methanol concentration during high cell density fermentation of pichia pastoris[J]. Biotechnology Letters, 2004, 26(18): 1447-1452.

[15] Wendlandt K D, Geyer W, Mirschel G, et al. Possibilities for controlling a PHB accumulation process using various analytical methods[J]. Biotechnology, 2005, 117: 119-129.

[16] Wendlandt K D, Jechorek M, Helm J, et al. Producing poly-β-hydroxybutyrate with a high molecular mass from methane[J]. Journal of Biotechnology, 2001, 86: 127-133.

[17] Helm J, Wendlandt K D, Rogge G, et al. Characterizing a stable methane-utilizing mixed culture used in the synthesis of a high-quality biopolymer in an open system[J]. Journal of Applied Microbiology, 2006, 101: 387-395.
[18] 董静. 利用甲烷氧化混合菌生物合成聚 β-羟基丁酸酯[D]. 哈尔滨: 哈尔滨商业大学, 2013.
[19] Adegbola O. High cell density methanol cultivation of *Methylosinus trichosporium* OB3b[J]. Doctoral Dissertation, Queen's Universit Kingston, Ontario, Canada, 2008: 17-54.

第 11 章 甲烷氧化菌素介导的金属离子还原

11.1 甲烷氧化菌素及其螯合还原金属离子特性

如前所述，甲烷氧化菌是一种能利用甲烷作为唯一碳源和能源进行生长的革兰氏阴性细菌，其广泛分布于易产生甲烷的区域，如湿地、河流、稻田、落叶林和污泥等[1]。甲烷氧化菌在全球大气的甲烷循环中起重要作用，其能转化全球大气中 80%～90%的甲烷，对温室效应起到了有效抑制作用[2]。甲烷氧化菌通过其分解代谢途径的第一种酶即甲烷单加氧酶将甲烷氧化成甲醇。研究发现，为了获取充足的 Cu^{2+}，甲烷氧化菌（如 *Methylosinus trichosporium* OB3b、*Methylococcus capsulatus*）会分泌出一种具有对 Cu^{2+}特异性吸附及运输的小肽，即 Mb，其能将细胞外的 Cu^{2+}捕获并将其运输到细胞内部，激活颗粒性甲烷单加氧酶的表达，促进甲烷氧化菌对甲烷的分解代谢[3]。

Brückner 等[4]对 Mb 结构进行研究发现，C═S 键长与含有抗菌活性的 *N,S*-亚硫酰供体具有一致性。进一步研究发现，咪唑与 Gly 和 Ser 相连的硫酰胺键结构也出现在具有抗菌活性的硫链丝菌素中，说明 Mb 也具有抗革兰氏阳性菌的特性[5]。Mb 作为含硫多肽也被发现于产甲烷古生菌的镍酶甲基辅酶还原酶（nickel enzyme methyl-coenzyme reductase）中，其能通过甲基辅酶 M 和甲基辅酶 B 催化甲烷生成[5]。

由于 Mb 本身结构中含有还原性酪氨酸酚羟基，Choi 等[6]研究了 Mb 在螯合金属离子过程中对其还原的性质。研究发现，Mb 除了对 Cu^{2+}具有螯合能力外，在 Cu^{2+}缺乏的环境中，也具有螯合并还原其他多种金属离子的能力，如 Au^{3+}、Ag^{+}、Co^{2+}、Cd^{2+}、Fe^{3+}、Hg^{2+}、Mn^{2+}、Ni^{2+}、Pd^{2+}、U^{6+}和 Zn^{2+}，但是对 Ba^{2+}、Ca^{2+}、La^{2+}、Mg^{2+}和 Sr^{2+}不具有螯合能力。同时研究还发现，对 Au^{3+}、Ag^{+}、Pd^{2+}和 U^{6+}的螯合及还原机理与 Cu^{2+}相似。在 Mb 催化还原 Au^{3+}试验中，通过 X 射线光电子能谱发现 Mb 将 Au^{3+}还原得到单质 Au，并且通过离心和反复冻干过程，发现纳米颗粒尺寸介于 11～20nm。辛嘉英课题组也对 Mb 介导一步还原合成纳米金颗粒（gold nanoparticles，AuNPs）进行了研究。试验以对苯二酚作为电子供体，在温和的条件下成功制备了粒径为（14.9±1.1）nm 的 AuNPs，同时发现在 AuNPs 表面包裹有 Mb 分子，使其在长时间内具有较高的稳定性，防止其聚集增大，其反应原理如图 11-1 所示[7]。鉴于 Mb 具有螯合及还原金属离子的特性，其将在原位还原制备纳米级活性催化金属方面具有广泛的应用开发前景。

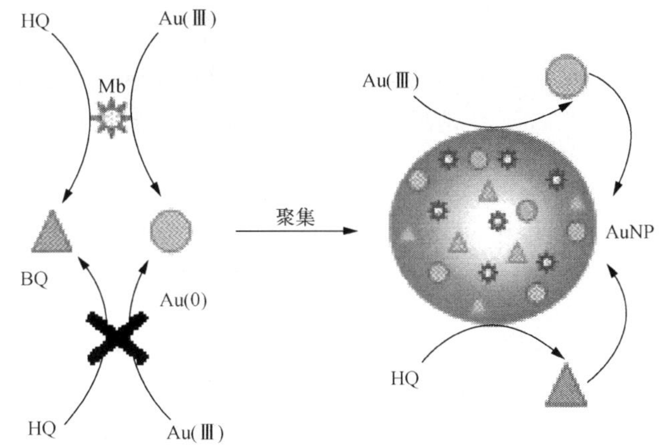

图 11-1　对苯二酚提供电子由 Mb 介导一步还原合成纳米金颗粒[8]

HQ 表示对苯二酚；BQ 表示苯醌

Mb 结构也同时满足了合成水溶性、单分散性、粒径可控 AuNPs 的基本条件，即 Mb 具有对 Au^{3+}的螯合及还原特性，其在还原过程中充当了还原剂和稳定剂的双重角色，能在温和的反应过程中进行 AuNPs 的可控合成。最终确定 Mb 浓度为 1×10^{-3}mol/L、反应温度为 70℃、反应时间为 30min 时具有最大等离子特征吸收峰。荧光光谱分析 Mb 还原 $HAuCl_4$过程中 Mb 荧光光谱的变化，发现 Mb 具有三个主要的特征峰：$\lambda_{ex}/\lambda_{em}$=280/314nm、$\lambda_{ex}/\lambda_{em}$=280/432nm、$\lambda_{ex}/\lambda_{em}$=340/435nm。其中，$\lambda_{ex}/\lambda_{em}$=280/314nm 作为酪氨酸特征发射峰迅速被猝灭，$\lambda_{ex}/\lambda_{em}$=280/432nm 和 $\lambda_{ex}/\lambda_{em}$=340/435nm 作为 THI 和 HTI 特征发射峰逐渐被猝灭。傅里叶变换红外光谱(FTIR)分析 Mb 与 AuNPs 表面键合的基团，发现有 AuNPs 表面键合 Mb 的特征吸收峰，说明在还原过程中 Mb 分子包裹在 AuNPs 表面，对 AuNPs 聚集增大起到抑制作用。透射电子显微镜(TEM)对 Mb 催化合成 AuNPs 的粒径形态进行表征，发现其粒径尺寸为(19.3±5.5)nm，形态呈圆球形分布。XPS 分析 AuNPs 氧化还原状态，通过分峰拟合得到 $Au4f_{7/2}$ 和 $Au4f_{5/2}$ 的结合能分别为 84.4eV 和 88.1eV，表明 Mb 已将 Au(III)全部还原为 Au(0)[9]。

11.2　甲烷氧化菌素催化纳米贵金属的合成

纳米粒子被发现之前，Au 一直被认为是惰性的，主要原因是光滑的(111)面不利于 H_2 和 O_2 吸附。表面科学和密度泛函理论计算温度 200℃时 H_2 和 O_2 不能吸附到光滑的(111)面上。由此要想将大块金属作为催化剂必须将反应温度达到 200℃以上，然而用高温催化反应看起来是不明智的，因为高温情况下很难获得化学选择性和目前主流的绿色化学要求，即常温反应条件。虽然大块的金是惰性的，但是纳米金粒子在许多反应中(如加氢和氧化反应)是高活性的。金的催化活性随着粒子粒径的增大而减小，这些主要归因于小粒子金与大颗粒的金相比提高了表面效应。研究 AuNPs 催化剂最早的科学家 Bond、Parravano 和 Haruta 首次发现了金纳米粒子 2～10nm 催化活性是最好的，现在还有许多研究团队仍在研究金粒径大小对催化剂催化活性影响[10-12]。

11.2.1 生物法制备金属纳米粒子

生物方法包括用微生物菌体[13]和植物提取物[14]等物质制备纳米粒子。孙道华[15]采用植物和微生物作为还原剂，进行了金纳米粒子制备研究，发现不同植物和微生物还原制备的金纳米粒子具有不同粒径，其制备的金纳米粒子粒径范围为 10～135nm，初步认定黄酮类和酚类起了主要作用。植物提取物制备纳米粒子优势是来源广泛、适合大规模制备大粒径纳米粒子、省去了微生物法制备纳米粒子对微生物的培养过程，但植物提取物属于混合物，合成机理尚不明确。Gupta 利用米根酶菌菌丝提取液作为还原剂制备 PdNPs、PtNPs 和 AgNPs 用于催化加氢和偶联反应，研究表明，细胞提取液中的蛋白质在反应中起还原、稳定和导晶的作用，此法所制备的催化剂具有易于分离再生、不易失活以及催化效率高等优点[15]。微生物法制备纳米粒子的例子也很多，如 Lovely 用趋磁细菌合成磁性纳米颗粒[16]、Mann 用硅藻合成硅纳米材料[17]、Pum 用 S 菌合成石膏和碳酸钙纳米层[18]。Zhuang 等利用植物提取液作为还原剂制备 180nm Pd-Au 双金属纳米催化剂，研究表明该催化剂在氢加成反应中表现出较高的催化活性[19]。辛嘉英利用 Mb 作为还原剂和保护剂一步法制备了金属纳米非均相催化剂 $Au/\gamma\text{-}Al_2O_3$，用于氧化葡萄糖生成葡萄糖酸反应，具有较好的催化活性，为生物法制备金属纳米催化剂提供了良好材料[20]。

11.2.2 甲烷氧化菌素合成纳米金的研究

AuNPs 因其良好特性被广泛应用在催化、生物传感器、药物载体和光学检测上[21]，AuNPs 在过去几十年里受到了广泛的关注。AuNPs 大小和均匀性对其催化性质、电性、光学和磁性有重要的影响[22]，因此合成均一尺寸和形状的小粒径 AuNPs 十分重要。AuNPs 制备方法有物理和化学的方法[23]，物理方法如紫外线照射、气溶胶技术、模板法、激光消融法、超声波法和光催化还原法对仪器设备要求较高，因此受到限制，用化学方法制备 AuNPs 较为广泛[24]。化学方法中应用的化学试剂常引入有害物质，如硼氢化钠、羟胺、四羟甲基氯化磷等，对环境造成污染，且这些方法制备的 AuNPs 粒径并不理想，在单质金属催化的反应中，AuNPs 粒径大小和粒径的单分散性对催化影响是比较大的。化学方法合成 AuNPs 粒径不均主要是由成核和增长同时进行造成的[25]。因此为了避免使用有害化学试剂并且使其制备过程简便廉价，人们已对利用环境友好的生物过程制备 AuNPs 进行了相关研究。生物过程制备 AuNPs 具有环保型、无毒性和生物相容性等优点。

研究结果发现，*Methylosinus trichosporium* IMV 3011 产的 Mb 溶液为黄色，在 282nm、341nm 和 394nm 有吸收，当逐步提高 Mb 与氯金酸摩尔比后，282nm 吸收值升高，341nm 和 394nm 吸收值下降，这些峰值的变化都与氧化还原的电子传递有关。观察到在此区域 Mb∶Au=2∶1 吸收峰值最大，峰宽最窄，比例再增大，峰高下降且峰宽变大。不同摩尔比的 Mb 与氯金酸反应溶液颜色由浅棕色至粉色再到浅粉，其中 Mb∶Au=2∶1 颜色为粉色，紫外吸收峰形高且窄，说明生成的 AuNPs 最多且粒径较均匀，小于或大于这个值时颜色较浅、紫外吸收峰峰形小且宽，推测 Mb 量不足生成的 AuNPs 较少，大于这个值时由于 Mb 量较多合成的 AuNPs 粒径反而增大。温度对生物法合成纳米粒子影响也比较大，除了上述影响外，由于生物物质温度敏感的变性作用，因此温度对生物合成纳米粒子影响成为制约因素，当温度过低时反应不发生，温度过高时生物物质变性导致失活和出现沉淀，使合成失败。反应温度从 40℃到 70℃时 Mb 还原 $HAuCl_4$ 合成 AuNPs，根据紫外吸收曲线发现，温度 40℃时紫外吸收峰的峰值最小，50℃和 60℃基本相同，从峰宽看三条曲线基本相同。升高温度明显加快了 Mb 还原 $HAuCl_4$ 形成 AuNPs，由此可以推测温度对生成 AuNPs 粒径大小影响不大，只是影响了 AuNPs 合成的速率。同时，Mb 作为一种小分子肽在 60℃反应条件下快速还原 $HAuCl_4$ 形成 AuNPs，也说明了 Mb 具有一定的耐高温性能。通常在纳米粒子的合成中 pH 对纳米粒子的形成和粒径大小也起重要的作用。Mb 合成的 AuNPs 在 pH 7 和 pH 8 紫外吸收峰基本相重合，pH 为 6 时紫外吸收峰值较小，而 pH 为 9 时峰宽最宽，由此可以推测 Mb 在 pH 为 7～8 时合成 AuNPs 粒子效果较好，在 pH 为 6 时合成的速率较慢，pH 为 9 时合成的粒子较大且有沉淀生成。Mb 的 pH 为 6.82，由于 $HAuCl_4$ 的 pH 偏小，因此合成 AuNPs 时要将 $HAuCl_4$ 调整至中性再与 Mb 混合，过酸过碱条件下都不利于 AuNPs 的合成。

根据紫外光谱、荧光光谱、红外光谱、电子能谱可以确定 AuNPs 的生成，其粒径较小且均匀，生成的 AuNPs 可以保存 3 个月以上而不出现聚集沉淀，说明 Mb 除作为还原剂外，也起到了保护剂的作用，根据上述表征手段推测其合成和保护机制如图 11-2 所示。

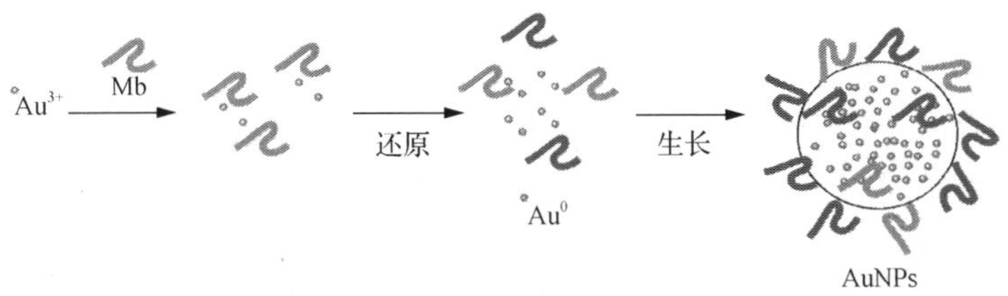

图 11-2　Mb 合成 AuNPs 机制图[26]

由荧光光谱可以得出，Mb 的荧光基团在金离子还原中起到了将金粒子还原形成 AuNPs 粒子的作用。红外光谱和电子能谱得出，Mb 附着在 AuNPs 粒子表面形成保护剂防止 AuNPs 离子聚集而沉淀。透射电镜得出，合成的 AuNPs 粒子为圆形且分布较均匀。

11.2.3 甲烷氧化菌素合成纳米银的研究

纳米银(AgNPs)在显影、催化剂、抗菌材料领域广泛应用，尤其是抗菌性，因其无毒、环境友好在生物治疗上应用最受欢迎[27]。许多方法可以制备 AgNPs，如化学还原法、模板法、电化学法、超声辅助还原法、光催化还原法、微波辅助合成和辐射还原法等[28]。在这些还原方法里，化学还原法因在短时间内可以产生大量的 AgNPs 而广为采用，最常用的还原剂为柠檬酸钠[29]和硼氢化钠[30]。还有些化学还原剂(如胺类、醇类、膦类和植物提取液)用于合成 AgNPs[31]。对苯二酚也可用于 AgNPs 合成，但前提条件是有 AgNPs 核存在，对苯二酚合成 AgNPs 的优势是选择性较好，且在室温下 5～15min 就能将硝酸银还原，但合成条件不适会导致纳米粒子聚集形成大颗粒，从而导致失去 AgNPs 的一些优良性质。所以在合成 AgNPs 的过程中重要的是有晶种和避免 AgNPs 聚集。通常防止聚集可加入一些有机保护剂，如表面活性剂、聚合物等稳定剂，这些有机化合物能够阻止纳米粒子间的接触，起到防止聚集的作用。但大多数还原反应在高温下需要很长的时间，另外获得粒径均一的 AgNPs 也比较困难。Mb 和对苯二酚合成 AgNPs 的可能机制如图 11-3 所示。

将 0.1mol/L 氯化银、0.2mmoL/L 对苯二酚加入 5×10^{-4}mol/L Mb(EDTA 当量)的 5mL 小玻璃试管中，获得不同 Ag(Ⅰ)与 Mb 摩尔比反应液，在 50℃反应 4h，溶液变为亮黄色，说明生成了 AgNPs。红外光谱中，640cm^{-1} 出现新的吸收峰曲线，1608cm^{-1} 吸收峰消失，根据 Mb 结构，1608cm^{-1} 红外峰与烯烃—C═C 或氧唑环的—C═N 有关。由此可以推断，氧唑环将 Ag(Ⅰ)结合并将之还原，—C═C 或—C═N 提供电子并被氧化导致 1608cm^{-1} 消失。从荧光猝灭分析结果也能推断氧唑环与 Ag 结合并发生了断裂。从 XPS 分析得出，AgNPs 含有 C、O 和 N 元素，这些元素可能存在于与 AgNPs 结合的—C═O 或者—C═N 基团，这些官能基团来自 Mb。从红外光谱结果也可以说明 AgNPs 粒子有 Mb 残留，这也解释了 AgNPs 放置较长时间不沉淀的原因。对苯二酚是弱氧化剂($E^{\ominus}=-0.699$V)，被用作选择性还原银，因为它不能与银直接发生反应[Ag(Ⅰ)/Ag(0)，$E^{\ominus}=-1.8$V]，但对苯二酚能够在有银核存在下将银粒子还原成 AgNPs($E^{\ominus}=+0.799$V)。还原的机制如图 11-3 所示。研究表明，以硝酸银为前体物质制备了 AgNPs，Mb 首先将 Ag(Ⅰ)还原为 Ag(0)，生成 AgNPs 并起到稳定剂的作用。对苯二酚在形成的 Ag(0)基础上可以将 Ag(Ⅰ)还原 Ag(0)。紫外光谱、荧光光谱、红外光谱、电镜和电子能谱用来表征合成的 AgNPs。紫外光谱显示，在波长 417nm 处有吸收峰，电镜图片显示纳米银球形粒子生成粒径大小为(15.78±3.43)nm。

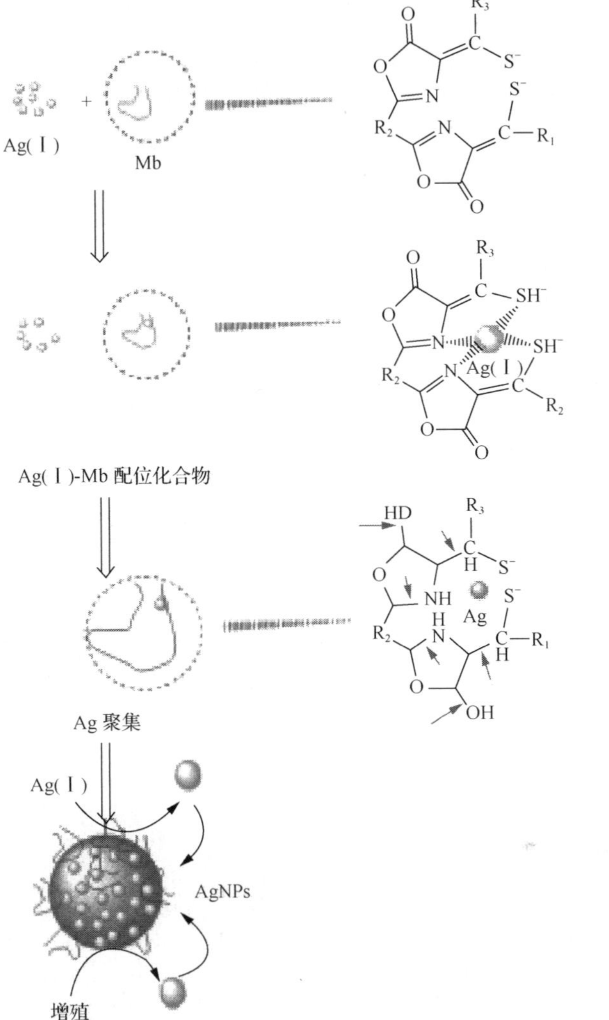

图 11-3　Mb 和对苯二酚合成 AgNPs 的可能机制[26]

根据所得的数据推测了 Mb 合成 AgNPs 的机理。在 Mb 作用下，银被 Mb 还原成银核后，对苯二酚以银核为基础快速还原成纳米银，且纳米银没有形成沉淀。由此可以得出 Mb 在合成纳米银的过程中起到将 Ag(Ⅰ)还原成 Ag(0)和保护剂的作用，以防止纳米银聚集。在整个合成过程中实现了温和条件下合成 AgNPs，克服了传统化学和物理方法合成 AgNPs 反应条件复杂、苛刻的弊端。

11.2.4　甲烷氧化菌素合成纳米钯的研究

在过去几十年里，利用生物体系合成纳米粒子由于其生态友好性使之成为一种备受关注的方法[32]。大多数纳米金属中，钯纳米粒子(PdNPs)因其广泛应用在生物监测、同相催化和多相催化中而受到广泛的研究[33]，同时 PdNPs 也被做成催化剂应用在 Heck 和 Suzuki 等多种耦合反应中[34]。

目前利用生物物质合成纳米金属粒子的报道很多。用生物分子合成纳米金属粒子的方法具有简单的优势，例如，Chen 以壳聚糖(CS)和羧甲基壳聚糖(CCS)为稳定剂和保护剂合成了纳米硒；Changseok 以维生素 B_{12} 为还原剂在微波辅助下合成了绿色贵纳米金属粒子；Huang 用氨基酸在 pH 8.0～11.5 的条件下合成了不同尺寸和形状的 Au-Ag 纳米粒子[35]。

粒子的大小在催化过程中具有重要的作用，具有合适尺寸的单分散纳米粒子也能最大限度提高金属反应中的催化效率和选择性。虽然大量的生物方法用于纳米金属粒子的合成，但是获得小尺寸单分散的纳米粒子仍然是具有挑战性的[36]。可能的原因是晶种的形成和生长是同时进行的，因此获得的纳米粒子不是单分散的。目前广泛采用的单分散纳米粒子制备方法是两步法，即先成核然后以核增长形成单分散纳米粒子。然而这种两步法是比较复杂的，需要探索快速合成单分散纳米粒子的方法。

根据文献报道，Pd(Ⅱ)具有较高的荧光猝灭性，通过向 Mb 溶液中加入 $PdNP_2$ 来锚定 Mb 结合 Pd(Ⅱ)的结合位点，进行荧光扫描。在同一反应时间时，随着 Pd(Ⅱ)浓度的增加，荧光强度降低，甚至猝灭。这些结果表明 Mb 分子的氧唑环与 Pd(Ⅱ)结合形成 Mb-Pd(Ⅱ)共聚体。Mb 合成 PdNPs 紫外光谱显示，$PdCl_2$ 加入 Mb 的反应中，随着时间增长溶液颜色从黄色到棕色变化，意味着 PdNPs 的生成。Mb 与不同浓度 $PdCl_2$ 反应，曲线于 405nm 有吸收，是 Pd(Ⅱ)的金属电荷向 Mb 过渡转移导致的，300nm 吸收峰的消失表明 Pd(Ⅱ)被彻底还原[31]。钯胶体悬浮液吸收峰连续延伸到可见的近紫外区域，这是典型的 PdNPs 吸收光谱，这与 Nemamcha 研究得到的 PdNPs 粒子小于 10nm 相符合[37]。PdNPs 的电镜结果显示，在 $PdCl_2$ 浓度分别为 1×10^{-4}mol/L、2×10^{-4}mol/L、3×10^{-4}mol/L 和 4×10^{-4}mol/L 下合成的钯纳米粒径分别为(4.98±0.70)nm(σ=14%)、(4.36±0.56)nm(σ=13%)、(3.69±0.46)nm(σ=12%)和(3.96±0.54)nm(σ=13%)。Mb 对纳米钯合成影响的电子能谱得出 $Pd_3d_{5/2}$ 为 335.15eV，$Pd_3d_{3/2}$ 为 340.15eV。能谱数据说明，表面有 C、O 和 N，推测可能来自于 Mb；还有少量的氯残留可能来自于合成的前体物质。Mb 反应前后红外光谱在 1640.5cm^{-1} 和 1608.4cm^{-1} 出现的吸收峰不同，1640.5cm^{-1} 由 C═O 和酰胺键引起，而 1608.4cm^{-1} 由 C═C 或 C═N 引起(Sadtler Spectral Handbook)，同时银纳米粒子红外光谱显示，纳米粒子上有 Mb 残留，这也说明了 Mb 充当了有机保护剂的作用，PdNPs 粒子没有聚集出现沉淀。Mb 与 $PdCl_2$ 反应前后红外波长的吸收与官能团的对应关系显示反应前后几乎是相同的，而在 1640.5cm^{-1} 出现了一个新的吸收峰，1608.4cm^{-1} 处吸收峰消失。从荧光猝灭分析看，Pd(Ⅱ)与荧光基团结合导致氧唑环的断裂；XPS 分析显示，大量的 C、O 和 N 存在于 PdNPs 表面，正是这些元素通过 N 带和 C═O 这些基团与 PdNPs 相连起到使 PdNPs 不聚集的作用。红外光谱分析也证明，Mb 存在于 PdNPs 粒子上。Mb 合成 PdNPs 反应机制如图 11-3 所示，Mb 既充当还原剂又有保护剂的作用。从以上表征技术可以看出 Mb 的氧唑环发挥着重要的作用。

在 Mb 合成纳米钯过程中，由于 Mb 的量大于氯化钯，一旦 PdNPs 或者是晶核形成，没有多余的钯再在表面生长，因此形成了单分散且小尺寸的 PdNPs。而且 Mb 吸附到纳米粒子表面防止了凝聚，起到了保护剂作用。因此，在 Mb 作用下简单的一步法合成 PdNPs 的方法，在整个合成过程中没有有害试剂的加入和有害物质的产生，实现了绿色合成，更重要的是实现了温和条件下合成小粒径、单分散的 PdNPs，克服了传统化学、物理方法合成 PdNPs 的弊端，为合成 PdNPs 提供了新的方法，同时也为需要 PdNPs 的领域提供了小尺寸、单分散的 PdNPs 材料[26]。

11.3　甲烷氧化菌素介导制备 Au/γ-Al_2O_3 催化葡萄糖氧化

长期以来，金都被认为是一种惰性金属而不具有催化活性。但自从 1987 年 Haruta 等[38]发现当金颗粒尺寸小于 10nm 时，其展现了在低温下(–70℃)对氧化 CO 具有极高的催化活性，因此开创了纳米级金颗粒作为催化剂的时代。目前，已经发展出多种制备负载型纳米金催化剂的方法并应用于催化葡萄糖氧化的研究中[39]，大多数为化学法或物理法，但在制备过程中易引入有毒有害的化学试剂，或因耗能较高而制约其发展。甲烷氧化菌素作为一种可再生生物质具有螯合还原金属离子的特性，在制备负载型纳米金催化剂方面具有发展潜力，因此可以作为一种“绿色”的温和制备方法用于负载型纳米金催化剂的研究。

糖类化合物作为一种可再生资源，因其具有立体结构而被作为初始骨架用于合成各种有机结构化合物。糖酸作为糖类化合物催化氧化的产物具有广泛的应用价值。葡萄糖是自然界中存在最广泛的一种单糖，因其来源广泛，价格便宜，已成为化工领域最重要的原材料之一。葡萄糖酸在食品、医药、化工、轻工等领域应用广泛。例如，葡萄糖酸作为酸度剂在食品调味方面的应用；葡萄糖酸用于清除金属及其他材料表面的钙质和锈沉积；其衍生物葡萄糖酸内酯具有金属螯合性及清除自由基等作用。随着食品工业的发展，葡萄糖酸的需求量也随之增加。目前，利用黑曲霉菌(*Aspergillus niger*)和不完全氧化葡糖杆菌(*Gluconobacter suboxidans*)通过微生物发酵是生产葡萄糖酸的主要方式。此外还有均相化学氧化法、电化学法等，但都由于产物分离困难、副产物多、底物选择性差、能耗高等原因制约其发展。利用游离的葡萄糖氧化酶和过氧化氢酶耦合已用于催化葡萄糖氧化的研究，其反应过程为式(11-1)和式(11-2)。虽然，利用该方法在催化葡萄糖氧化反应时间和底物选择性上较发酵法更具优势，但由于其酶无法重复利用，产物分离纯化困难，且在后续处理催化反应液时需要进行脱色处理而增加了该方法的成本。将葡萄糖氧化酶和过氧化氢酶同时进行固定化，研究固定化酶催化葡萄糖氧化性能，虽然对这两种酶进行了固定化，但其葡萄糖氧化酶和过氧化氢酶的回收率仍出现了大幅损失，分别为 13.1%和 45.7%。在重复利用过程中发现这两种固定化酶活性也有较大下降，在四次重复利用后，葡萄糖氧化酶和过氧化氢酶酶活性分别下降了 73.5%和 79%。虽然该方法有利于后续酶与产物的分离，但是酶回收率和酶活性的明显下降仍是制约这种方法的主要障碍[40]。

$$C_6H_{12}O_6 + O_2 + H_2O \xrightarrow{\text{葡萄糖氧化酶}} C_6H_{12}O_7 + H_2O_2 \tag{11-1}$$

$$H_2O_2 \xrightarrow{\text{过氧化氢酶}} \frac{1}{2}O_2 \uparrow + H_2O \tag{11-2}$$

1861 年，研究人员第一次利用铂催化剂对催化糖类物质氧化进行了研究，但其催化活性和底物选择性较差。此后人们也研究了掺有铋和铅的多相铂、钯催化剂，虽然该方法提高了催化剂的催化活性和底物选择性，但其长期催化稳定性较差[41]。近年来，负载型纳米金催化剂在催化葡萄糖氧化方面展现了卓越的性能，其具有高催化活性，底物选择性可达 100%，重复利用过程中具有较高的长期稳定性、反应条件温和、可以使用分子氧或过氧化氢作为氧化剂等优势，已引起了学术界和工业界的广泛关注。

负载型纳米金催化剂已广泛用于催化葡萄糖氧化的研究，其反应原理如图 11-4 所示。负载型纳米金催化剂的催化活性与 AuNPs 粒径大小、分布以及 AuNPs 与载体之间的相互作用有关，其中 AuNPs 粒径大小是该催化剂具有良好催化活性和底物选择性的重要影响因素[42]。

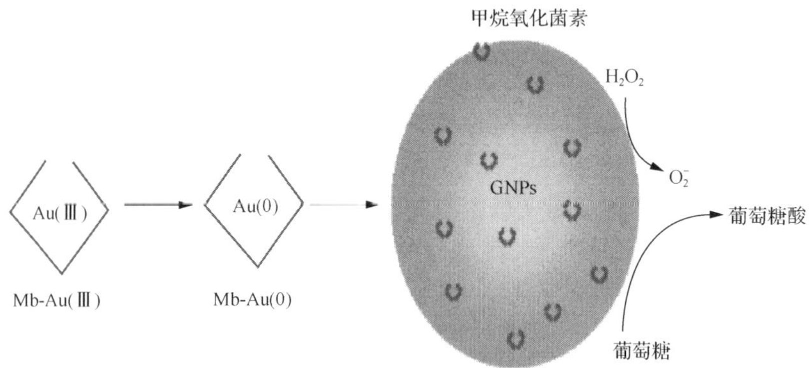

图 11-4　负载型纳米金催化葡萄糖氧化反应原理图

11.3.1　AuNPs 粒径大小对催化葡萄糖氧化活性的影响

由于金元素的电子结构([Xe]$4f^{14}5d^{10}6s^1$)，长期以来人们认为金是催化惰性金属。但是随着 Haruta 等[43]发现高度分散的负载型纳米金催化剂在极低温度下能催化 CO 氧化，并且该催化剂有良好的稳定性、极低的表观活化能和湿度增强效应。从此负载型纳米金催化剂成为研究的重点领域。随着金颗粒的减小，粒子的电子结构发生变化，非金属特性增强，量子尺寸效应使得 AuNPs 具有特殊的催化活性[44]。纳米金的粒径大小将直接影响其催化葡萄糖氧化活性，所以在催化反应过程中应有效地控制其粒径的大小。Luo 等[45]研究发现，纳米金粒径除受到外部因素影响之外(如反应温度、时间、反应体系 pH、反应前体物质浓度等)，通过催化葡萄糖氧化试验还发现基于纳米金的自催化、自限制系统，试验制得粒径均一(约 15nm)、分散性良好的纳米金进行葡萄糖催化氧化。自催化、自限制系统在催化葡萄糖氧化的同时产生 H_2O_2，H_2O_2 在 $HAuCl_4$ 存在的情况下催化还原 $HAuCl_4$，使得纳米金颗粒继续增长，反馈抑制纳米金的催化活性，从而实现自限制增长。该研究说明 AuNPs 粒径的大小会影响催化剂催化葡萄糖氧化的活性，也为纳米材料的可控合成提供了新的研究思路。

11.3.2　载体对负载型金催化剂催化葡萄糖氧化活性的影响

负载型金催化剂的载体应具备较大的比表面积、良好的润湿性及载体与 AuNPs 间的相互作用，选择合适的载体能增加 AuNPs 的分散程度，提高催化剂的催化活性。在制备高催化活性的负载型金催化剂时，针对不同的制备方法，AuNPs 可以负载在金属氧化物(如 Fe_2O_3、TiO_2、Co_3O_4、MgO、Al_2O_3、SiO_2 等)、活性炭、分子筛等载体上。同样，载体对催化剂催化活性的影响也受到所催化反应的不同而有所差别。Ishida 等[46]综述了载体对负载型金催化剂催化葡萄糖和 CO 氧化的影响。研究发现，相比于气相催化氧化反应(H_2、CO 氧化)，在葡萄糖氧化反应中，AuNPs 粒径的大小对催化剂催化活性的影响远比载体种类对催化剂催化活性的影响更显著。因此，在利用负载型金催化剂催化葡萄糖氧化时，在选择合适载体的前提下，更应注意制备方法对 AuNPs 粒径大小的影响。

11.4　甲烷氧化菌素介导制备双金属纳米催化剂 Au-Pd/γ-Al_2O_3

采用初湿含浸法制备催化剂前驱体，即 $HAuCl_4$ 溶于与载体孔体积相等的去离子水中，然后在强烈搅拌 γ-Al_2O_3 载体时，逐滴向其中加入刚制备的 $HAuCl_4$ 溶液，此时 γ-Al_2O_3 载体刚好保持润湿状态，然后将其置于 80℃烘箱内烘干 24h，制得催化剂前驱体(Au^{3+}/γ-Al_2O_3)。在制得的催化剂前驱体中加入与负载 Au 等摩尔比的 Mb 溶液，置于 70℃油浴锅中反应 30min，Mb 原位还原制得 Au/γ-Al_2O_3 催化剂。将制得的 Au/γ-Al_2O_3 催化剂用去离子水充分冲洗，至使用 $AgNO_3$ 检测滤液无 Cl^- 检出为止。然后将 Au/γ-Al_2O_3 催化剂在 80℃真空干燥 12h。最后，将催化剂置于马弗炉中焙烧活化，最终制得 Au/γ-Al_2O_3 催化剂[47]。

利用 Au/γ-Al_2O_3 催化剂催化葡萄糖氧化作为模式反应评价催化剂的催化活性。将三颈烧瓶(250mL)置于油浴锅中，控制反应温度为 35℃。向其中加入 10mmol 葡萄糖溶液及一定量的 Au/γ-Al_2O_3 催化剂，控制磁力搅拌转速为 800r/min。向反应液中添加 4mol/L NaOH 控制反应体系 pH 为 10，并保持恒定。通过流加 30% H_2O_2，提供活性氧使反应进行[48]。其反应装置如图 11-5 所示。在反应过程中每隔一定时间取出催化反应液，12000r/min 离心 1min 去除催化剂，取上清液，利用羟胺-三氯化铁法测定反应液中葡萄糖酸钠含量。测定时利用蒸馏水稀释催化反应液，使其反应液吸光度在标准曲线吸光度范围内。

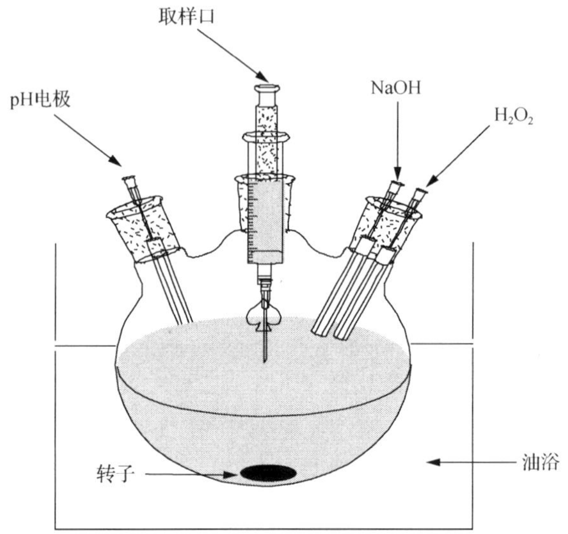

图 11-5　催化葡萄糖氧化装置图

研究发现，Au 负载量为 1%(质量分数)、焙烧温度为 450℃、焙烧时间为 2h 时，催化剂具有最高的比活性(1760.56±15.95)mmol/(min·g)。通过 TEM 分析，Au 负载量分别为 0.25%、0.5%、1%、1.5%、2%(质量分数)催化剂，表面 AuNPs 粒径大小分别为(1.82±0.376)nm、(2.42±0.729)nm、(3.48±0.881)nm、(18.4±10.087)nm、(28.74±23.725)nm，说明在低 Au 负载量时易于制备含有小粒径 AuNPs 负载型纳米金催化剂。AuNPs 晶格尺寸为 2.3Å，选区电子衍射证明了 AuNPs 的面心立方体结构。通过热重-微商热重法(TG-DTG)分析 AuNPs 表面键合的 Mb 分子发现，随着温度的升高，AuNPs 表面键合的 Mb 分子逐步被脱除，当温度升高到 550℃时，Mb 分子完全脱除，但在焙烧温度为 450℃时具有最高的催化活性。这说明焙烧过程既可以充分暴露活性 Au 位点，同时适当残留的 Mb 分子抑制了 AuNPs 的聚集增大，提高了催化剂的催化活性。通过 XRD 分析，发现负载型纳米金催化剂在 2θ 分别为 38.2°、44.4°、64.6°和 77.7°具有四个布拉格(Bragg)反射，分别对应 Au{111}、{200}、{220}和{311}晶面，与 TEM 的选区电子衍射环相互印证，证明 AuNPs 以面心立方结构存在。通过 XPS 对 1% Au^{3+}/γ-Al_2O_3(催化剂前驱体)、1% Au/γ-Al_2O_3 未经焙烧处理、经焙烧处理和重复使用 8 次后催化剂表面 Au 价态变化分析，证明 Mb 将 Au(Ⅲ)还原成 Au(0)，并且在重复使用过程中未被氧化，保持了良好的还原状态。通过对制备的催化剂进行 FTIR 分析，发现 AuNPs 表面键合有 Mb 分子，说明在 450℃焙烧条件下既能充分暴露活性 Au 位点的同时又能在 AuNPs 表面保留部分 Mb 分子，对 AuNPs 起到保护作用，避免了 AuNPs 粒子之间的聚集长大，保障了催化剂具有高催化活性。

11.5　甲烷氧化菌素介导制备 Au-Pd/γ-Al_2O_3 催化葡萄糖氧化动力学

负载型纳米金催化剂催化葡萄糖氧化属于多相催化反应，其反应机理如图 11-6 所示，反应过程会受到传质阻力、反应底物与活性 Au 位点的吸附、产物与反应底物在活性 Au 位点的竞争性吸附等影响。本节将通过反应动力学数据对催化剂催化内在反应性质进行研究。

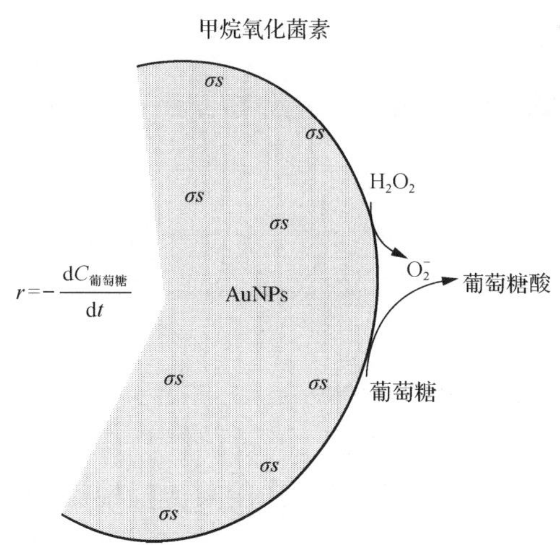

图 11-6　Au/γ-Al_2O_3 催化剂催化葡萄糖氧化机理[11]

为建立 1% Au/γ-Al_2O_3 催化剂幂指数速率模型，采用控制单一变量的方法，最终确定各反应物反应级数及相关参数，建立幂指数速率模型[式(11-3)]。

$$r=-\frac{\mathrm{d}C_{\text{葡萄糖}}}{\mathrm{d}t}=k[\text{葡萄糖}]^a[\mathrm{H_2O_2}]^b[\text{催化剂}]^c[\text{葡萄糖酸钠}]^d \tag{11-3}$$

式中，$k=Ae^{\frac{-E_a}{RT}}$；k 表示速率常数；a、b、c、d 分别表示葡萄糖、H_2O_2、催化剂和葡萄糖酸钠的反应级数；E_a 表示活化能；A 表示指前因子。

建立 Langmuir-Hinshelwood 速率模型，首先对该反应进行以下假设：①催化剂表面均一且活性 Au 位点相对于反应物充足；②反应物在活性 Au 位点为可逆吸附；③不可逆表面反应为整个反应过程的控速步骤。

(1) 应用质量作用定律得

$$r_1=k_1[\mathrm{G}][\sigma]-k_1'[\mathrm{G}\cdot\sigma]=k_1\left([\mathrm{G}][\sigma]-\frac{[\mathrm{G}\cdot\sigma]}{K_1}\right) \tag{11-4}$$

式中，[G]表示葡萄糖浓度；k_1 表示葡萄糖吸附动力学常数；$[\sigma]$ 表示活性吸附位点的数量；K_1 表示葡萄糖吸附平衡常数；k_1' 表示葡萄糖脱附动力学常数。从吸附平衡可以得

$$[\mathrm{G}][\sigma]_{\mathrm{eq}}=K_1[\mathrm{G}][\sigma] \tag{11-5}$$

(2) 应用质量作用定律得

$$r_2=k_2[\mathrm{H_2O_2}][\sigma]-k_2'[\mathrm{H_2O_2}\cdot\sigma]=k_2\left([\mathrm{H_2O_2}][\sigma]-\frac{[\mathrm{H_2O_2}\cdot\sigma]}{K_2}\right) \tag{11-6}$$

式中，k_2 表示 H_2O_2 吸附动力学常数；k_2' 表示 H_2O_2 脱附动力学常数；K_2 表示 H_2O_2 吸附平衡常数。从吸附平衡可以得

$$[\mathrm{H_2O_2}\cdot\sigma]_{\mathrm{eq}}=K_2[\mathrm{H_2O_2}][\sigma] \tag{11-7}$$

(3) 应用质量作用定律得

$$r_4=k_4'[\mathrm{GS}\cdot\sigma]-k_4'[\mathrm{GS}][\sigma]=-k_4\left([\mathrm{GS}][\sigma]-\frac{[\mathrm{GS}][\sigma]}{K_4}\right) \tag{11-8}$$

式中，[GS]表示葡萄糖酸钠的浓度；k_4 表示葡萄糖酸钠吸附动力学常数；k_4' 表示葡萄糖酸钠脱附动力学常数；K_4 表示葡萄糖酸钠吸附平衡常数。从吸附平衡可以得

$$[\mathrm{GS}]_{\mathrm{eq}}=K_{41}[\mathrm{GS}][\sigma] \tag{11-9}$$

催化剂表面总活性位点浓度[L]为

$$\begin{aligned}[\mathrm{L}] &= [\sigma]+[\mathrm{G}\cdot\sigma]+[\mathrm{H_2O_2}\cdot\sigma]+[\mathrm{GS}\cdot\sigma] \\ &= [\sigma]+K_1[\mathrm{G}][\sigma]+K_2[\mathrm{H_2O_2}][\sigma]+K_4[\mathrm{GS}][\sigma] \\ &= [\sigma](1+K_1[\mathrm{G}]+K_2[\mathrm{H_2O_2}]+K_4[\mathrm{GS}])\end{aligned} \tag{11-10}$$

得

$$[\sigma]=\frac{[\mathrm{L}]}{1+K_1[\mathrm{G}]+K_2[\mathrm{H_2O_2}]+K_4[\mathrm{GS}]} \tag{11-11}$$

反应速率方程为

$$r=\frac{k_3[\mathrm{G}\cdot\sigma][\mathrm{H_2O_2}\cdot\sigma]}{[\mathrm{L}]^2} \tag{11-12}$$

式中，k_3 表示反应速率常数。将式(11-10)～式(11-11)代入式(11-12)整理得

$$\begin{aligned}r &= \frac{k_3[\mathrm{G}\cdot\sigma][\mathrm{H_2O_2}\cdot\sigma]}{[\mathrm{L}]^2} \\ &= \frac{k_3k_1[\mathrm{G}][\sigma]k_2[\mathrm{H_2O_2}][\sigma]}{[\mathrm{L}]^2} \\ &= \frac{k_3K_1[\mathrm{G}][\sigma]K_2[\mathrm{H_2O_2}][\sigma]}{[\mathrm{L}]^2} \\ &= \frac{k_3K_1[\mathrm{G}][\mathrm{L}]K_2[\mathrm{H_2O_2}][\mathrm{L}]}{(1+K_1[\mathrm{G}]+K_2[\mathrm{H_2O_2}]+K_4[\mathrm{GS}])^2[\mathrm{L}]^2} \\ &= \frac{k_3K_1K_2[\mathrm{G}][\mathrm{H_2O_2}]}{(1+K_1[\mathrm{G}]+K_2[\mathrm{H_2O_2}]+K_4[\mathrm{GS}])^2}\end{aligned} \tag{11-13}$$

对式(11-13)进行 Matlab 函数拟合，得到最佳动力学参数代入式(11-13)得

$$r=\frac{11.05\times 3.47\times 10.97[\mathrm{G}][\mathrm{H_2O_2}]}{(1+11.05[\mathrm{G}]+3.47[\mathrm{H_2O_2}]+1.16[\mathrm{GS}])^2} \tag{11-14}$$

(1) Mears[49]通过方程估算了内部扩散的影响，计算得出催化葡萄糖氧化反应可以排除反应过程中内部扩散的影响。同时，通过增加反应转速至 800r/min，可以排除外部扩散对催化反应的影响。为获得准确的动力学参数提供前期基础。

(2) 建立了幂指数速率模型，测得葡萄糖、H_2O_2、催化剂和葡萄糖酸钠的反应级数分别为 0.4694、0.3729、0.4088、–0.9794，并计算出指前因子和活化能分别为 0.1371 和 6.1141kJ/mol，具有较低的活化能，说明催化剂具有良好的催化活性。通过 Matlab 对试验值和计算值进行数据拟合，发现两者具有良好的拟合性。

(3) 通过已得数据进行 Matlab 拟合，得到了 Langmuir-Hinshelwood 速率方程，对试验值与预测值比较发现，拟合程度较好，可用于理论计算反应初始速率。

因此，初湿含浸法利用 Mb“绿色”合成了负载型纳米金催化剂，并利用 H_2O_2 作为氧化剂将其应用于液相催化氧化葡萄糖生成葡萄糖酸钠研究，试验制备的负载型纳米金催化剂具有良好的催化活性。

11.6 甲烷氧化菌素介导制备纳米金合成检测三聚氰胺

Mb 在对苯二酚作为电子供体的条件下，可以催化 Au(III) 持续还原形成纳米金。纳米金的表面等离激元共振(SPR)效应使得其水溶液在 500～600nm 具有典型的特征吸收峰和肉眼可观察到的特殊颜色(酒红色或葡萄紫色)，纳米金的摩尔吸光系数是其他化合物的几百倍甚至上千倍，纳米金的上述特性使其广泛应用于分析检测。

三聚氰胺(melamine，Mel)又称为蜜胺、蛋白精，是一种三嗪类含氮杂环有机化合物，分子式为 $C_3N_6H_6$，相对分子质量为 126.12，含氮量高达 66.6%。三聚氰胺是一种白色单斜晶体，几乎无味，可溶于甲醇、甲醛、乙酸、热乙二醇、甘油、吡啶等有机溶剂，不溶于丙酮、醚类、苯和四氯化碳。溶于热水，微溶于冷水，常温下在水中的溶解度仅为 3.1g/L，而在牛奶中的溶解度高达 30g/L。一般情况下较稳定，但在高温下急剧加热分解，可能产生毒性很大的氰化物。水溶液呈弱碱性，可与多种酸反应形成三聚氰胺盐。遇强酸或强碱溶液水解，羟基逐步将氨基取代，最终生成三聚氰酸(CYA)。其水解过程如图 11-7 所示。

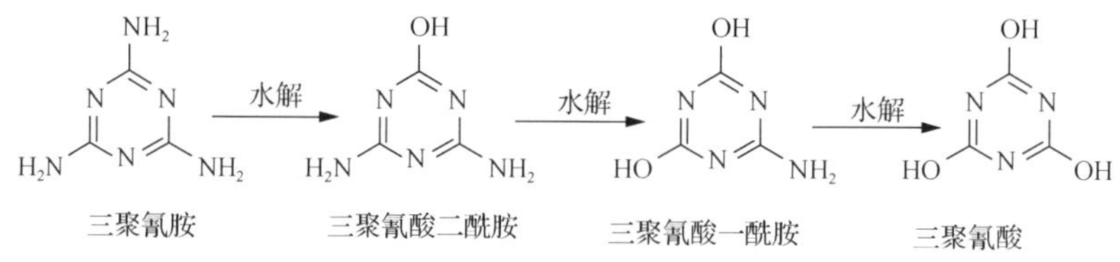

图 11-7　三聚氰胺的水解过程

近年来频发的三聚氰胺中毒事件掀起了国内外对三聚氰胺检测的热潮，美国食品和药品监督管理局、欧盟和中国均对其安全限度进行了规定，成人乳制品规定为 2.5ppm(美国)，婴幼儿奶粉为 1ppm、其他乳制品为 2.5ppm(中国)。三聚氰胺的检测成为解决食品安全问题的一个关键环节，除了使用高效液相色谱法、气相色谱-质谱法等检测外，也有研究人员用金、银纳米粒子检测三聚氰胺，从分散态转变为聚集态，通过颜色变化实现肉眼检测，但该方法需要复杂的纳米金、银制备、保存、修饰过程，不易操作。

近年来，利用纳米金的表面等离子共振效应，即纳米金溶液随纳米金粒径大小、聚集状态而呈现出不同的颜色变化的快速比色法来检测三聚氰胺。然而这些方法需要预先合成纳米金，然后在纳米金表面进行复杂的修饰及纯化，且检测灵敏度较低。

Choi 等[7]发现 Mb 可以还原 Au(Ⅲ)、Ag(Ⅰ)、Fe(Ⅲ)、Co(Ⅱ)等多种金属离子，通常情况下不需要引入其他还原剂，并可以通过调节离子与 Mb 的摩尔比来形成单体、二聚体或四聚体。当 Au(Ⅲ)与 Mb 的摩尔比在 0.3～1 时，被 Mb 还原得到的 Au(0)才能够形成纳米金粒子。每个 Mb 分子可以还原 10 个 Au(Ⅲ)，也就是每个 Mb 分子可以提供 30 个电子，所以要持续还原大量的 Au(Ⅲ)就需要引入其他的还原剂。张铁男等[50]发现在还原剂对苯二酚存在的条件下，Mb 可以催化 Au(Ⅲ)持续还原形成纳米金。因此，可以选择用 Mb 作为还原剂将 Au(Ⅲ)还原为 Au(0)来合成纳米金，引入对苯二酚作为此反应的电子供体，使整个氧化还原反应持续进行。根据 Mb 本身具有络合并还原 Au(Ⅲ)为 Au(0)的特性、催化电子传递的还原酶特性、分子中富含稳定单质金的含硫基团的特性，以 Mb 作为金离子的捕获剂和还原剂、促进电子供体还原金离子的催化剂、单质金的稳定剂，以 HQ 作为外源电子供体还原 Au(Ⅲ)制备单分散性纳米金，并将该合成纳米金的方法用于三聚氰胺检测。

在合成纳米金过程中完成三聚氰胺的检测，即纳米金的合成与三聚氰胺检测同时进行。无须复杂的修饰和纯化问题，三聚氰胺的存在可直接从其抑制纳米金合成引起的颜色变化(即肉眼水平)进行识别。同时，合成的纳米金为粒径可控的单分散纳米金，纳米金颗粒的尺寸均匀，紫外可见吸收光谱的吸收峰尖锐，纳米金颜色为酒红色。该方法显著提高检测灵敏度，可以作为一种快速、简便、灵敏的检测方法应用到实际三聚氰胺检测中。

向不含三聚氰胺的 Mb 溶液中每隔 20min 加入 10^{-3}mol/L 的 $HAuCl_4 \cdot 4H_2O$ 溶液 20μL，当 Mb：Au(Ⅲ)=0.1(摩尔比)时溶液中开始有纳米金形成，而且随着 Au(Ⅲ)的增加，纳米金含量也逐渐增加，而相同条件下向含有 20μL 100ppm 三聚氰胺的 Mb 溶液中加入 $HAuCl_4 \cdot 4H_2O$ 直至溶液中 Au(Ⅲ)达到 2.16×10^{-3}mol/L 仍然没有纳米金形成，说明三聚氰胺能有效抑制 Mb 介导纳米金的合成，基于此原因对三聚氰胺进行检测。检测三聚氰胺的最佳条件为：室温下，pH=5.3，Mb：Au(Ⅲ)=0.7，HQ：Au(Ⅲ)=0.25，试剂加入顺序为 1ppm 的三聚氰胺溶液 200μL→10^{-3}mol/L 的 Mb 溶液 700μL→10^{-2} 的氯金酸溶液 100μL→0.1mol/L 的 NaOH 溶液 10μL→5×10^{-4}mol/L 的 HQ 溶液 500μL，并且成功检测出浓度为 0.1ppm、0.2ppm、0.3ppm、0.4ppm、0.5ppm、0.6ppm、0.7ppm、0.8ppm、0.9ppm、1.0ppm 的三聚氰胺，该过程在 80min 内均能达到可视化检测目的。

随着三聚氰胺浓度的增加，形成的纳米金聚集程度越来越强，吸收峰位置红移，金纳米粒子的直径变大，分布范围变广，当三聚氰胺浓度达到 0.08ppm 时，溶液中已经没有金纳米粒子存在，但通过 TEM 图像可判断出其中仍然有 Au(0) 存在，只是聚集过于强烈，并没有经历纳米粒子形成的阶段，而是直接过渡到单质金的阶段。当三聚氰胺浓度达到 0.1ppm 时，已经彻底阻断了纳米金的形成，因此只要三聚氰胺浓度大于 0.1ppm 均可用此方法检测。通过大量试验证明，三聚氰胺可以抑制纳米金合成过程。由于 Mb 介导 HQ 还原 Au(Ⅲ) 合成纳米金可分为两个阶段，第一阶段是 Mb 催化还原 Au(Ⅲ) 产生晶核过程，第二阶段是 HQ 围绕着晶核逐渐长大的过程。经试验证明三聚氰胺确实可以阻断 Mb 介导 HQ 还原 Au(Ⅲ) 过程，那么三聚氰胺阻断纳米金合成的机理究竟是什么呢？

如图 11-8 所示，在无三聚氰胺存在时，Mb 首先催化还原 Au(Ⅲ) 合成粒径较小的具有 Mb 保护的金团簇，Mb 及金团簇又催化 HQ 在金团簇表面持续还原 Au(Ⅲ) 为 Au(0)，使金团簇不断长大，成为红色胶体金溶液，Mb 和对苯二酚结合在纳米金表面，防止纳米金发生聚集。然而三聚氰胺存在时，抑制 Mb 催化还原 Au(Ⅲ) 过程，Mb 还原 Au(Ⅲ) 的速度变慢，同时有 Au(Ⅰ) 产生，Au(Ⅰ) 与 Au(0) 共存，金颗粒间的静电斥力增强，阻止了晶核的形成，纳米金合成反应的关键性步骤被阻断，从而使后续反应无法进行，从源头上抑制了纳米金的合成。同时，三聚氰胺又能与对苯二酚通过氢键形成大的网络结构，因此该合成反应无法进行，溶液不发生颜色变化，从而检测到三聚氰胺的存在。

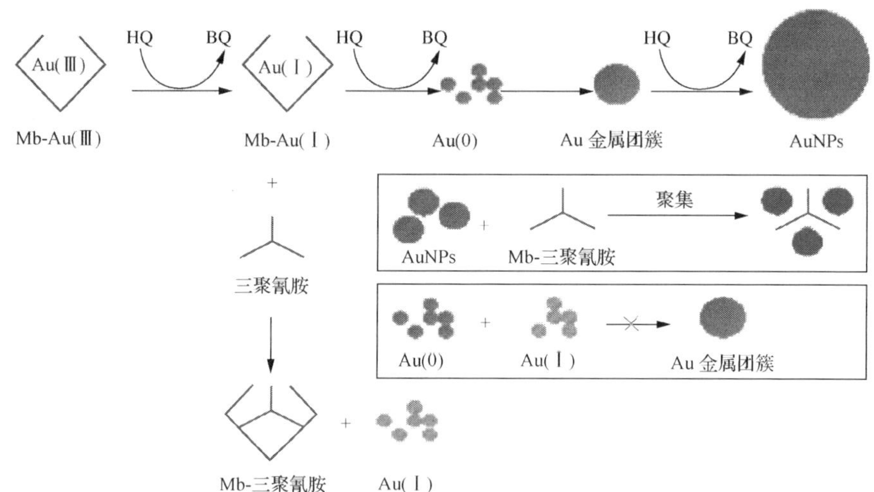

图 11-8　Mb 介导纳米金合成检测三聚氰胺的可能机理图

彩图请扫本书封底二维码

对奶粉中不同浓度三聚氰胺进行检测发现，当检测出奶粉中含量为 0.7ppm 的三聚氰胺时，此浓度下可通过肉眼直接观察到没有纳米金形成，因此 0.7ppm 可作为定性检测限，只要奶粉中三聚氰胺的浓度大于等于 0.7ppm，即可用肉眼观察到溶液没有颜色变化，也就是没有纳米金形成。未加入三聚氰胺的样品形成的纳米金溶液呈酒红色，从 0.05ppm 开始呈紫红色，随着浓度的增加慢慢过渡到紫色，直至蓝黑色，在 0.6ppm 时溶液中已经没有纳米金粒子的存在，而是以金单质的状态存在于溶液中。根据不同浓度和与其相对应的纳米金的吸收值可发现在 0.1～0.5ppm 之间三聚氰胺浓度和纳米金的吸收值呈一定的线性关系，在此范围内通过给定的某一值即可求出另一值，因此奶粉中的三聚氰胺浓度只要在 0.1～0.5ppm 之间即可通过紫外-可见分光光度计达到定量检测。经计算可知，本试验检测方法的检出限为 0.03ppm，即 0.26μmol/L。

对于奶粉中的干扰因素，试验发现 Cu^{2+}、Ca^{2+}、Cl^-、Fe^{3+}、I^-、K^+、Mg^{2+}、Mn^{2+}、Na^+、PO_4^{3-}、SO_4^{2-}、NH_4^+、Zn^{2+}、Glu、Lac、Tyr、维生素 B_{12}、Pro 这 18 种因素对纳米金的合成以及三聚氰胺的检测并未产生干扰。由于维生素 B_{12} 在 548.5nm 处有吸收峰，使得纳米金粒子的特征吸收峰增强，也使得加入三聚氰胺的样品产生吸收峰，对检测造成了干扰，因此在今后的实际应用中需要通过一些方法将其除去。因维生素 C 自身是一种很强的还原剂，而且能催化 Au(III)生成纳米金，因此在和氯金酸接触后自发地进行还原反应，导致纳米金粒子增多，也对检测产生干扰，所以在实际应用中也需要将其除去。经过计算求得三聚氰胺的加标回收率在 97%～103%之间，回收率略低，除了人为因素之外，主要是由于原本三聚氰胺的添加量就少，而在奶粉的处理过程中存在损失。因此，证实以 Mb 介导纳米金合成检测三聚氰胺实际可行，并且该方法在合成纳米金的过程中检测三聚氰胺，解决了现有的采用纳米金测定三聚氰胺方法需要复杂的纳米金制备、修饰和纯化的技术问题，三聚氰胺的存在可直接从其抑制纳米金合成引起的颜色变化(即肉眼水平)进行识别，提高了检测的灵敏度。因此，该方法可检测到的浓度远远低于国家标准，该方法具有潜在的应用价值。

11.7　甲烷氧化菌素催化二价汞还原

人们对工业飞速发展的负面影响防范不够，致使大量的 Hg(II)被释放到自然环境中，动物、植物、微生物以及人类赖以生存的自然环境(包括土壤、水体等)受到了日益严重的 Hg(II)污染[51]。自然界中的重金属会通过自然循环以环境为媒介，转移至食物链和赖以生存的环境中从而被人类吸收。例如，“水俣病”和“骨痛病”就是受到 Hg(II)的毒害和影响所致[52]。在关于 Hg(II)超标问题的研究中显示，在全国范围内的十几个主要耕地分布省份之中，有三分之二以上的省份存在农田土壤中 Hg(II)超标的问题；其中不乏耕地质量好的省份，如湖南、湖北、广东等都出现 Hg(II)超标污染问题。2012 年湖南大米的出产量占全国总量的 15%，但同年因土壤中 Hg(II)超标被曝光的“毒大米”事件在国内外产生了较严重的不良影响。所以探索一种快速、高效、科学的手段来清除自然界内超标的Hg(Ⅱ)是人类在生态环境的可持续发展领域所面临的巨大挑战。微生物修复方法是利用生物活性使Hg(Ⅱ)失去毒性，由于其成本低，对土壤肥力和代谢活性没有影响，能够很容易地减少和降低Hg(Ⅱ)迁移的风险，从而保障人类的生活环境以及自身健康。有关数据显示，在我国有70%以上的水资源被汞、砷等重金属污染。近十年来，利用微生物治理环境中Hg(Ⅱ)污染的方法日益增多，这是因为微生物法相较于传统的化学法具备成本低、耐受性强、分布广、效率高、无二次污染等一系列优势。利用微生物法清除土壤中Hg(Ⅱ)污染的原理主要包括生物的富集、吸附和转化三个方面[53]，这些微生物可以与Hg(Ⅱ)相互吸附生成稳定的结合物来降低生物环境中Hg(Ⅱ)的毒害作用。

11.7.1 微生物在Hg(Ⅱ)清除中的应用

在农业生产和工业废物排放过程中大量的Hg(Ⅱ)通过自然介质进入食物链[54]，大气、水体以及土壤中Hg(Ⅱ)的污染问题日益严峻，受Hg(Ⅱ)污染的环境范围在不断扩大，严重阻碍了可持续发展的战略布局和构建资源节约、环境友好型社会的进程。在农业产业链的发展中化肥和农药的不合理使用、工业生产所排放出的废气、废水、废渣等使农业生产的土壤内存在着重金属离子含量严重超标的现象，这对于食品的质量和安全来说存在着潜在的隐患。据统计，在20世纪初农业部对十几个省会城市以及郊区内农副产品、水产品的质量调查发现，其中有65%以上的城市重金属含量超标达检测标准的30%以上。

重金属元素即使在环境中含量很低也依然对人类及生物体毒害存在潜在威胁。借助合理、方便、快捷的微生物方法进行治理可以大大减少这种威胁。由于微生物具有体积小、面积大、生长快、吸收多、繁殖快等特点，微生物清除Hg(Ⅱ)是利用自然界中存在的微生物，以可控作为前提条件对Hg(Ⅱ)污染区域进行微生物的吸附、结合、固定以及降解，改变土壤内Hg(Ⅱ)的化学行为，从而降低或者去除Hg(Ⅱ)的毒害作用。大多数微生物具有非常高的生长繁殖速度，因此微生物在清除Hg(Ⅱ)中有广泛的应用。

11.7.2 微生物清除Hg(Ⅱ)的主要机理

微生物清除Hg(Ⅱ)的主要机理主要是：利用微生物膜表面的多糖、多肽以及糖蛋白上的官能团，如—SH、—COOH、—OH等，对Hg(Ⅱ)进行固定[55]。例如，Hg(Ⅱ)能在受污染的土壤及水体内产生不溶性的化合物，难降解并污染环境；微生物能够直接将Hg(Ⅱ)吸附到细胞表面，使其在胞内进行聚集从而使吸附的Hg(Ⅱ)的移动性变低。在化学反应方面清除的主要机理是Hg(Ⅱ)的络合或以其他方式进行配位[54]。

微生物对 Hg(Ⅱ)的转化：①通过微生物的氧化还原降低 Hg(Ⅱ)的毒性及有害作用；②可将游离离子态的汞、砷、硒等重金属还原成单质并促使其挥发，并将其集中采集回收；③对 Hg(Ⅱ)进行甲基化、去甲基化处理；④分泌有机酸改变根际 pH，一方面对 Hg(Ⅱ)在土壤胶体上的吸附特征进行调节，另一方面则利用产生的不溶性盐类钝化汞；⑤借助微生物产生硫化物对 Hg(Ⅱ)进行钝化。

研究发现，木霉、小刺青霉以及深黄被包霉即使在周围 pH 环境很低的条件下，对 Cd、Hg 等金属的富集能力都很强。大肠杆菌自身分泌过氧化物酶，能够将汞蒸气氧化成 Hg(Ⅱ)；芽孢杆菌和链霉菌对 Hg(Ⅱ)也具有氧化作用[56]。

通过微生物的功能可以看出，微生物在除去 Hg(Ⅱ)污染的实效方面已获得了卓越的效果，尤其是对存在于土壤以及污水中的 Hg(Ⅱ)的处理，然而关于 Hg(Ⅱ)等重金属离子与微生物之间的相互作用和富集方面还存在一些实际性的研究困惑，如微生物酶与 Hg(Ⅱ)等重金属结合还原的结构变化方式、微生物胞内关于结合 Hg(Ⅱ)等重金属载体的一系列研究以及关于微生物自身所具有的 Hg(Ⅱ)等重金属抗性基因的研究，在实际应用方面需要更多实用性的推广。

11.7.3　甲烷氧化菌在 Hg(Ⅱ)清除中的应用

甲烷氧化菌通过氧化还原降低环境中重金属及含重金属矿物的毒性，如植物将汞离子、砷离子等还原成单质。甲烷氧化菌在生物和基因工程水平上对 Hg(Ⅱ)毒害物质的清除以及 Hg(Ⅱ)抗性基因改造等方面具有相当重要的潜在利用价值[57]。

研究显示，许多甲烷氧化菌可分泌和释放 Mb，而 Mb 除了可以作为一类金属螯合剂结合 Cu^{2+}之外，还可以还原和结合其他重金属离子，其中就包括 Hg(Ⅱ)。甲烷氧化菌能够在含 Hg(Ⅱ)的环境下生存，并对环境中的 Hg(Ⅱ)吸附固定，这可能与分泌出来的 Mb 结合还原 Hg(Ⅱ)有关。

辛嘉英等以 *Methylosinus trichosporium* IMV 3011 作为试验菌种，对其进行发酵培养获取 Mb，依据 Mb 具有金属螯合性和还原性，对 Mb 催化 Hg(Ⅱ)的还原建立测定方法。通过紫外-可见光谱、荧光光谱分析特征吸收峰的变化，运用 Hg(Ⅱ)的比色测定来考察溶液中 Hg(Ⅱ)的变化从而确定被结合的 Hg(Ⅱ)的量。紫外光谱分析结果显示，Mb 还原 Hg(Ⅱ)过程中 Mb 具有四个主要的特征峰 254nm、298nm、345nm、402nm。其中，298nm 酪氨酸特征发射峰降低，证明 Mb 催化 Hg(Ⅱ)的还原过程中，酪氨酸起到电子传递作用；345nm、402nm 的降低，证明 Mb 通过硫酰氧唑基团与 Hg(Ⅱ)结合。采用荧光光谱分析得知，Mb 具有三个主要的特征发射峰，在激发波长为 254nm 时荧光强度的变化更加证明了甲烷氧化菌是通过分泌 Mb 与 Hg(Ⅱ)结合，Mb 对还原 Hg(Ⅱ)起到关键性的作用。并测量出溶液中 Hg(Ⅱ)的减少，也综合说明了 Mb 与溶液中的 Hg(Ⅱ)结合并将其吸附于细胞表面且不挥发。

11.7.4　Hg(Ⅱ)对甲烷氧化菌生长的影响

辛嘉英等还利用批次发酵的方式类比环境中不同类型细菌的生长条件，利用模拟合成及计算机方程式组成细菌生长模型，对研究其生长情况及规律起着至关重要的作用，同时也是优化发酵过程的重要基础。虽然微生物生长动力学模型的种类繁多，然而其中非构造式模型是最广泛的描述发酵过程特征和本质的数学模型；研究发现，用 logistic 方程式表示细胞菌数的增减及繁殖规律能更准确地表达各批次的生长变化情况[58]。

当细胞发酵开始时由于菌种浓度很低，微生物要适应外界新环境，在此期间的菌体处于延滞期，体积逐渐变大但数目不变；一段时间后菌体开始呈对数生长趋势，菌体量数量明显增多、体积变大；随着营养物质的不断消耗，微生物的生长繁殖进入稳定期，具体表现为反应底物量的减少，有毒代谢物的不断积累，生长速率较对数生长期而言呈明显下降趋势。在细胞生长动力学研究当中有 2 个重要特征参考值[59]即延滞期(λ)、最大比生长速率(μ_{max})。对于细胞动力学的重要特征值大多数均按以下进行参考：在菌体进入对数区间时对其做出相切的直线，该相切直线的斜率就代表细胞生长过程中的最大比生长速率，将起始时发酵液的浓度当作初始点引入一条平行于横轴的线，这条线和上一条做出的相切线产生一个交点，然后通过这个交点向横轴画一条垂直线并与“S”形曲线相交，该交点就是菌体进行指数型增长和繁殖的初始位置，此交点映射在横轴上的时间段就是菌体生长的延滞期。

图 11-9 显示了在细胞生长的过程中加入 Hg(Ⅱ)和 Mb 后细胞生长模型回归曲线，其中斜率为 0.0138；此时细胞的最大比生长速率为 $0.0138h^{-1}$，延滞期为 0～15.3h，

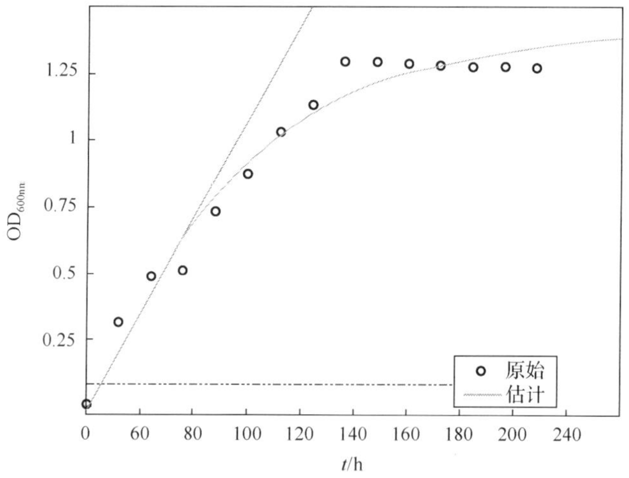

图 11-9　Hg(Ⅱ)与 Mb 对细胞生长的吸光度拟合曲线的影响[61]

15.3h 后细胞进入对数生长期，最大 OD_{600nm} 值为 1.185。在细胞生长过程中只添加 Hg(Ⅱ)时，细胞的最大比生长速率为 $0.00018h^{-1}$，延滞期为 0～40.15h，40.15h 后细胞才进入对数生长期，最大 OD_{600nm} 值仅为 0.492。

因此，观察 *Methylosinus trichosporium* IMV 3011 细胞发酵生长过程时，借助适于该菌种生长的 logistic 生长动力学模型模拟细胞生长的变化情况，通过考察甲烷氧化菌生长的延滞期、对数生长期、最大比生长速率等方面，确定生长状况。在细胞悬液内加入 Hg(Ⅱ)且无 Mb 添加时，反应稳定后细胞生长的延滞期会变长；当细胞内存在 Mb 时，反应稳定后细胞延滞期会缩短而且在对数生长期时生长很快；当细胞内加入 Mb 与 Hg(Ⅱ)时，反应稳定后细胞生长的延滞期变得更短。由此可以判断 Mb 具有解毒作用。

在 *Methylosinus trichosporium* IMV 3011 中添加一定范围内的 Hg(Ⅱ)对细胞不足以造成毒害甚至死亡作用，这说明细胞对 Hg(Ⅱ)具有一定的耐受性。然而过高 Hg(Ⅱ)浓度的添加则对细胞产生毒性，会抑制细胞生长使细胞生长暂缓，延滞期变长，最大比生长速率降低。添加更高浓度的 Hg(Ⅱ)将对甲烷氧化菌有毒害作用并抑制细胞生长，使细胞生长速率下降。

11.7.5　铜离子对 Mb 还原和结合 Hg(Ⅱ)的影响

生物学家认为，不同单加氧酶的酶活表达是铜离子含量的差异所导致的，当细胞周围存在大量铜离子时，胞体就会加快分泌 pMMO 而阻碍 sMMO 的产生。反之，胞体则会加快分泌 sMMO。20 世纪初期外国科学家 Knap 等研究认为，一定介质内 Mb 和铜离子对细胞表达 pMMO 的活性都起到调节和控制作用[60]。据此，在 2008 年 Choi 等在考察 Mb 的氧化还原特性时，也深入研究了胞内 Mb 对 pMMO 的活性具有何种导向、产生何种作用[62]。甲烷氧化菌能够表达和产生 sMMO 的活性，尤其在Ⅱ型甲烷氧化菌表达中，铜离子含量对 pMMO 和 sMMO 两者之间的平衡具有重要意义。因此，探究了 Cu(Ⅱ)存在时，Mb 与 Hg(Ⅱ)结合之后，Cu(Ⅱ)能不能竞争过 Hg(Ⅱ)；当 Mb 与 Cu(Ⅱ)结合之后，Hg(Ⅱ)是否能竞争过 Cu(Ⅱ)。

利用甲烷氧化菌内的两种单加氧酶的活性作为指标，来考察 Mb 与 Hg(Ⅱ)和 Cu(Ⅱ)之间的相互竞争关系。采用气相色谱法对甲烷氧化菌的 MMO 进行测定，使用萘酚法对甲烷氧化菌的 sMMO 活性进行测定。测定结果表明如下。

(1) Cu(Ⅱ)参与了 pMMO 酶活中心的构建使其细胞生长延滞期缩短，使延滞期缩短为 16.8h。过高 Cu(Ⅱ)浓度对细胞的生长具有毒害作用，抑制细胞生长，使生长速率降低、延滞期变长。

(2) 当 Mb 与 Cu(Ⅱ)先等摩尔结合后再加入等物质的量的 Hg(Ⅱ)进行细胞培养时，有 pMMO 活性的表达，这说明 Cu(Ⅱ)进入到细胞内，Hg(Ⅱ)竞争不过已结合 Mb 的 Cu(Ⅱ)。甲烷氧化菌对 Cu(Ⅱ)的亲和性更高。

(3) 当 Mb 与 Hg(Ⅱ)先等摩尔结合后再加入等摩尔的 Cu(Ⅱ)进行细胞培养时，有少量的 sMMO 活性的表达，而此时没有测到 pMMO 的表达。这说明 Mb 与 Hg(Ⅱ)结合后 Cu(Ⅱ)没有进入到细胞内，从而不能与 Mb 结合；表明 Cu(Ⅱ)竞争不过已结合 Mb 的 Hg(Ⅱ)，也更加证实了 Mb 与 Hg(Ⅱ)的结合具有不可逆性。

(4) 当 Mb 与 Cu(Ⅱ)和 Hg(Ⅱ)三者之间等摩尔结合后再进行细胞培养时，有 pMMO 活性的表达；这说明 Cu(Ⅱ)与 Hg(Ⅱ)等摩尔时 Cu(Ⅱ)与 Mb 相互结合，Cu(Ⅱ)能竞争过 Hg(Ⅱ)，甲烷氧化菌对 Cu(Ⅱ)的亲和性更高。

参考文献

[1] Choi D W, Zea C J, Do Y S, et al. Spectral, kinetic, and thermodynamic properties of Cu（Ⅰ）and Cu（Ⅱ）binding by methanobactin from *Methylosinus trichosporium* OB3b[J]. Biochemistry, 2006, 45(5): 1442-1453.

[2] Hanson R S, Hanson T E. Methanotrophic bacteria[J]. Microbiological Reviews, 1996, 60(2): 439-471.

[3] Balasubramanian R, Rosenzweig A C. Copper methanobactin: a molecule whose time has come[J]. Current Opinion in Chemical Biology, 2008, 12(2): 245-249.

[4] Brückner C, Rettig S J, Dolphin D. 2-Pyrrolylthiones as monoanionic bidentate *N,S*-chelators: Synthesis and molecular structure of 2-pyrrolylthionato complexes of nickel（Ⅱ）, cobalt（Ⅲ）, and mercury（Ⅱ）[J]. Inorganic Chemistry, 2000, 39(26): 6100-6106.

[5] Grabarse W, Mahlert F, Shima S, et al. Comparison of three methyl-coenzyme M reductases from phylogenetically distant organisms: Unusual amino acid modification, conservation and adaptation[J]. Journal of Molecular Biology, 2000, 303(2): 329-344.

[6] Choi D W, Do Y S, Zea C J, et al. Spectral and thermodynamic properties of Ag（Ⅰ）, Au（Ⅲ）, Cd（Ⅱ）, Co（Ⅱ）, Fe（Ⅲ）, Hg（Ⅱ）, Mn（Ⅱ）, Ni（Ⅱ）, Pb（Ⅱ）, U（Ⅳ）, and Zn（Ⅱ）binding by methanobactin from *Methylosinus trichosporium* OB3b[J]. Journal of Inorganic Biochemistry, 2006, 100(12): 2150-2161.

[7] Xin J Y, Cheng D, Zhang L, et al. Methanobactin-mediated one-step synthesis of gold nanoparticles[J]. International Journal of Molecular Sciences, 2013, 14(11): 21676-21688.

[8] 林凯. 甲烷氧化菌素介导合成催化葡萄糖氧化负载型纳米金催化剂[D]. 哈尔滨: 哈尔滨商业大学, 2015.

[9] Muzart J. Palladium-catalysed oxidation of primary and secondary alcohols[J]. Tetrahedron, 2003, 59: 5789-5816.

[10] Keresszegi C, Ferri D, Mallat T, et al. Unraveling the surface reactions during liquid-phase oxidation of benzyl alcohol on Pd/Al_2O_3: An *in situ* ATR-IR study[J]. The Journal of Physical Chemistry B, 2005, 109(2): 958-967.

[11] Zhou W P, Lewera A, Larsen R, et al. Mechanism of CO Oxidation on Pt(111) in alkaline media[J]. The Journal of Physical Chemistry B, 2006, 110(19): 13393-13398.

[12] Nair B, Pradeep T. Coalescence of nanoclusters and formation of submicron crystallites assisted by *Lactobacillus* strains[J]. Cryst Growth Des, 2002, 2: 293-298.

[13] 刘光辉, 王艳平, 白雪峰. 生物还原法制备贵金属纳米粒子的研究进展[J]. 化学与黏合, 2015, 37(6): 447-450.

[14] Gupta A K, Ganjewala D. Synthesis of silver nanoparticles from cymbopogon flexuosus leaves extract and their antibacterial properties[J]. International Journal of Plant Science and Ecology, 2015, 1(5): 225-230.

[15] 孙道华, 刘兆岩, 肖正梨, 等. 基于植物质还原的银纳米颗粒的制备及在织物抗菌整理上的应用[J]. 2015, 66(9): 3678-3684.

[16] Lovely D R, Stoltz J F, Nord G L, et al. Anaerobic production of magnetite by adissimilatory iron-reducing microorganisms[J]. Nature, 1987, 330: 252-254.

[17] Mann S. Molecular tectonics in biomineralisation and biomimetic materials chemistry[J]. Nature, 1993, 365: 499-505.

[18] Pum D, Sleytr U B. The application of bacterial S-layers in molecular nanotechnology[J]. Trends Biotechnol ,1999, 17: 8-12.

[19] Zhuang Z C, Wang F F, Chen Z L, et al. Biosynthesis of Pd-Au alloys on carbon fiber paper: towards an eco -friendly solution for catalysts fabrication[J]. Elsevier, 2015, 291: 132-137.

[20] Xin J Y, Lin K, Wang Y, et al. Methanobactin-mediated synthesis of gold nanoparticles supported over Al_2O_3 toward an efficient catalyst for glucose oxidation[J]. International Journal of Molecular Sciences, 2014, 15: 21603-21620.

[21] Daniel M C, Astruc D. Gold nanoparticles: Assembly, supramolecular chemistry, quantum-size-related properties, and applications toward biology, catalysis, and nanotechnology[J]. Chemical Reviews, 2004, 104(1): 293-346.

[22] Perrault S D, Chan W C W. Synthesis and surface modification of highly monodispersed, spherical gold nanoparticles of 50–200nm[J]. Journal of the American Chemical Society, 2009, 131(47): 17042-17043.

[23] Naik R R, Stringer S J, Agarwal G, et al. Biomimetic synthesis and patterning of silver nanoparticles[J]. Nature Materials, 2002, 1(3): 169-172.

[24] Esumi K, Kameo A, Suzuki A, et al. Preparation of gold nanoparticles using 2-vinylpyridine telomers possessing multi-hydrocarbon chains as stabilizer[J]. Colloids and Surfaces A: Physicochemical and Engineering Aspects, 2001, 176(2): 233-237.

[25] Hsiao M T, Chen S F, Shieh D B, et al. One-pot synthesis of hollow Au_3Cu_1 spherical-like and biomineral botallackite $Cu_2(OH)_3Cl$ flowerlike architectures exhibiting antimicrobial activity[J]. The Journal of Physical Chemistry B, 2006, 110(1): 205-210.

[26] 范洪臣. 负载型纳米金属催化剂的生物还原制备及催化葡萄糖氧化研究[D]. 哈尔滨: 哈尔滨商业大学, 2016.

[27] Junejo Y, Karaoğlu E, Baykal A, et al. Cefditorene-mediated synthesis of silver nanoparticles and its catalytic activity[J]. Journal of Inorganic and Organo Metallic Polymers and Materials, 2013, 23: 970-975.

[28] Zhang W Z, Qiao X L, Chen J G. Synthesis of silver nanoparticles-effects of concerned parameters in water/oil microemulsion[J]. Materials Science and Engineering, 2007, 142: 1-15.

[29] Felicia A. Enhanced localized surface plasmon resonance dependence of silver nanoparticles on the stoichiometric ratio of citrate stabilizers[J]. Journal of Nanoparticle Research, 2013, 15: 1442-1455.

[30] Wei H, Li J, Wang Y L, et al. Silver nanoparticles coated with adenine: Preparation, self-assembly and application in surface-enhanced Raman scattering[J]. Nanotechnolog, 2007, 18: 175610.

[31] Yang X, Li Q B, Wang H X, et al. Green synthesis of palladium nanoparticles using broth of *Cinnamomum camphora* leaf[J]. Journal of Nanoparticle Research, 2010, 12: 1589-1598.

[32] Momeni S, Nabipour I. Simple green synthesis of palladium nanoparticles with sargassum alga and their electrocatalytic activities towards hydrogen peroxide[J]. Appl Biochem Biotechnol, 2015, 176: 1937-1949.

[33] Narayanan R, El-Sayed M A. FTIR study of the mode of binding of the reactants on the Pd nanoparticle surface during the catalysis of the Suzuki reaction[J]. The Journal of Physical Chemistry B, 2005, 109: 4357-4360.

[34] Klingensmith L M, Leadbeater N E. Ligand-free palladium catalysis of aryl coupling reactions facilitated by grinding[J].Tetrahedron Letters, 2003, 44: 765-768.

[35] Sau T K, Pal A, Jana N R, et al. Size controlled synthesis of gold nanoparticles using photochemically prepared seed particles[J]. Journal of Nanoparticle Research, 2001, 3: 257-261.

[36] Mallick K, Wang Z L, Pal T. Seed-mediated successive growth of gold particles accomplishedby UV irradiation: A photochemical approach for size-controlled synthesis[J]. Journal of Photochemistry and Photobiology A: Chemistry, 2001, 140: 75-80.

[37] Moulder J F, Stickle W F, Sobol P E, et al. Handbook of X-ray Photoelectron Spectroscopy[M]. Minnesota, USA: Perkin-Elmer Corporation, 1979.

[38] Haruta M, Kobayashi T, Sano H, et al. Novel gold catalysts for the oxidation of carbon monoxide at a temperature far below 0℃[J]. Chemistry Letters, 1987, (2): 405-408.

[39] 林凯, 辛嘉英, 陈丹丹, 等. 负载型纳米金催化葡萄糖氧化研究进展[J]. 分子催化, 2014, 28(1): 89-95.

[40] 杜婵娟, 李永恒, 谢庆武. 固定化酶法制备葡萄糖酸钙的研究[J]. 食品与药品, 2011, 13(9): 325-327.

[41] Blaser H U, Baiker A, Prins R. Heterogeneous Catalysis and Fine Chemicals IV[M]. Amsterdam: Elsevier, 1997.

[42] 李玉萍, 范衍琼. 改良羟胺-三氯化铁法测定己内酰胺中毒物[J]. 中国职业医学, 2001, 28(6): 44-45.

[43] Haruta M, Yamada N, Kobayashi T, et al. Gold catalysts prepared by coprecipitation for low-temperature oxidation of hydrogen and of carbon monoxide[J]. Journal of Catalysis, 1989, 115(2): 301-309.

[44] Schmid G, Corain B. Nanoparticulated gold: syntheses, structures, electronics, and reactivities[J]. European Journal of Inorganic Chemistry, 2003, (17): 3081-3098.

[45] Luo W J, Zhu C F, Su S, et al. Self-catalyzed, self-limiting growth of glucose oxidase-mimicking gold nanoparticles[J]. American Chemical Society Nano, 2010, 4(12): 7451-7458.

[46] Ishida T, Kinoshita N, Okatsu H, et al. Influence of the support and the size of gold clusters on catalytic activity for glucose oxidation[J]. Angewandte Chemie, 2008, 120(48): 9405-9408.

[47] Baatz C, Prüße U. Preparation of gold catalysts for glucose oxidation by incipient wetness[J]. Journal of Catalysis, 2007, 249: 34-40.

[48] Ishida T, Kuroda K, Kinoshita N, et al. Direct deposition of gold nanoparticles onto polymer beads and glucose oxidation with H_2O_2[J]. Journal of Colloid and Interface Science, 2008, 323: 105-111.

[49] Mears D E. Tests for transport limitations in experimental catalytic reactors[J]. Industrial & Engineering Chemistry Process Design and Development, 1971, 10(4): 541-547.

[50] 张铁男, 辛嘉英, 张秀凤, 等. 甲烷氧化菌素催化纳米金合成[J]. 分子催化, 2013, 27(2): 192-197.

[51] 李荣林, 李优琴, 沈寿国, 等. 重金属污染的微生物修复技术[J]. 江苏农业科学, 2005, (4): 20-24.

[52] 李昀地. 重金属离子对甲烷氧化菌生长特性的影响[D]. 太原: 山西大学, 2011.

[53] 郝喜海, 罗洁, 衣潇鹏. 我国重金属污染现状与微生物修复技术[J]. 广州化工, 2013, 41(11): 42-44.

[54] 陈范燕. 重金属污染的微生物修复技术[J]. 现代农业科技, 2008, (24): 36-42.

[55] Takeguchi M, Miyakawa K, Okura I. Role of iron in particulate methane monooxygenase from *Methylosinus trichosporium* OB3b[J]. BioMetals, 1999, 12: 123-129.

[56] Citation K, Ul-Haque M F, Baral B S, et al. Competition between metals for binding to methanobactin enables expression of soluble methane monooxygenase in the presence of copper[J]. Applied and Environmental Microbiology, 2015, 81: 1024-1031.

[57] Baral B S, Bandow N L, Brittani A V. Mercury binding by methanobactin from *Methylocystis strain* SB2[J]. Inorganic Biochemistry, 2014, 141: 162-165.

[58] 汤琳, 曾光明, 孙伟, 等. Logistic 方程在微生物分批培养动力学中的应用. 湖南大学学报(自然科学版). 2004, 31(3): 23-27.

[59] Swinnen I A M, Bernaerts K, Dens E J J, et al. Predictive modelling of the microbial lag phase: a review[J]. International Journal of Food Microbiology, 2004, 94: 137-159.

[60] 高圣博. 甲烷氧化菌素催化二价汞的还原[D]. 哈尔滨: 哈尔滨商业大学, 2018.

[61] Knapp C W, Fowle D A, Kulczycki E, et al. Methane monooxygenase gene expression mediated by methanobactin in the presence of mineral copper sources [J]. Proceedings of the National Academy of Sciences of the United States of America, 2007, 104(29): 12040-12045.

[62] Choi D W, Semrau J D, Antholine W E, et al. Oxidase, superoxide dismutase, and hydrogen peroxide reductase activities of methanobactin from types Ⅰ and Ⅱ methanotrophs[J]. Journal of Inorganic Biochemistry, 2008, 102(8): 1571-1580.

第 12 章　甲烷氧化菌素的拟酶活性及其应用

作者曾对 Mb-Cu 配合物催化过氧化氢氧化对苯二酚、Mb 催化纳米金合成和 Mb 抗氧化活性的研究进行了详细综述[1-3]。本章在此基础上，进一步补充近几年新发表的文献，从 3 个方面，对甲烷氧化菌素的拟酶活性及其应用分别进行介绍。

12.1　甲烷氧化菌素-铜配合物模拟过氧化物酶催化过氧化氢氧化对苯二酚的反应动力学

对苯二酚是一种在染料、颜料、橡胶、医药、农药和精细化工等领域上的重要原料、助剂和中间体，有着非常广泛的用途，可以用于感光材料工业中制造蒽醌、偶氮等染料；也可以在合成氨中用作脱硫剂；还可用作制造橡胶和塑料的防老化剂、单体阻聚剂、石油抗凝剂、油脂抗氧剂、食品及涂料用的稳定剂和抗氧剂等。目前，对苯二酚应用的领域还在进一步拓展。但大量酚类物质的使用和排放，对水体会造成严重的污染，含酚废水的防治已被全世界各研究机构普遍关注。研究者正在努力寻找一种即高效经济又温和环保的方法来对废水中的酚类物质进行处理。天然过氧化物酶(POD)能使酚类物质被 H_2O_2 快速地氧化或聚合(如苯酚能被辣根过氧化物酶氧化聚合)，进而结合絮凝法等可以有效地去除水中酚类污染物，但天然酶成本比较高，金属配合物可以化学模拟 POD。目前人工合成的 POD 模拟物通常以卟啉、酞菁或席夫(Schiff)碱配合物作为配体，但由于天然酶结构的复杂性和 POD 催化氧化酚类物质反应机理的复杂性，根据酶活性中心相似结构设计合成的模拟酶化合物，通常存在活性低、专一性差、配合物溶解性差、污染环境等问题。

Mb 是甲烷氧化菌产生的与 Cu 捕获和吸收有关的小肽。它捕获外界环境中的 Cu 后，通过分子中的 2 个唑酮 N 和 2 个硫酰 S 与 Cu 配位。试验研究表明，Mb 与 Cu 结合后参与了 pMMO 复合物的构建，并向催化反应中心传递电子，其具有氧化还原活性。Mb 能够将细胞膜中泛醌得到的电子转移给 pMMO，具有 NADH 依赖的过氧化氢还原酶活性，同时 Mb 结构中还含有与 Cu 配位表达氧化还原酶活性的基团，分子量小，不易失活，所以 Mb-Cu 是一种非常有潜力的 POD 天然模拟物。对其模拟 POD 进行研究有可能从非天然酶角度获得新型高效模拟 POD 金属配合物结构信息，设计合成出高效的 POD 模拟酶。因此，根据获得的含 Cu 的

Mb 配合物，用 Mb-Cu 配合物作为过氧化物模拟酶催化 H_2O_2 氧化对苯二酚的反应，考察其是否具有 POD 催化活性，并通过紫外分光光度法为检测手段，对 Mb-Cu 配合物催化过氧化氢氧化对苯二酚反应体系的动力学进行研究。

Patel 等[4]认为过氧化物酶在 H_2O_2 作用下先变为活性酶再与底物作用生成产物。曾伟鹏等[5]使用 *N,N*-双(2-乙基-5-甲基-咪唑-4-亚甲基)乙醇胺合铜等金属铜配合物模拟过氧化物酶催化 1-(3,4-二甲氧基苯)乙醇的氧化反应，认为配合物在催化反应过程中也通过活性配合物与底物作用，继而生成产物，提出了过氧化物酶模拟物催化 H_2O_2 氧化酚类物质的三元复合物模型。李慎新等[6]根据其合成的水杨醛 Schiff 碱配合物结构类似于过氧化物酶活性中心的卟啉环，认为水杨醛 Schiff 碱铜配合物催化 H_2O_2 氧化酚类物质同样遵循三元复合物模型。而在 Mb-Cu 中的氧唑酮类似于过氧化物酶活性中心的卟啉环的作用。添加 H_2O_2 会引起水溶液中 Mb-Cu 的紫外-可见光谱变化，这种变化可能是配合物的金属离子与 H_2O_2 分子结合形成超共轭体系造成的，可能有新物种 $Mb\text{-}Cu^*$产生。因此本书认为 Mb-Cu 催化氧化对苯二酚反应同样符合该三元复合物模型。首先 Mb-Cu 受 H_2O_2 氧化的作用会变成高氧化态的活性中间体 $Mb\text{-}Cu^*$，$Mb\text{-}Cu^*$可与底物 S 可逆结合形成三元中间复合物 $Mb\text{-}Cu^*\text{-}S$，并快速达到预平衡，随后该三元中间复合物分解生成产物 P，$Mb\text{-}Cu^*$也被还原为初始态 Mb-Cu，这一步为催化反应的控速步骤。在此过程中，由于中间体复合物 $Mb\text{-}Cu^*\text{-}S$ 的形成，H_2O_2 氧化对苯二酚的反应转化为分子内的电子转移反应，从而降低了反应的活化能，提高了酶催化的反应速率。接下来只要受到 H_2O_2 的氧化影响，Mb-Cu 又可以持续生成 $Mb\text{-}Cu^*$催化反应。该动力学主要的特征是具有氧化性的活性催化剂与底物首先通过一个可逆反应形成中间体复合物 $Mb\text{-}Cu^*\text{-}S$，然后该中间体通过一个控速步骤形成产物，催化剂被还原成 Mb-Cu。同时，底物 S 在水溶液中自发反应为产物 P。整个过程的动力学模型可表示为

$$\text{Mb-Cu}^*\text{+S} \underset{}{\overset{K_s}{\rightleftharpoons}} \text{Mb-Cu}^*\text{-S} \xrightarrow{K_n} \text{Mb-Cu+P}, \quad \text{Mb-Cu} \xrightarrow[\text{H}_2\text{O}_2 \rightarrow \text{H}_2\text{O}]{K_{reox}} \text{Mb-Cu}^* \tag{12-1}$$

$$S + H_2O_2 \xrightarrow{K_0'} P \tag{12-2}$$

式中，K_s 表示三元复合物的结合常数；K_n 表示控速步骤中由三元复合物生成产物的一级速率常数；K_0' 则表示底物在水溶液中自发反应的一级速率常数；K_{reox} 表示再氧化的反应常数。反应的速率方程为

$$r = K_{obs}[S]_t = K_n[Mb\text{-}Cu^*\text{-}S] + K_0'[S] \tag{12-3}$$

$$K_s = [Mb\text{-}Cu^*\text{-}S]/[Mb\text{-}Cu^*][S] \tag{12-4}$$

根据物料平衡可得

$$[S]_t = [S] + [Mb\text{-}Cu^*\text{-}S] \tag{12-5}$$

$$[Mb\text{-}Cu^*] = [Mb\text{-}Cu^*]_t - [Mb\text{-}Cu^*\text{-}S] \tag{12-6}$$

$$[Mb\text{-}Cu^*]_t = [Mb\text{-}Cu]_t \tag{12-7}$$

式中，K_{obs}表示反应的表观一级速率常数；$[S]_t$、$[Mb\text{-}Cu]_t$分别表示底物和 Mb-Cu 的总浓度。联合式(12-3)～式(12-7)，可得

$$1/(K_{obs}-K_0') = 1/(K_n-K_0') + 1/(K_n-K_0')K_s[S]_t \tag{12-8}$$

当K_{obs}和K_n远远大于K_0'时，式(12-8)可以简化为

$$1/K_{obs} = 1/K_n + 1/K_nK_s[S]_t \tag{12-9}$$

以$1/K_{obs}$对$1/[S]_t$作图，可得一直线，由直线得斜率和截距即可分别求出K_s和K_n。

李春雨等[7]通过 Mb-Cu 可以催化过氧化氢氧化对苯二酚的反应，揭示出 Mb-Cu 的过氧化物酶活性。进而对 Mb-Cu 催化 H_2O_2 氧化对苯二酚的反应动力学各因素进行研究，反应按准一级处理，由一级反应的速率方程 $\ln(A_t-A_\infty)/\ln(A_0-A_\infty) = -K_{obs}\cdot t$ 拟合得到表观一级速率常数 K_{obs}，由 $1/K_{obs}=1/K_n+1/K_nK_s[S]_t$得三元复合物$Mb_n\text{-}Cu^*\text{-}HQ$的结合常数$K_s$和限速步骤三元复合物形成产物的一级速率常数 K_n。最终得出 Mb-Cu 催化 H_2O_2 氧化对苯二酚反应的过程中 Mb-Cu 未被稀释时反应速率最快，最适对苯二酚浓度为 5×10^{-4}mol/L，最适 H_2O_2 浓度为 7×10^{-3}mol/L，温度为 60℃，该模拟物催化活性最大，该反应符合三元复合物模型，说明 Mb-Cu 形成的配合物比天然酶更稳定，并且在较高温度下活性配合物仍能保持较高的催化活性，不会失活和变性。

12.2 不同 Mb/Cu 配合物催化过氧化氢氧化对苯二酚的动力学研究

如第 4 章 4.4 节所述，2006 年，Choi 等[8, 9]发现 1 个 Cu(Ⅱ)离子可以分别和 4 个、2 个、1 个 Mb 通过其五元杂环中的 N 和邻近的 S 配位形成 Mb 的四聚体、二聚体和单体配位化合物。本书提出的可能的结合方式如图 12-1 所示。

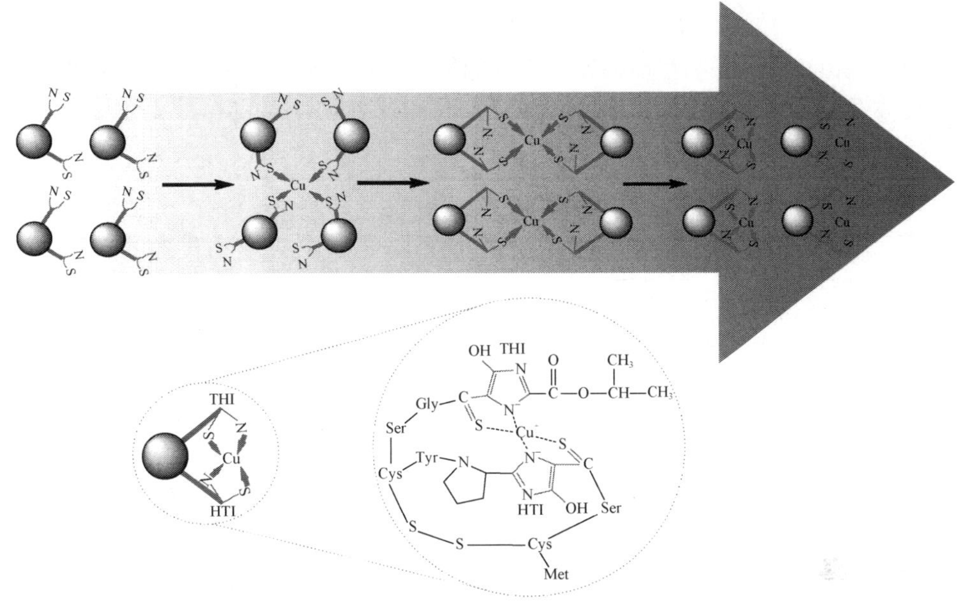

图 12-1　甲烷氧化菌素与铜配位方式[10]

本书通过结合 Cu(Ⅱ)前后 Mb 的紫外-可见光谱发现，向 Mb 溶液中加入不同浓度的 Cu(Ⅱ)时，340nm 和 394nm 吸收峰会随 Cu(Ⅱ)添加发生不同变化，说明 Cu(Ⅱ)的多少，会影响 Cu(Ⅱ)与 Mb 结合，结合的 HTI 和 THI 可能会有所不同，Cu(Ⅱ)与 HTI 和 THI 之间的相互作用可能会随着不同 Cu(Ⅱ)与 Mb 比例而变化。与文献报道对比发现，这种变化规律反映出 Cu(Ⅱ)与 Mb 的 THI 和 HTI 基团存在不同的配位方式。394nm 吸收峰随 Cu(Ⅱ)添加而变化说明 Mb 的 THI 基团中的 S 和 Cu 发生了配位；340nm 吸收峰随 Cu(Ⅱ)添加而下降则说明 Mb 的 HTI 基团中的 S 和 Cu 发生了配位。此外，通过结合 Cu(Ⅱ)前后 Mb 的荧光光谱发现，Mb 分子的荧光性质通过 THI 环、HTI 环和酪氨酸来体现。当在 282nm 处激发时，Mb 的荧光光谱表明酪氨酸在 312nm，HTI 在 434nm 和 THI 在 567nm 处分别有特征发射峰。在 340nm 和 394nm 激发时，分别在 434nm 和 444nm 处出现宽发射峰。向 Mb 中加入 Cu(Ⅱ)后导致在 282nm 处激发时，312nm 和 434nm 处的特征发射峰下降，567nm 处的特征发射峰上升。而在 340nm 和 394nm 处激发时，434nm 和 444nm 的特征发射峰均呈现下降趋势。紫外-可见光谱和荧光光谱显示的变化与 Cu(Ⅱ)的结合有关，表明可以通过改变 Mb 与 Cu 的比例获得不同的 Mb/Cu 配合物。

在获得不同的 Mb/Cu 配合物后，为了确定不同 Mb/Cu 配合物所具有的过氧化物酶的活性差异，分别进行了催化过氧化氢氧化对苯二酚的动力学研究。即在 Cu(Ⅱ)浓度为一定条件下，添加不同浓度的 Mb，得到 Mb_4-Cu、Mb_2-Cu 和 Mb-Cu

三种配合物用来催化反应。当对苯二酚和过氧化氢浓度分别为 2×10^{-4}mol/L 和 7×10^{-3}mol/L 时，在不存在Mb/Cu复合物的情况下（标记为 K_0）K_{obs} 值为 $1\times10^{-6}s^{-1}$。表 12-1 中列出了不同的 Mb 与 Cu（Ⅱ）配位化合物（Mb-Cu，Mb_2-Cu 和 Mb_4-Cu）的 K_{obs}、K_n 和 K_s 值。

表 12-1　Mb/Cu 不同配位方式下 K_{obs}、K_n 和 K_s 的变化[7]

配位模式	K_{obs}/s^{-1}	K_n/s^{-1}	K_s/(L/mol)
Mb-Cu	$6.11\times10^{-4}\pm0.11$	$7.67\times10^{-4}\pm0.11$	$1.29\times10^{3}\pm0.38$
Mb_2-Cu	$8.28\times10^{-4}\pm0.45$	$9.70\times10^{-4}\pm0.17$	$1.29\times10^{4}\pm0.15$
Mb_4-Cu	$4.16\times10^{-4}\pm0.26$	$6.28\times10^{-4}\pm0.21$	$1.06\times10^{4}\pm0.28$

研究[9]报道，Cu（Ⅱ）在不存在配体的情况下是无效的催化剂，需要配体来螯合 Cu 才能表现出有效的催化氧化对苯二酚的作用。作者发现当 Mb/Cu 配合物存在时，即当配合物 Mb-Cu、Mb_2-Cu、和 Mb_4-Cu 作为过氧化物模拟酶时，反应的 K_{obs} 值远大于 K_0，说明 Mb/Cu 配合物不同但三种 Mb/Cu 配合物都是较好的催化氧化对苯二酚的催化剂，反应速率常数提高了 400～800 倍。而不同 Mb/Cu 配合物对过氧化氢氧化对苯二酚的活性也不同。作者发现三种不同的铜配合物作为催化剂表现出的对过氧化氢氧化对苯二酚的催化活性顺序为 Mb_2-Cu＞Mb-Cu＞Mb_4-Cu。其原因有可能是配合物中的配体 HTI 和 THI 可能在金属配合物 Mb_n-Cu* 的高氧化态稳定性中起着至关重要的作用。不同的配位形式可能导致高氧化态活性物质 Mb_n-Cu*在过氧化氢溶液中的产生不同。Mb_2-Cu 不同于 Mb-Cu 和 Mb_4-Cu 的配位结构，Mb_2-Cu 结构可能既利于电子在金属中心与配体间、电子在配体间的传递转移，又利于与底物对苯二酚的结合，其来自两个 Mb 的四个 S 原子与 Cu 进行结合可能形成不稳定的、具有一定柔韧性的金属配合物，这种配合物可能可能更有利于过渡态 Mb_2-Cu*的形成或反应产物的消耗，因此，Mb_2-Cu 复合物表现出最高的催化活性是可以理解的。

12.3　甲烷氧化菌素修饰纳米金的铜配位组装及拟酶活性

2008 年，Choi 等在研究中发现了与 Cu 结合的 Mb 具有过氧化氢还原酶活性，还发现在有还原剂的情况下，Cu-Mb 可以催化 H_2O_2 的分解产生氧气。而 Mb 并非对铜是专一性的，还能够将 Au(Ⅲ)还原为 Au(0)而用于纳米金的合成；并且 Mb 结构中含有吸附稳定单质金（纳米金）的巯基（或二硫醚）。由于 Mb 本身结构中含有还原性酪氨酸酚羟基，Choi 等研究发现，Mb 除了对 Cu（Ⅱ）具有螯合能力外，在 Cu（Ⅱ）缺乏的环境中，也具有螯合并还原其他多种金属离子的能力，如 Au(Ⅲ)、Ag（Ⅰ）、Co（Ⅱ）、Fe(Ⅲ)、Hg（Ⅱ）、Mn（Ⅱ）。同时通过 X 射线光电子能谱发现 Mb 将 Au(III)还原得到 Au(0)，并且通过离心和反复冻干过程，发现纳米颗粒尺寸介于 11～20nm。Mb 的这些特性，使得其可以作为金和 pMMO 之间的电子传递，同时可以构建出具有过氧化物酶活性的纳米酶。

纳米模拟酶(nanozymes)是指具有类酶催化活性的功能纳米材料。与天然酶及其他人工模拟酶相比较，纳米模拟酶具有诸多独特优点，如稳定性高、大表面积利于修饰生物分子、具有多种功能等。因而纳米模拟酶受到了研究者的极大关注，被广泛应用在生物分析、生物医学等领域。作者利用 Mb-Cu 在温和的条件下成功制备合成纳米金颗粒，研究发现在纳米金表面包裹有 Mb 分子，可以使其在长时间内具有较高的稳定性，并能使催化活性和催化速率得以提高。Pengo 等发现，利用功能肽分子修饰纳米金粒子构建的复合体系，可以即具有纳米金本身的性质，同时又具有模拟过氧化物酶的催化活性。而纳米级粒子的存在可以显著提高催化反应过程中电子的翻转速度，增加模拟酶的催化活性。这种利用酶学和纳米材料学思想构建的纳米酶，其尺寸大小、表面性质均类似于天然酶。

在利用 *Methylosinus. trichosporium* IMV 3011 分离 Mb 工作中发现，一种 Mb 介导四氯金酸($HAuCl_4$)的用于制备 Mb 修饰纳米金的合成方法[11]。由于 Mb 可以还原氯金酸合成纳米金，通过红外和荧光光谱分析 Cu^{2+}在 Mb 合成纳米金过程中的作用。根据 Mb 与不同浓度的 Cu^{2+}结合从而验证不同 Mb_n-Cu 与 Mb 还原氯金酸合成纳米金之间形成的配合物体系，Mb_n-Cu 修饰的纳米金粒子催化过氧化氢氧化对苯二酚的反应动力学。作者发现 Mb 与 Cu^{2+}间形成配位结合后，向体系中加入 $HAuCl_4$，在 70℃加热 60min 后，539nm 的吸收峰也逐渐上升，说明 Mb 介导形成了纳米金。同时，此时体系为 Mb-Cu-纳米金混合体系。将 Mb-Cu-纳米金混合体系参与催化 H_2O_2 氧化对苯二酚的反应，发现其明显提高了催化氧化对苯二酚的反应速率，说明该体系具备过氧化物模拟酶的性质。通过比较介导合成纳米金过程中 Cu^{2+}添加的先后顺序，催化氧化对苯二酚的反应的效率要比合成纳米金后再向反应体系中加入 Cu^{2+}高。这说明 Mb-Cu 决定了纳米酶体系中过氧化物酶的催化活性。

单个纳米金表面可以负载几百种金属催化中心。李春雨等制备了 Mb 修饰的纳米金，用于进一步研究纳米金对于 Mb/Cu 复合物催化对苯二酚氧化的影响。据报道[9]，Mb 可以还原 Au(III)生成纳米金，并通过其二硫基团静态吸附到纳米金表面。采用 Mb 直接介导合成方法制备 Mb 修饰纳米金，当 Mb 分子将 Au(III)还原成 Au(0)并进一步通过二硫化物基团吸附到纳米金表面时，其 THI 和 HTI 基团也被残留的 Au(III)配位，导致 Cu(Ⅱ)不能与 THI 和 HTI 基团进行结合，进而影响 Cu(Ⅱ)和 Au(III)之间竞争结合 Mb。结果在向 Mb 修饰的纳米金中添加 Cu(Ⅱ)时没有发现过氧化物模拟酶活性增强。因此，作者研究另一种制备 Mb 修饰的纳米金的方法，首先采用柠檬酸三钠还原 $HAuCl_4$ 制得纳米金，然后通过含有游离

THI 和 HTI 基团的 Mb 配体交换反应来修饰纳米金。纳米金溶胶在 520nm 附近有一吸收峰，为纳米金粒子的等离子共振吸收峰，向纳米金中逐渐添加 Mb，Mb 分子中二硫醚 S 与 Au 很强的相互作用可以置换掉柠檬酸钠分子，获得 Mb 修饰的纳米金粒子。

通过对纳米金溶胶进行紫外-可见吸收光谱分析，作者发现纳米金溶胶修饰 Mb 后，纳米金粒子的等离子共振峰峰位几乎没有发生变化，只是其等离子共振峰的强度略微下降，但放置几天后峰强没有明显的变化。这说明 Mb 包被纳米金粒子后，虽然等离子共振峰随着修饰分子的添加发生了轻微变化，但粒径的均一性和粒子分散度未发生明显改变。在基团的等离子共振峰峰位变化上，纳米金添加并未使 Mb 的 THI 和 HTI 基团的吸收峰明显变化，而 Cu(Ⅱ)的添加却使 Mb 的 THI 和 HTI 基团的吸收峰下降明显，说明 Mb 很可能通过其分子中的半胱氨酸与纳米金以 Au—S 键修饰在纳米金表面，这种修饰作用并未改变 Mb 的 THI 和 HTI 基团对 Cu(Ⅱ)的配位作用。据文献报道[8]，E_x/E_m=282/314nm 为酪氨酸特征峰，E_x/E_m=340/440nm 为 HTI 特征峰，$\lambda_{ex}/\lambda_{em}$=394/610nm 为 THI 特征峰，纳米金溶胶进行荧光光谱分析结果表明，加入 Cu(Ⅱ)后 Mb 在 $\lambda_{ex}/\lambda_{em}$=394/610nm 处发射峰被猝灭，进一步证明 Cu(Ⅱ)是通过硫酰咪唑基团与 Mb 结合。但在添加纳米金粒子后，Mb 在 $\lambda_{ex}/\lambda_{em}$=282/310nm、$\lambda_{ex}/\lambda_{em}$=340/440nm 和 $\lambda_{ex}/\lambda_{em}$=394/610nm 处发射峰几乎都被猝灭，这是由于 AuNPs 由于能量和电子转移而具有高荧光猝灭效率，AuNPs 和 Mb 分子之间发生了有效的非辐射荧光共振能量转移。图 12-2 为 Mb 功能化修饰纳米金前后的傅里叶变换红外光谱，结果显示 3430cm^{-1}、3005cm^{-1}、1676cm^{-1}、1384cm^{-1}、1022cm^{-1} 和 539cm^{-1} 的振动谱带证实了 Mb 分子的存在。以 3430cm^{-1} 为中心的谱带是由于羟基的氢键和仲酰胺的 N—H 的伸缩振动。而 3005cm^{-1} 处的

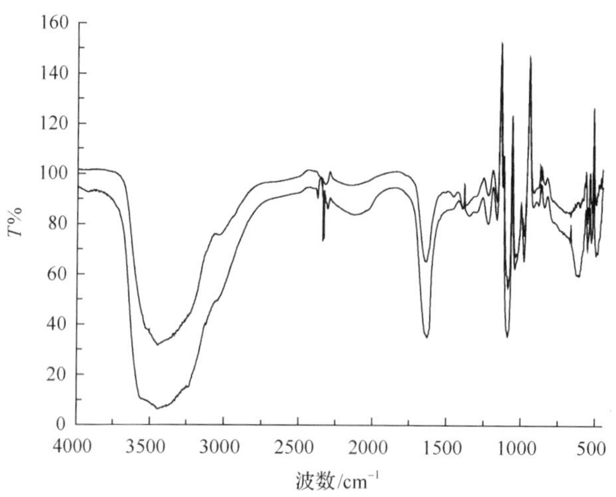

图 12-2　Mb 功能化修饰纳米金前后的傅里叶变换红外光谱[7]

较弱谱带可能来自脂肪族 CH_3 的 C—H 伸缩振动。以 $1676cm^{-1}$ 为中心的谱带是羧基和酰胺基的 C═O 伸缩振动的结果。$1384cm^{-1}$ 处的带对应于 C—N 伸缩振动。$1022cm^{-1}$ 和 $539cm^{-1}$ 处的谱带分别为 C—S 和 S—S 伸缩振动。利用 Mb 修饰的纳米金仍观察到许多 Mb 的特征峰，这些特征峰清楚地表明了纳米金上存在 Mb 分子。Mb 与纳米金结合后，位于 $539cm^{-1}$ 处的—S—S—的伸缩振动明显减弱，并且酰胺 I 带 $1676cm^{-1}$ 峰也明显减弱。这表明二硫醚与 Au 存在较强的相互作用，Mb 是通过 Au—S 键与纳米金粒子结合，同时酰胺与纳米金粒子也存在较强的相互作用。

此外还可以通过 Mb 修饰纳米金粒子进行 Cu(Ⅱ)配位组装。在添加 Cu(Ⅱ)或 Mb-Cu 复合物之前，Mb 修饰的纳米金的紫外-可见光谱显示在 520nm 处具有明显的(SPR)谱带。向 Mb 修饰的纳米金粒子中加入 Cu(Ⅱ)后，Mb 修饰的纳米金粒子在 520nm 处的等离子共振峰逐渐降低，同时在长波长处又出现了一个新的峰位，并且这个新的等离子共振峰的峰位随着 Cu(Ⅱ)加入量的增加而红移，峰强下降，溶液颜色由酒红色变为蓝紫色，这个更高波长的 SPR 带由相邻纳米金的等离子体共振耦合产生，相邻纳米金表面修饰的 Mb 分子的 THI 和 HTI 基团与添加的 Cu(Ⅱ)形成配位络合物。Mb/Cu 的配位实际上驱动了 Mb 修饰 AuNPs 的组装，可以在二维和三维纳米结构中构建大量的 Mb_2-Cu 催化中心。TEM 结果还显示在相邻纳米金之间具有小间距的二维和三维纳米结构的形成，图像的某些地方显示颗粒彼此紧密接触，这可能是由于不同纳米金组装的重叠，几乎观察不到分散的颗粒。然而，向柠檬酸钠稳定的纳米金中添加 Cu(Ⅱ)后，纳米金的等离子共振吸收峰没有变化，这个现象表明没有 Mb 修饰的纳米金在加入 Cu(Ⅱ)时没有发生组装。Mb 修饰纳米金的组装驱动力主要是 Cu/HTI 和 Cu/THI 的金属-有机配位。用不同浓度的 NaCl 溶液处理 Mb 修饰的纳米金也显示其 SPR 带没有变化，这与 Satyabrata 等[12]报道的结果一致，即小肽修饰的纳米金粒子仅在高浓度的 NaCl(167mmol/L)溶液下开始聚集。由于组装在非常低的 Cu(Ⅱ)浓度(10^{-6}mol/L)下进行，证明组装可能是由于 Mb/Cu 配位而不是介质中离子强度的增加。

Mb 修饰纳米金粒子也可与 Mb-Cu 配位组装。由于 Mb_2-Cu 复合物中 Mb 和 Cu 之间的亲和力高于 Mb-Cu 复合物，因此用 Mb-Cu 复合物处理 Mb 修饰的纳米金在纳米金表面也形成了 Mb_2-Cu 复合物。当 Mb-Cu 复合物加入到 Mb 修饰的纳米金粒子中时，SPR 带只是稍微红移至约 530nm 处，并且峰的强度随着 Mb-Cu 络合物的加入而降低并且变得几乎饱和。这表明 Mb 修饰的 AuNPs 在添加 Mb-Cu 复合物时没有发生组装，而只是壳层配体的改变引起的 λ_{max} 红移。TEM 结果表明，在添加 Mb-Cu 复合物之后，观察到大部分分散颗粒，Mb 修饰纳米金粒子分散性良好，没有任何组装的纳米结构。

Zhang[13]对两种组装形式进行过氧化物酶活性的检测，Mb 修饰纳米金明显加快了 Cu(Ⅱ)和 Mb-Cu 催化过氧化氢氧化对苯二酚的速率，大约是天然辣根过氧化物酶催化的 40 倍，这可能与纳米金特有的量子尺寸效应和表面效应可以显著提高氧化还原反应过程中电子的翻转速度有关。Mb 修饰纳米金使 Cu(Ⅱ)和 Mb-Cu 催化过氧化氢氧化对苯二酚的 K_{obs} 比直接加入 Cu(Ⅱ)或 Mb-Cu 时分别快 3 个和 1 个数量级，表明催化活性来自于 Mb/Cu 复合物结合到 AuNPs，而不是 AuNPs 本身所具有的。Mb 功能化纳米金粒子组装形成的纳米簇复合体系的多位点协同作用可以大大提高其拟酶催化活性，纳米金的高电子传递能力和纳米簇中多活性中心产生的协同效应可以提高模拟酶的催化效率。然而，纳米金独特的表面性质会影响过氧化氢的吸收和粒子介导的电子转移过程。过氧化氢可能附着在纳米金表面，而过氧化氢的 O—O 键可能分解成 HO· 自由基。生成的 HO· 自由基可能通过纳米金的电子交换作用而变得稳定，纳米金在 THI 和 HTI 之间可能起到高效电子传导隧道的作用，这可能有助于提高 Mb/Cu 复合物的催化能力[14]。在此基础上，本书对 Mb_2-Cu 稳定的纳米簇结构进行了动力学研究，确定了最佳反应条件：最适 pH 为 7.0，最适过氧化氢浓度为 6×10^{-3}mol/L，对苯二酚最适浓度为 4×10^{-4}mol/L，反应温度最适为 70℃。试验结果表明构建的纳米酶比天然 POD 稳定性更高，符合一般生物催化剂的催化规律，可以用来作为天然 POD 的替代物。

参 考 文 献

[1] 辛嘉英, 姜加良, 张帅, 等. 甲烷氧化菌素-铜配合物催化过氧化氢氧化对苯二酚[J]. 高等学校化学学报, 2013, 5: 1233-1239.

[2] 张铁男, 辛嘉英, 张秀凤, 等. 甲烷氧化菌素催化纳米金合成[J]. 分子催化, 2013, 27(5): 192-197.

[3] 梁洪野, 乔君, 陈林林, 等. 甲烷氧化菌素抗氧化活性的研究[J]. 农产品加工, 2010, 9: 20-24.

[4] Patel, P K, Mondal M S, Modi M, et al. Kinetic studies on the oxidation of phenols by the horseradish peroxidase compound Ⅱ[J]. Biochimica et Biophysica Acta, 1997, 1339(1): 79-87.

[5] 曾伟鹏, 李小红, 杜娟, 等. 金属铜配合物催化氧化 1-(3,4-二甲氧基苯)乙醇的动力学研究[J]. 化学学报, 2010, 68(1): 27-32.

[6] 李慎新, 李建章, 谢家庆, 等. Schiff 碱铜配合物模拟过氧化物酶的研究[J]. 化学学报, 2004, 22(6): 567-572.

[7] 李春雨. 甲烷氧化菌素功能化纳米金的铜配位组装及拟酶活性[D]. 哈尔滨: 哈尔滨商业大学, 2018.

[8] Choi D W, Zea C J, Do Y S, et al. Spectral, kinetic, and thermodynamic properties of Cu(Ⅰ) and Cu(Ⅱ) binding by methanobactin from *Methylosinus trichosporium* OB3b[J]. Biochemistry, 2006, 45(5): 1442-1453.

[9] Choi D W, Do Y S, Zea C J, et al. Spectral and thermodynamic properties of Ag(Ⅰ), Au(Ⅲ), Cd(Ⅱ), Co(Ⅱ), Fe(Ⅲ), Hg(Ⅱ), Mn(Ⅱ), Ni(Ⅱ), Pb(Ⅱ), U(Ⅳ), and Zn(Ⅱ) binding by methanobactin from *Methylosinus trichosporium* OB3b[J]. Journal of Inorganic Biochemistry, 2006, 100: 2150-2161.

[10] Xin J Y, Li C Y, Zhang S, et al. Cu-induced assembly of methanobactin modified gold nanoparticles and its peroxidase mimic activity[J]. IET Nanobiotechnology, 2018: 1-7.

[11] Xin J Y, Chen D D, Zhang L X, et al. Methanobactin-mediated one-step synthesis of gold nanoparticles[J]. International Journal of Molecular Sciences, 2013, 14(11): 21676-21688.

[12] Satyabrata S, Manoj R, Tapas K P, et al. Reversible self-assembly of carboxylated peptide functionalized gold nanoparticles driven by metal-ion coordination[J]. ChemPhysChem, 2008, 9: 1578-1584.

[13] Zhang Z Y, Alexander B, Haim L, et al. On the interactions of free radicals with gold nanoparticles[J]. Journal of the American Chemical Society, 2003, 125 (2) : 7959-7963.

[14] Cui H, Zhang Z F, Shi M J, et al. Light emission of gold nanoparticles induced by the reaction of bis (2,4,6-trichlorophenyl) oxalate and hydrogen peroxide[J]. Analytical Chemiatry, 2005, 77 (19) : 6402-6406.